내 몸에 맞는 약용 버섯 설명서

버섯대사전

약용·식용·독버섯 등 500종

글 **약산 정구영** | 사진 **구재필**
감수 **유승원 박사**(서울시한의사협회 명예회장)

감수의 글
'알면 약藥이 되고 모르면 독毒이 되는 버섯'

최근 동서 의학이 발달하였어도 불치병인 암을 비롯하여 성인병인 고혈압, 당뇨병 등 각종 스트레스성 질병이 너무나 많다. 건강은 아무리 강조하여도 넘치지 않는다. 예로부터 전하여 오는 금언에 "재물을 잃은 것은 조금 잃은 것이요, 명예를 잃은 것은 많이 잃은 것이요, 건강을 잃은 것은 모두를 잃은 것이다"라는 말이 있듯이, 병을 치유하고 예방하기 위해서는 건강한 몸을 먼저 이해해야 한다.

이 책의 저자인 약산 정구영 선생은 아끼는 제자이다. 내가 운영하는 한의원에서 한의학과 약초에 대한 공부를 꾸준히 하면서 『동의보감』·『본초강목』·『황제내경』· 전통의학서를 두루 섭렵한 기인奇人이다. 그동안 〈문화일보〉 "약초 이야기", 월간 조선 '나무 이야기', 사람과 산 '나무 열전', 산림 '약용 식물 이야기' 외 신문과 잡지 등에서 연재를 하였고, 꾸준히 『산야초 도감』, 『약초대사전』, 『나물대사전』 등 30여 권이 넘는 저서를 출간했다. 이번에 '알면 약이 되고 모르면 독이 되는 버섯'의 『버섯대사전』을 중생을 위한 건강 지침으로 제시한 것은 아무나 할 수 있는 일이 아니다.

우리 조상은 고대로부터 버섯을 식용과 약용으로 이용했다. 송이·표고·느타리·목이·석이 등은 식용, 영지·상황·구름·차가·운지·말굽·동충하초·복령 등은 약용으로 이용해 왔다. 고대로부터 버섯은 맛과 향이 좋아 식용으로 이용해 왔으나 최근에는 항생 물질과 같은 의약품을 생산하고 항암 효과에 뛰어나 암환자에게 희망을 주기도 한다.

버섯에는 인체에서 부족한 미네랄을 풍부하게 함유하고 있어 영양식품으로 손색이 없을 뿐만 아니라 거의 모든 버섯에서 '베타글루칸'이라는 성분은 암세포의 억제는 물론 '스테로이드' 물질이 암세포를 직접 공격하여 소멸시키는 것으로 밝혀져 4차원의 의학의 비밀을 푸는 열쇠다.

요즘 건강과 관련하여 버섯에 대하여 관심을 갖고 사진이 수록된 약초 관련 책이 봇물을 이루고 있지만, 건강에 유익한 식용 버섯, 약용으로 쓰는 버섯, 건강에 치명적인 독버섯에 대하여 발생·장소·한약명·인공 재배 여부·식용·약용·약리 작용·사용 범위·배당체·성미·독성 여부·금기를 설명하여 버섯에 관심을 가지는 모든 사람들에게 도움을 주기 위해 『버섯대사전』을 집필하여 나에게 보여 주면서 감수를 의뢰하였다.

독자들은 더욱 정밀한 버섯에 대한 정보를 원하고 있다. 한의학에 입문하는 학생과 한의사, 버섯을 통해 희망을 찾고자 하는 환자와 일반인들에게도 실용적인 도서가 되리라 믿어 일독을 권하는 바이다.

유승원 박사 서울시한의사협회 명예 회장

서문
'사람이 고칠 수 없는 병은 버섯에 맡겨라!'

옛부터 버섯은 신神과 대화하는 환각 물질에서 불로초에 이르기까지 신비에 감추어 있었다. 중국의 진 시황제는 신선神仙이 되기 위해 불로초를 찾으려고 선남 선녀 3,000여 명을 제주도의 서귀포를 비롯해 여러 곳에 파견했고, 고대 로마에서는 버섯을 먹을 수 있는 계층을 제한했고, 네로 황제가 달걀버섯을 무척 좋아해서 진상하면 그 무게만큼 황금을 하사했다는 기록이 전해진다.

우리나라는 산이 70%나 되는 산국山國이다. 비가 온 뒤에 산행을 하다 보면 꽃처럼 피어나는 각종 버섯을 만나게 된다. 숲속을 걷다 보면 나무에서 내뿜는 피톤치드와 음이온, 흙내음과 함께 느껴지는 버섯균사의 향이 은은하게 숲속을 감싼다. 우리나라는 봄·여름·가을까지 버섯에게는 자손을 퍼뜨리기에 더없이 좋은 환경을 가지고 있다. 버섯은 고사목·그루터기·나뭇가지 상처·썩은 나무·땅 속·각종 벌레의 유충·낙엽 속은 물론 살아 있는 나무의 입목등걸에서 발생한다. 낙엽이나 목재를 썩히는 분해자이자 자연계의 청소부다.

세계적으로 버섯은 5만여 종으로 추정된다. 그동안 국내에서 조사, 확인된 1,500여 종 가운데 식용 버섯은 약 350종, 독버섯은 90여 종으로 추정되고, 그중에서도 전국적으로 잘 알려진 식용 버섯은 표고·송이·꽃송이·왕송이·능이·싸리버섯·목이·밤버섯·흰굴뚝버섯·꾀꼬리그물버섯·민자주방망이버섯·벚꽃버섯·큰

깃버섯 등 20~30종에 불과하지만, 각종 암에 좋다는 영지·상황·구름·차가·운지·말굽·동충하초·복령 등은 약용으로 이용되고 있다.

최근 버섯이 기능성 식품으로 높은 효능이 있다고 밝혀져 불분명한 독버섯 중독 사고도 번번히 발생하고 있다. 버섯에 대한 근거 없는 속설, 식용 버섯과 유사한 독버섯에 의한 중독 사고를 예방하기 위해서는 우리의 자연유산인 버섯에 대하여 전반적인 기초 상식을 알아야 한다. 버섯에는 소량의 독이 있기 때문에 표고·송이·능이 등은 생으로 먹을 수 있지만, 대부분 건조하거나, 데쳐서 먹어야 한다.

버섯은 부드러운 육질과 독특한 향은 요리에서 주재료로 맛의 질을 좌우하기도 한다. 버섯에는 인체에 필요한 미네날, 비타민류가 풍부하다. 최근 자연산이 멸종 단계에 이르자, 버섯균사를 키운 균사덩이로 표고·상황·동충하초·아가리쿠스 등을 인공 재배를 많이 한다.

현재 한국의 『버섯도감』은 사진은 풍부하지만, 버섯의 기초 상식은 물론 식용 방법·약용 효능·약리 작용·성미·독성·금기에 대한 자료가 부실한 편이다. 이 책이 나올 수 있도록 버섯 사진을 제공한 구재필님과 아이템북스 박효완 대표님께 감사드린다. 필자는 백마산 산행 중에 만난 능이버섯, 어릴 적 동네 산에서 싸리버섯, 겨우송이의 맛은 잊을 수 없다.

가온뫼, 약산건강포럼에서 **약산 정구영**

CONTENTS

감수의 글 4 | 서문 6 | 일러두기(이 책의 구성) 17 | 이 책을 보는 방법 18
버섯의 독성 조견표 20 | 여러 가지 종류의 버섯들 22 | 버섯의 기초 상식 51

제1장 왜 버섯인가

왜 버섯인가? 60 | 버섯 종류별 항암 효과 62 | 동충하초 임상 실험 65

제2장 건강에 유익한 버섯

나무에 있는 버섯

암(위암), 암세포의 증식을 억제하는 상황버섯 68 | 암(식도암), 십장생 속 불로초 영지버섯 69
유기게르마늄이 인삼보다 7배가 많은 말굽버섯 70
항암·당뇨·고혈압에 좋은 운지버섯(구름버섯, 구름송편버섯) 71
항암, 뇌졸증에 효능이 있는 잔나비걸상버섯(잔나비불로초) 72
고혈압과 동맥 경화의 묘약 느타리버섯 73 | 중풍, 혈전을 용해하는 뽕나무버섯 74
항종양, 만성간염과 담낭염에 좋은 뽕나무버섯부치 75
항암, 생리활성화 물질이 풍부한 표고버섯 76
치매, 뇌세포를 활성화시키는 노루궁뎅이버섯 77
치매에 효능이 있는 좀나무싸리버섯 78 | 혈전을 용해하는 팽이버섯(팽나무버섯) 79
나무의 귀, 식용과 약용에 즐겨 사용하는 목이 80
항산화, 목이버섯처럼 식용하는 털목이 81 | 면연력을 강화하는 꽃흰목이 82
아교좀목이 83 | 미역흰목이 84 | 황금흰목이 85 | 좀목이 86
어린 시기에 식용하는 참부채버섯 87 | 콩나물애주름버섯 88
혈전을 용해하는 붉은덕다리버섯 89 | 체질을 개선해 주는 산호침버섯(수실노루궁뎅이) 90
항암, 고혈압과 기관지염에 효능이 있는 구름송편버섯(구름버섯) 91

항산화, 비만을 억제하는 금빛소나무비늘버섯 **92** | 신장염에 효능이 있는 기계충버섯 **93**

항종양, 관절 통증을 감소시키는 깔때기버섯 **94**

항종양, 당뇨에 좋은 노란개암버섯(노란다발버섯) **95**

항종양, 식이섬유가 풍부한 느티만가닥버섯 **96**

항산화, 종양을 억제하는 등갈색미로버섯 **97** | 항종양, 당뇨에 좋은 산느타리버섯 **98**

항종양, 자양, 강장에 좋은 새잣버섯(솔잣버섯) **99** | 발한제에 좋은 송곳니기계층버섯 **100**

염증과 관절통에 좋은 시루송편버섯 **101**

혈전을 용해하는 아까시흰구멍버섯(아까시재목버섯) **102**

기관지염에 효능이 있는 주걱간버섯(간버섯) **103** | 항균, 항진균 작용을 하는 큰낙엽버섯 **104**

항생 물질을 추출하는 털가죽버섯 **105** | 천식에 효험이 있는 한입버섯 **106**

항균 작용이 있는 갈색꽃구름버섯 **107**

항균 작용이 있는 곰우단버섯(꽃잎버짐버섯, 꽃잎우단버섯) **108**

중국에서 치료에 이용되는 붉은덕다리버섯 **109** | 암 치료제로 이용되는 치마버섯 **110**

땅에 있는 버섯

우리나라 산천의 소나무가 길러 낸 보물 송이버섯 **111**

항암, 고혈압과 당뇨에 효능이 있는 꽃송이버섯 **112** | 양송이버섯 **113**

인체에서 꼭 필요한 미네랄의 보고 능이(향버섯, 능이버섯) **114**

유럽에서 인기가 좋은 곰보버섯 **115** | 항암, 면역력을 강화하는 흰굴뚝버섯(굴뚝버섯) **116**

맛과 향이 좋아 유럽인이 즐겨 먹는 꾀꼬리버섯(오이꽃버섯, 외꽃버섯) **117**

항암, 고혈압에 효능이 있는 망태버섯 **118**

알 모양의 어린 버섯을 식용할 수 있는 노란망태버섯 **119**

맛이 좋은 참싸리의 대명사 싸리버섯 **120** | 좀나무싸리버섯 **121** | 자주싸리국수버섯 **122**

볏싸리버섯 **123** | 붉은창싸리버섯 **124**

맛의 대명사 땅찌만가닥버섯(땅지버섯, 땅지네버섯) **125**

항암, 고혈압에 효능이 있는 잿빛만가닥버섯 **126** | 자주졸각버섯 **127** | 색시졸각버섯 **128**

졸각버섯 **129** | 하늘색깔때기버섯 **130** | 민자주방망이버섯 **131**

콜레스테롤을 감소시키는 갈색밋밋한비늘버섯(꽈리비늘버섯) **132**

혈전을 용해하는 긴대안장버섯 **133**

항종양, 염증에 효능이 있는 무늬노루털버섯(개능이버섯) **134**
면역력을 강화시켜 주는 배젖버섯 **135** | 관절염에 효능이 있는 선녀낙엽버섯 **136**
골절과 상처에 좋은 애기낙엽버섯 **137** | 지혈에 효능이 있는 애기찹쌀떡버섯 **138**
위통, 소화 불량에 좋은 좀주름찻잔버섯 **139** | 테두리방귀버섯 **140**
종기 치료에 효험이 있는 해그물버섯(마른애그물버섯) **141**
식용·약용으로 이용되는 꽃버섯 **142** | 노란턱돌버섯 **143** | 외대덧버섯 **144**
자주방망이버섯아재비 **145** | 큰비단그물버섯 **146**

땅 속에 자생하는 버섯

건망증과 부인병의 묘약 복령 **147** | 알버섯 **148** | 맛솔방울버섯(작은맛솔방울버섯) **149**

바위에서 자생하는 버섯

1년 동안 0.5mm 바위에 붙어서 자라는 석이(지의류) **150**

곤충의 사체에 자생하는 동충하초

자양, 강장 효험이 있는 동충하초 **151** | 항암, 폐결핵에 효능이 있는 노린재동충하초 **152**
약용, 해충 방제를 위한 백강균 **153** | 약용으로 쓰는 벌동충하초 **154**
약용으로 쓰는 균핵동충하초 **155** | 약용으로 쓰는 가는유충동충하초 **156**

제3장 식용 버섯

땅에 있는 버섯

항종양, 면역력을 증강시키는 밀버섯(밀꽃애기버섯) **158** | 굽은애기버섯 **159** | 달걀버섯 **160**
노란달걀버섯 **161** | 붉은점박이광대버섯 **162** | 약용으로 이용되는 두엄먹물버섯 **163**
큰갓버섯 **164** | 주름버섯 **165** | 진갈색주름버섯 **166** | 참낭피버섯 **167** | 먹물버섯 **168**
족제비눈물버섯 **169** | 볏짚버섯 **170** | 독청버섯아재비 **171** | 풍선끈적버섯아재비 **172**
진흙버섯(말똥진흙버섯) **173** | 외대(덧)버섯 **174** | 못버섯 **175** | 흰둘레그물버섯 **176**

붉은비단그물버섯 **177** | 젖비단그물버섯 **178** | 비단그물버섯 **179** | 평원비단그물버섯 **180**

가지색그물버섯(흑자색그물버섯) **181** | 붉은대그물버섯 **182** | 접시껄껄이그물버섯 **183**

거친껄껄이그물버섯 **184** | 귀신그물버섯(솜귀신그물버섯) **185** | 털밤그물버섯 **186**

기와버섯(청버섯) **187** | 푸른주름무당버섯 **188** | 청머루무당버섯 **189** | 젖버섯(굴털이) **190**

젖버섯아재비(굴털아재비) **191** | 회색나팔꾀꼬리버섯 **192** | 뿔나팔버섯 **193**

나팔버섯(붉은나팔버섯) **194** | 녹변나팔버섯(황토나팔버섯) **195** | 자주국수버섯 **196**

턱수염버섯 **197** | 까치버섯 **198** | 말징버섯 **199** | 침버섯(긴수염버섯) **200**

좀말불버섯 **201** | 가시말불버섯 **202** | 빨간난버섯 **203** | 실비듬주름버섯 **204**

안장버섯 **205** | 양털방패버섯 **206** | 연기싸리버섯(보라싸리버섯) **207**

우산광대버섯(우산버섯) **208** | 은빛쓴맛그물버섯 **209** | 피젖버섯 **210**

갈색주발버섯(고려주발버섯) **211** | 고동색광대버섯(고동색우산버섯) **212**

구릿빛무당버섯(풀색무당버섯) **213** | 긴대밤그물버섯 **214**

껄껄이그물버섯(등색껄껄이그물버섯, 참나무껄껄이그물버섯) **215** | 가지무당버섯 **216**

갈색주발버섯(고려주발버섯) **217** | 넓은갓젖버섯(흰주름젖버섯) **218**

노란구름벚꽃버섯(흑갈색벚꽃버섯) **219** | 밤꽃그물버섯 **220** | 애기젖버섯 **221**

으뜸껄껄이그물버섯 **222** | 으뜸끈적버섯(박달송이) **223** | 자주둘레그물버섯 **224**

작은맛솔방울버섯(맛솔방울버섯) **225** | 장미무당버섯(졸각무당버섯) **226**

주름볏싸리버섯 **227** | 털귀신그물버섯(솔방울귀신그물버섯) **228** | 황금비단그물버섯 **229**

나무에 있는 버섯

갈색날긴(날민)뿌리버섯(갈색날끈끈이버섯) **230** | 끈적긴(민)뿌리버섯 **231** | 난버섯 **232**

노란젖버섯 **233** | 개암버섯 **234** | 말뚝버섯 **235** | 고무버섯 **236** | 꽃귀버섯 **237**

당귀젖버섯 **238** | 갈색먹물버섯(갈색쥐눈물버섯) **239** | 금빛비늘버섯 **240**

제4장 식용이 가능한 이색 버섯

나무에 무리 지어 자생하는 버섯
검은비늘버섯 242 | 갈색먹물버섯(갈색쥐눈물버섯) 243 | 풍선끈적버섯 244
황소비단그물버섯 245 | 다발방패버섯 246 | 다형콩꼬투리버섯 247 | 당귀젖버섯 248
등색가시비녀버섯 249 | 아교좀목이 250 | 주름고약버섯 251

땅 위에 무리 지어 자생하는 버섯
폐 질환 편도선에 효능이 있는 말불버섯 252 | 연기색만가닥버섯 253 | 노랑끈적버섯 254
호흡기에 효능이 있는 애기꾀꼬리버섯 255 | 가지색끈적버섯아재비(푸른끈적버섯아재비) 256
관절약의 원료가 되는 갓그물버섯(분말그물버섯) 257
고깔갈색먹물버섯(고깔쥐눈물버섯) 258 | 그늘버섯 259 | 그물버섯아재비 260
금빛송이(금애송이, 금송이) 261 | 기와무당버섯 262 | 꼬마주름버섯 263
끈적비단그물버섯(노른자비단그물버섯) 264 | 노란길민그물버섯(청변민그물버섯) 265
다람쥐눈물버섯 266 | 다색벚꽃버섯 267 | 독송이 268 | 들주발버섯 269
맛광대버섯(흰조각광대버섯) 270 | 망그물버섯(밤색갓그물버섯) 271
목련무당버섯(흰꽃무당버섯) 272 | 밀졸각버섯 273 | 버터철쭉버섯(애기버터버섯) 274
붉은꾀꼬리버섯 275 | 새주둥이버섯 276 | 솔버섯 277 | 수원그물버섯 278
혈전을 용해하는 앵두낙엽버섯(종이꽃낙엽버섯) 279 | 적색신그물버섯 280
조각무당버섯 281 | 좀노랑창싸리버섯 282 | 할미송이 283 | 황금비단그물버섯 284
회갈색눈물버섯 285 | 흰둘레그물버섯 286 | 꼬막버섯(꽃잎꼬막버섯) 287
흰주름만가닥버섯(밀만가닥버섯) 288 | 잎새버섯 289

제5장 식용 · 약용 · 맹독성이 알려지지 않은 버섯

가는털컵버섯 292 | 가마애주름버섯 293 | 노란송곳버섯 294 | 녹색쓴맛그물버섯 295
받침애주름버섯 296 | 붉은말뚝버섯 297 | 자주색줄낙엽버섯 298 | 접시버섯 299

  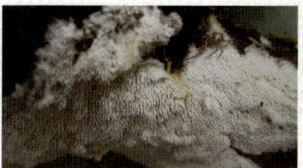 

좀벌집구멍장이버섯　300 ｜ 코털버섯　301 ｜ 화병꽃버섯　302

흰거스러미광대버섯(붉은껍질광대버섯)　303 ｜ 흰꼭지땀버섯　304 ｜ 짧은대꽃잎버섯　305

황금넓적콩나물버섯　306 ｜ 줄버섯　307 ｜ 노루털귀버섯(노루귀버섯) 땀버섯과　308

방패외대버섯　309 ｜ 이끼오렌지버섯　310 ｜ 흰애주름버섯　311 ｜ 단발머리땀버섯　312

겨나팔버섯　313 ｜ 흰찐빵버섯(찐빵버섯)　314 ｜ 새둥지버섯　315 ｜ 노란말뚝버섯　316

가랑잎꽃애기버섯(가랑잎밀버섯)　317 ｜ 가루주발버섯　318 ｜ 검은빵팥버섯　319

검은외대버섯　320 ｜ 고슴도치버섯　321 ｜ 광양주름버섯　322 ｜ 구멍빗장버섯　323

귀느타리(노란귀느타리)　324 ｜ 균핵꼬리버섯　325 ｜ 그을코버섯　326 ｜ 긴꼬리자갈버섯　327

긴대말불버섯(긴목말불버섯)　328 ｜ 긴뿌리광대버섯　329 ｜ 긴안장버섯(긴대주발버섯)　330

긴자루술잔고무버섯　331 ｜ 껄껄이그물버섯(등색껄껄이그물버섯)　332 ｜ 꼬리버섯(요버섯)　333

꼬마두엄먹물버섯(꼬마흙물버섯)　334 ｜ 꼬마배꽃젖버섯　335 ｜ 꼬마안장버섯　336

꽃접시버섯　337 ｜ 노란종버섯　338 ｜ 노란주걱혀버섯(주황혀버섯)　339 ｜ 노란주발목이　340

노랑무당버섯　341 ｜ 노루털귀버섯(노루귀버섯)　342 ｜ 다형빵팥버섯　343

단풍사마귀버섯　344 ｜ 담갈색무당버섯　345 ｜ 당귀야자버섯(땅콩버섯)　346

동심바늘버섯　347 ｜ 물두건버섯(산골물두건버섯)　348

백조각시버섯(흰주름각시버섯, 백조갓버섯)　349 ｜ 백황색광대버섯　350 ｜ 벌레송편버섯　351

붉은머리뱀버섯(붉은머리말뚝버섯)　352 ｜ 붉은애주름버섯　353

비단외대버섯(흰머리외대버섯)　354 ｜ 세로줄애주름버섯　355 ｜ 세발버섯　356

손바닥붉은목이　357 ｜ 수원까마귀버섯(털개암버섯)　358 ｜ 수원무당버섯　359

술병방귀버섯　360 ｜ 술잔버섯　361 ｜ 습지등불버섯　362 ｜ 알보리수버섯　363

얇은갓젖버섯　364 ｜ 양산버섯(좀일먹물버섯)　365 ｜ 여우꽃각시버섯　366

연보라무당버섯　367 ｜ 연지버섯　368 ｜ 열매콩꼬투리버섯　369

오디균핵접시버섯(오디양주잔버섯)　370 ｜ 오렌지대접시버섯　371

오목패랭이버섯(요리솔밭버섯)　372 ｜ 잔디말똥버섯　373 ｜ 젖은송곳버섯　374

조개버섯　375 ｜ 좀노란밤그물버섯　376 ｜ 종지털컵버섯　377 ｜ 주홍꼬리버섯　378

주황갓그물버섯(주홍분말그물버섯)　379 ｜ 천가닥애주름버섯　380

통발진달래버섯(통발네립살버섯)　381 ｜ 포도쓴맛그물버섯　382

하얀선녀버섯(하얀대마른가지버섯)　383 ｜ 향기젖버섯　384 ｜ 혈색무당버섯　385

홍옥애주름버섯　386 ｜ 황록청균　387 ｜ 황소낙엽버섯　388

황소아교뿔버섯(아교뿔버섯) **389** | 흰꼬마외대버섯(삼풀외대버섯) **390**
흰붓버섯(붓버섯) **391** | 흰털깔때기버섯 **392**

제6장 맹독성이 강한 독버섯

갈변흰우당버섯(흰무당버섯아재비) **394** | 바늘땀버섯 **395** | 애기무당버섯 **396**
양파광대버섯 **397** | 연보라무당버섯 **398** | 절구무당버섯 **399** | 흰오뚜기광대버섯 **400**
턱받이광대버섯 **401** | 붉은싸리버섯 **402** | 황금싸리버섯 **403** | 노랑싸리버섯 **404**
변형술잔녹청균 **405** | 화경버섯 **406** | 애우산광대버섯 **407** | 암회색광대버섯아재비 **408**
파리버섯 **409** | 양파광대버섯 **410** | 개나리광대버섯 **411** | 흰알광대버섯 **412**
독우산광대버섯 **413** | 회흑색광대버섯 **414** | 큰주머니대광대버섯 **415**
긴골광대버섯아재비 **416** | 뱀껍질광대버섯 **417** | 광대버섯 **418** | 마귀광대버섯 **419**
큰우산광대버섯(큰우산버섯) **420** | 흰가시광대버섯 **421** | 갈색고리갓버섯 **422**
노란대광대버섯 **423** | 땅비늘버섯 **424** | 비늘버섯 **425** | 삿갓땀버섯 **426** | 솔땀버섯 **427**
밤자갈버섯(포도색자갈버섯) **428** | 갈황색미치광이버섯 **429**
갈잎에밀종버섯(황토색황토버섯) **430** | 굴털이아재비(젖버섯아재비) **431**
노란꼭지외대버섯(노란꼭지버섯) **432** | 흰꼭지외대버섯 **433** | 붉은꼭지외대버섯 **434**
삿갓외대버섯 **435** | 주름우단버섯 **436** | 검은쓴맛그물버섯(검은망그물버섯) **437**
흙무당버섯 **438** | 절구무당버섯아재비 **439** | 깔때기무당버섯 **440** | 점박이광대버섯 **441**
콩버섯 **442** | 콩두건버섯 **443** | 털작은입술잔버섯 **444** | 접시버섯 **445**
다형콩꼬투리버섯 **446** | 톱니겨우살이버섯 **447** | 삼색도장버섯 **448** | 도장버섯 **449**
소나무잔나비버섯 **450** | 장미잔나비버섯 **451** | 벽돌빛뿌리버섯 **452** | 조개껍질버섯 **453**
간버섯(주걱간버섯) **454** | 해면버섯 **455** | 테옷솔버섯 **456** | 청자색모피버섯 **457**
아교버섯 **458** | 덧부치버섯(덧붙이버섯) **459** | 솔미치광이버섯(미치광이버섯) **460**
잿빛가루광대버섯 **461** | 흰주름버섯 **462** | 적갈색애주름버섯 **463**
꽃잎버짐버섯(꽃잎주름버짐버섯, 곰우단버섯) **464** | 냄새무당버섯(무당버섯) **465**
이끼살이버섯 **466** | 먼지버섯 **467** | 붉은바구니버섯 **468** | 주름찻잔버섯 **469**

공버섯(진주버섯) **470** | 황토색어리알버섯 **471** | 긴송곳버섯(긴이빨송곳버섯) **472**
부채버섯 **473** | 가시갓버섯 **474** | 검은마른가지버섯(검은쓴맛그물버섯) **475**
고추젖버섯 **476** | 광비늘주름버섯(노란대주름버섯) **477** | 담갈색송이 **478**
독깔때기버섯 **479** | 땅송이 **480** | 마귀곰보버섯 **481** | 붉은사슴뿔버섯 **482**
새털젖버섯 **483** | 솜갓버섯(방패갓버섯) **484** | 아교뿔버섯(싸리아교뿔버섯) **485**
암적색분말광대버섯(암적색광대버섯) **486** | 일본연지그물버섯 **487** | 자주주발버섯 **488**
청환각버섯 **489** | 침투미치광이버섯 **490** | 흑자색쓴맛그물버섯 **491**

제7장 자료가 없는 버섯

가는대애주름버섯 **494** | 가는유충동충버섯 **494** | 가송이 **494** | 갈색융단그물버섯 **494**
갈색털고무버섯 **494** | 갈색털꾀꼬리버섯 **494** | 감씨버섯 **495** | 개미동충하초 **495**
검정대겨울우산버섯 **495** | 게빌톱버섯 **495** | 고깔꽃버섯 **495** | 광릉자부방망이버섯 **495**
구릿빛그물버섯 **496** | 귀두속버섯 **496** | 깔때기꾀꼬리버섯 **496** | 꼬마방귀버섯 **496**
끈적벚꽃버섯 **496** | 남보라외대버섯 **496** | 넓적녹청접시버섯 **497** | 노란국수버섯 **497**
답싸리버섯 **497** | 댕구알버섯 **497** | 동백균핵접시버섯 **497** | 목련균핵접시버섯 **497**
민꼭지외대버섯 **498** | 민마른뿌리버섯(민긴뿌리버섯) **498** | 배불뚝깔때기버섯 **498**
병꽃시루뻔버섯 **498** | 보라쓴맛그물버섯 **498** | 붉은꽃버섯 **498**
붉은뱀버섯(끝검은뱀버섯) **499** | 붉은애기버섯(점박이애기버섯) **499**
붉은주머니광대버섯 **499** | 새송이버섯 **499** | 색찌끼버섯 **499** | 서리송이 **499**
석류밤그물버섯 **500** | 소녀애주름버섯 **500** | 소혀버섯 **500** | 솔방울털버섯 **500**
수레바퀴애주름버섯 **500** | 애광대버섯 **500** | 연자색끈적버섯 **501** | 이끼패랭이버섯 **501**
일본갈색낭피버섯 **501** | 적갈색끈적버섯 **501** | 점질버섯(점질대애주름버섯) **501**
조개무당버섯 **501** | 좁은행잎버섯(좁우단버섯) **502** | 주걱귀버섯 **502**
주름버섯아재비 **502** | 주름안장버섯 **502** | 주발안장버섯 **502** | 주황개떡버섯 **502**
죽황 **503** | 중국광대버섯 **503** | 차양끈적버섯 **503** | 찹쌀떡버섯 **503**
천사버섯(새끼애름버섯) **503** | 촉수콩꼬투리버섯 **503** | 토란버섯 **504** | 팥배꽃버섯 **504**

평평귀버섯　**504** | 푸른떡손등버섯(푸른손등버섯)　**504** | 푸른점버섯균　**504**
푸른주름무당버섯　**504** | 풀귀버섯　**505** | 하늘색깔때기버섯　**505** | 혓하늘목이　**505**
홀트껄껄이그물버섯　**505** | 황갈색깔때기버섯　**505** | 황금맥수염버섯(침유색고약)　**505**
황금아교고약버섯(황금고약버섯)　**506** | 황토적색개딱지버섯　**506** | 흰삿갓깔때기버섯　**506**
흰송이아재비　**506**

부록
버섯의 주요 특징　**508** | 버섯 용어 해설　**517** | 찾아보기　**520** | 참고 문헌　**526**

일러두기(이 책의 구성)

- 우리나라에서 자생하는 건강에 유익한 버섯 89종, 식용 버섯 88종, 이색 버섯 47종, 식용·약용·맹독성이 알려지지 않은 버섯 100종, 치명적이고 맹독성이 강한 독버섯 100종, 자료가 없는 버섯 76종, 총 500종을 실었다.

- 학명(속명, 종명은 제외)·발생 시기·발생 장소·채취·한약명·인공 재배 가능 여부·갓·대·포자 등을 설명하였다. 농촌진흥청 농업과학기술원의 『한국의 버섯』과 최호필의 『버섯大도감』을 참조하였다.

- 식용·약용·사용 범위를 설명하였다.

- 약용, 약리 작용은 최호철의 『버섯大도감』, 솔뫼의 『버섯작은사전 250』, 자연버섯 보호연구회의 『버섯도감』, 정종운의 『버섯·약초 건강법』, 농촌진흥청 농업과학기술원의 『한국의 버섯』, 투리구얼 『한국의 버섯 554가지 대백과사전』 등을 참조하였다.

- 독성은 약간 독성·일반 독성·준맹독성·맹독성으로 표기하였다.

- 성미, 금기를 표기하였다.

- 식용 버섯에 대한 저장 방법과 조리 방법을 기술하였다.

- 버섯의 서식지(땅·나무·땅 속·벌레 등)를 구분하였다.

- 사망에 이르는 치명적인 버섯 사진과 응급 처치 방법을 소개하였다.

- 우리가 식용하는 버섯 외 정확히 알지 못하는 버섯을 식용이나 약용으로 쓸 때는 버섯 전문가에게 자문을 구한 후 안전한 버섯만 먹을 수 있으며 그 외는 반드시 한의사와 의사의 처방을 받아야 한다.

🍄 이 책을 보는 방법

• 버섯의 구조

• 대가 붙는 방법

중심생

편심생   측생   우대생

🍄 버섯의 독성 조견표

　버섯은 비가 내린 후에 산행 중에 흔히 볼 수 있다. 버섯 중에는 식용과 약용할 수 있는 버섯과 사망이 이르는 치명적인 맹독 버섯도 있다. 정확히 알지 못하는 버섯은 먹지 않는다. 맹독성 버섯은 몸 속에서 독성이 배출되지 않고 오랜 시간에 걸쳐 건강에 해를 주기 때문에 독성 버섯을 구분하는 방법과 해독 방법, 응급 처치 등을 알아야 한다.

갈색고리갓버섯

삿갓외대버섯

노랑싸리버섯

독우산광대버섯

마귀광대버섯

개나리광대버섯

흰알광대버섯

솔땀버섯

- **약간 독성** 식용 버섯이라 해도 생으로 먹을 때 체질에 따라 중독 증상이 일어날 수 있지만 시간이 흐르면 회복이 된다.

- **일반 독성** 식용·약용 버섯이라 해도 생으로 먹을 때 체질에 따라 중독 증상이 나타날 수 있기 때문에 빠른 시간 내 응급 처치를 해야 된다.

- **준맹독성** 식용·약용 버섯을 독버섯과 구분하지 못하고 생으로 먹을 때 체질에 관계 없이 즉시 응급 처치를 받으면 어느 정도 회복할 수 있지만 먹으면 안 된다.

- **맹독성** 버섯의 포자는 일정 시간 안에 철판을 녹일 수 있다. 사람이 섭취하면 간, 신장에 손상이 생기기 때문에 1~2 조각만 먹어도 죽을 수 있다.

🍄 여러 가지 종류의 버섯들

식용 버섯

가지색그물버섯	거친껄껄이그물버섯	기와버섯
귀신그물버섯	갈색날긴뿌리버섯	까치버섯
개암버섯	가시말불버섯	고무버섯

꽃귀버섯 / 고동색광대버섯 / 구릿빛무당버섯

긴대밤그물버섯 / 가지무당버섯 / 갈색주발버섯(고려주발버섯)

굽은애기버섯 / 노란달걀버섯 / 나팔버섯

녹변나팔버섯 / 난버섯 / 노란젖버섯

작은맛솔방울버섯	장미무당버섯(졸각무당버섯)	주름볏싸리버섯
털밤그물버섯	끈적긴뿌리버섯	털귀신그물버섯
피젖버섯	털귀신그물버섯	회색나팔꾀꼬리버섯
황금비단그물버섯	적갈색애주름버섯	땅송이

여러 가지 종류의 버섯들

약용 버섯

구름송편버섯(구름버섯)

금빛소나무비늘버섯(기와층버섯)

기계층버섯

깔때기버섯

곰우단버섯

느타리버섯

노루궁뎅이버섯

노란개암버섯

느티만가닥버섯

등갈색미로버섯

말굽버섯

꽃송이버섯	양송이	능이
곰보버섯	흰굴뚝버섯	꾀꼬리버섯
망태버섯	노란망태버섯	싸리버섯
주름우단버섯	좀나무싸리버섯	자주싸리국수버섯

삼색도장버섯	무늬노루털버섯	소나무잔나비버섯
배젖버섯	선녀낙엽버섯	애기낙엽버섯
조개껍질버섯	애기찹쌀떡버섯	간버섯
좀주름찻잔버섯	해면버섯	테두리방귀버섯

이끼살이버섯	동충하초	먼지버섯
노린재동충하초-	백강균	벌동충하초
주름찻잔버섯	균핵동충하초	가는유충동충하초

독버섯

갈변흰우단버섯 · 바늘땀버섯

애기무당버섯 · 양파광대버섯 · 절구무당버섯

흰오뚜기광대버섯 · 턱받이광대버섯 · 황금싸리버섯

노랑싸리버섯 · 투구꽃버섯 · 화경버섯

여러 가지 종류의 버섯들

꽃잎버짐버섯   냄새무당버섯   황토색어리알버섯

부채버섯   가시갓버섯   고추젖버섯

광비늘주름버섯   담갈색송이   독깔때기버섯

마귀곰보버섯   붉은사슴뿔버섯   새털젖버섯

솜갓버섯

아교뿔버섯

암적색분말광대버섯

일본연지그물버섯

자주주발버섯

청환각버섯

흑자색쓴맛그물버섯

식용·약용·맹독성 알려지지 않은 버섯

가는털컵버섯

가마애주름버섯

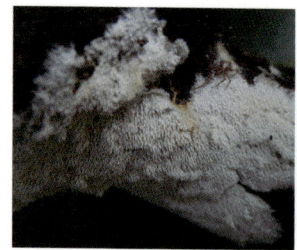
노란송곳버섯

녹색쓴맛그물버섯(임시명)

받침애주름버섯

붉은말뚝버섯

자주색줄낙엽버섯

접시버섯

좀벌집구멍장이버섯

코털버섯

화병꽃버섯

여러 가지 종류의 버섯들

좀노란밤그물버섯	종지털컵버섯	주홍꼬리버섯
주황갓그물버섯 (주홍분말그물버섯)	천가닥애주름버섯	통발진달래버섯(통발네립살버섯)
포도쓴맛그물버섯	하얀선녀버섯 (하얀대마른가지버섯)	향기젖버섯
혈색무당버섯	홍옥애주름버섯	황녹청균

여러 가지 종류의 버섯들   49

 황소낙엽버섯
 황소아교뿔버섯(아교뿔버섯)
 흰털깔때기버섯

 흰붓버섯(붓버섯)

🍄 버섯의 기초 상식

봄부터 가을까지 우리나라 숲속에서 쉽게 만날 수 있는 각양 각색의 버섯들에 대한 잘못된 지식은 사람의 목숨과 직결되기 때문에 식용 여부에 올바른 정보를 가지는 일이 무엇보다 중요하다.

버섯은 땅 속이나 낙엽 속에 균사체로 있다가 비가 내린 뒤 촉촉하게 습기가 있을 때 자실체를 만들고 자손인 포자를 멀리 전파하기 위해 짧은 시간에 갓의 모양과 색상과 액체가 흐르는가를 확인하는 게 중요하다.

• 버섯을 식별하는 방법
1. 가시·털·분말처럼 보이는 인편이 대에 있는지 갓의 표면에 있는지 확인한다.
2. 미세한 구멍인 관공이 있는지, 갓의 밑면이 그물형인지 주름살형인지 확인한다.
3. 대의 속이 비었는지, 색상, 무늬 모양, 턱받이 유무가 있는지 확인한다.
4. 만졌을 때 색상이 변하거나, 절단했을 때 색깔이 변하는지 확인한다.

• 버섯의 특징
버섯은 균류의 포자를 지니고 있는 육질의 기관으로 뿌리인 균사체와 지상의 자실체로 구성되어 있다.
버섯은 고사목·그루터기·나뭇가지 상처·썩은 나무·땅 속·벌레 유충·살아 있는 나무의 등걸 또는 뿌리가 있는 곳에는 어디서나 버섯이 발생한다.

1. 버섯을 만드는 균류는 대부분이 자낭균류를 포함하여 담자균류에 속한다.
2. 진핵세포를 가진 미생물에 속하는 진균류에 속하는 버섯은 낙엽이나 목재를 썩히는 분해자이자 자연계의 청소부다.

· **식용 버섯과 독버섯 구분법**

식용 버섯과 독버섯을 가장 확실하게 구분하는 방법은 요오드 용액을 떨어뜨려 포자의 벽이 암녹색으로 변하는지, 현미경으로 포자·시스티디아·담자기 조직의 미세 구조를 보고 독버섯을 가려 낼 수 있다. 유액이 있는 버섯은 모두 식용이라고 알려져 있으나 혀가 전혀 감각을 못 느낄 정도로 통증을 일으키는 유액을 내는 버섯이 많기 때문에 전문가의 도움을 받아야 한다.

1. 독버섯은 일순간에 생명에 치명적이기 때문에 "죽음의 천사"로 부른다. 문제는 벌레가 먹는 버섯이라고 해서 모든 버섯이 식용할 수 없다는 게 문제다.

2. 버섯의 색깔이 화려하거나 원색이면 독버섯이고 그렇지 않으면 식용 버섯이라거나, 곤충이니 벌레가 먹으면 식용 버섯이고 그렇지 않으면 독버섯이라거나, 대에 띠가 있거나 새로로 잘 찢어지면 식용 버섯이고 그렇지 않으면 독버섯이라고 하는데, 이는 사실이 아니다. 은수저를 넣었을 때 색깔이 변하지 않거나 유액이 나오면 식용 버섯이라는 것도 오해다.

3. 독버섯류는 중독 증상에 따라 분류한다. 독우산광대버섯, 개나리광대버섯처럼 1~2개만 먹어도 치명적인 맹독 버섯이 있는가 하면, 환각·환청·환사를 일으키는 환각버섯류나 미치광이버섯류는 위장이나 소장을 자극해 주로 복통과 설사를 일으키는 싸리버섯류가 있다.

4. 독버섯을 먹었을 때 2~시간 이내에 중독 증상이 나타나는 버섯은 치명적인 독버섯이 아니며 대부분 시간이 지나면 자연치유된다. 그러나 먹고 7~8시간 뒤에 증상이 나타나는 죽음의 천사인 독우산버섯류가 간세포까지 침투하면 죽을 수 있기 때문에 즉시 중독 치료 전문의가 있는 병원으로 가야 한다.

5. 전혀 근거가 없는 속설

식용 버섯	독버섯
색깔이 화려하지 않고 원색이 아닌 것	색깔이 화려하거나 원색인 것
세로로 잘 찢어지는 것	세로로 잘 찢어지지 않는 것
곤충이나 벌레가 먹는 것	곤충이나 벌레가 먹지 않는 것
은수저를 넣었을 때 색깔이 변하지 않는 것	은수저를 넣었을 때 색깔이 변하는 것
가지 또는 줄기를 넣고 요리를 하면 독버섯도 먹을 수 있다	–
버섯에서 유액이 나오는 것	–

• 독버섯의 중독 증상과 치료

중독 증상	독성 물질	초기 증상
얼굴·조홍 현상·진통	코푸린	30분 이내
환각, 심기 변화	푸실로시빈, 푸시로신	수분~1시간 30분
PSL 증후	무스카린	15분~2시간
구토, 설사	GL, irritants	1~3시간
근육 경련, 기능 항진	이보테닉산, 무시몰	1~3시간
심각한 투통·설사·위경련·복통·황달·일시적 회복·경련 등 재발·혼수·치사	모노메칠하이드라진	6~12시간
심한 갈증, 이뇨, 신장 통증	오렐라닌	3~14-17일

• **독버섯 중독 일반적 치료 상식**

해독 방법
버섯을 먹고 체했을 때 민간 요법
독버섯을 잘못 먹고 해독할 때는 표고버섯을 술에 달여 먹는다

구토
이페칵시럽(Lpecae syrup) 15~30cc를 먹이고 이어서 용액 oral liquids를 먹이면 토하게 된다.

위 세척
가능한 위 속에 남아 있는 모든 것을 세척(생리식염수 20 liters로 실시)한다.

활성탄 흡착
위 세척이 끝난 후에 60cc의 물에 활성탄 30g을 경구 또는 위 세척관을 통하여 주입하여 독성분을 흡착 제거한다.

배설 촉진
경구 또는 정맥으로 수액을 시간당 체중 kg당 3~6cc씩 주입하여 강제적으로 이뇨를 촉진한다.

혈액 투석
간의 손상이 나타나면 활성탄 필터를 통하여 체외 순환을 실시한다. 신장의 손상이 나타나거나 독성분을 투석할 만큼 입자가 적으면 혈액 투석을 실시한다.

대중 요법
기도를 통한 호흡을 유지하고, 충분한 산소를 공급하고, 필요하다면 구강 대 구강 인공호흡을 실시한다.

기타

혈압 조절, 간과 신장 검사, 진정제 및 진토제·진통제·진정제·항경련제 등을 사용한다

- **저장 및 보관법**
    1. 버섯은 채취하여 생것으로 먹을 수 있는 표고·송이·느타리 등은 바로 먹을 수 있지만, 냉장고에 오래 두면 향의 성분이 변하여 부패하기 때문에 바로 먹어야 한다.
    2. 장독의 된장, 고추장에 송이를 묻어 두고 먹는다.
    3. 건조해서 먹을 수 있는 능이 등이 있고, 말굽 등과 같이 그대로 보관했다가 적당한 크기로 잘라 먹는 것도 있다.

- **이용법**
    1. 버섯은 고대로부터 향과 맛이 좋아 식용으로 이용해 왔으나, 최근에는 상황버섯에 함유되어 있는 다당류 '베타글루칸'이 항암에 효험이 있고, 인체의 면역력을 높여 주는 것으로 밝혀졌다.
    2. 버섯은 부드러운 육질과 독특한 향은 요리에서 주재료로 맛의 질을 좌우한다. 수분이 대부분이며 고형의 성분이 10%가 채 안 되지만, 칼로리가 낮으면서 미네날·비타민류·단백질·무기염류 등이 풍부하다.
    3. 우리나라에서는 제1 송이 제2 능이, 제3 표고라 하여 3종을 진귀한 식용 버섯으로 여겨 왔지만 최근에는 건강에 좋다 하여 버섯이 각광을 받고 있다.
    4. 흔히 송이·표고·느타리·목이·석이 등은 식용으로 먹고, 영지·구름·차가·운지·말굽·동충하초·저령 등은 약용으로 이용되고, 복령, 상황은 한약재로 쓴다.
    5. 소량의 독버섯은 끓는 물에 데치거나 물에 하룻밤 담갔다가 독을 제거한 후에 먹을 수 있다.

- **보존법**

우리 민족은 야생버섯을 따서 바로 요리하여 먹거나 소금물에 염장, 햇볕에 온건하게 말

려서 겨울 내내 봄나물이 나올 때까지 무쳐서 먹거나 된장국에 넣어 먹었다.

건조해서 먹는 버섯
육질이 두텁고 수분이 적고, 비교적 어린 버섯으로서 견고하고, 육질은 얇으나 견실하고, 향이 짙은 표고·목이·느타리·꾀꼬리버섯·뽕나무버섯·땅지만가닥버섯 등은 건조해서 먹는다.

염장해서 먹는 버섯
수분이 많고, 점액질이 많고, 쓴맛이 나거나 매운맛이 나고, 수용성 경독성 버섯류, 보존하는 데 염려가 되는 굴뚝버섯·까침버섯·싸리버섯 등은 염장해서 먹는다.

냉동 보관해서 먹는 버섯
송이버섯·잎새버섯·땅지만버섯 등을 채취하여 맛과 향을 느끼기 위해서는 즉시 호일에 싸서 냉동 보관한다.

• **보존법 및 식용법**
야생버섯을 조리할 때는 향기를 고려하여 마늘을 쓰지 않고 들기름·소금·조선간장으로 간을 맞춘다.
버섯의 종류에 따라 무치거나, 데치는 데 사용하고, 탕이나 국에 넣어 조리한다. 무침·데침·볶음 요리(탕, 전골)·튀김·육수·술 등으로 다양하게 먹는다. 송이버섯 등을 랩이나 호일에 싸사 냉동 보관하여 먹는다.

제1장

왜 버섯인가

왜 버섯인가

사람이 고칠 수 없는 병은 버섯에 맡겨라!

고대로부터 버섯은 향과 맛이 좋아 식용으로 이용해 왔으나 최근의 버섯은 식물에서 찾기 힘든 유용한 물질의 보고寶庫가 되어 4차원의 건강 열쇠를 푸는 항생 물질과 같은 의약품을 생산하고 항암 효과에 뛰어나 암환자에게 희망을 주기도 한다.

우리 조상은 고대로부터 버섯[1]을 식용과 약용으로 이용했다. 송이·표고·느타리·목이·석이 등은 식용으로 이용되고, 영지·상황·구름·차가·운지·말굽·동충하초·저령 등은 약용으로 이용된다. 최근 자연산이 멸종 단계에 이르자, 버섯 균사를 키운 균사덩이로 표고·상황·동충하초·아가리쿠스 등을 인공 재배를 많이 한다. 우리나라에서는 제1 송이 제2 능이, 제3 표고라 하여 3종을 진귀한 식용 버섯으로 여겨 왔지만 최근에는 건강에 좋다 하여 버섯이 각광을 받고 있다.

버섯은 광합성을 하며 스스로 영양분을 만드는 식물과는 달리 성장에 필요한 성분을 동물이나 식물로부터 얻는다. 예를 들면 약용 버섯인 동충하초는 곤충을 죽인 뒤 영양을 얻기도 하고, 전나무 계통의 침엽수를 죽이며 양분을 빼앗는 해면버섯도 있다. 식물에게 필요한 인이나 무기 양분을 흡수해 식물에게 공급하고 이들로부터 영양분을 받아 사는 식물과 공존하는 버섯도 많다. 소나무를 살리는 송이버섯, 참나무와 능이버섯은 소문난 공생 커플이다. 진핵세포를 가진 미생물에 속하는 진균류에

---

1) 버섯이란 균류의 포자를 지니고 있는 육질의 기관이다.

속하는 버섯은 낙엽이나 목재를 썩히는 분해자이자 자연계의 청소부다.

버섯은 수분이 대부분이며 고형 성분이 10%가 채 안 되지만, 칼로리가 낮으면서도 미량 원소나 비타민류가 풍부하다. 거의 모든 버섯에서 '베타 글루칸'이라는 성분은 암세포의 억제는 물론 심지어 죽이는 것으로 밝혀졌다. 약용 버섯은 인체에서 부족한 미네랄을 풍부하게 함유하고 있어 영양 식품으로 손색이 없고 변조된 생체 기능을 강화해 주는 것은 물론 암환자의 약해진 면역력을 높여 간접적으로 암을 이기도록 한다. 버섯에는 '스테로이드' 물질이 암세포를 직접 공격하여 소멸시킨다. 구름버섯에서 '그레스틴'을 추출하여 항암제로 활용되고 있고, 표고버섯에서 '렌티안'을 추출하여 각종 임상 실험이 진행되고 있다.

인천대 생물학과 이태수 교수는 2009년 UPOV(국제식물신품종보호동맹)는 한국산 버섯이 적용을 받으면 다른 나라가 신품종으로 등록한 식물에 대해서는 로열티를 지불하고 사 와야 하기 때문에 향후 '버섯 전쟁'을 예언하면서 지금보다 몇 배나 비싼 값을 줘야 팽이버섯을 겨우 살 수 있을지도 모른다고 했다.

버섯은 자연계의 물질 순환에서 유기물의 분해를 함으로써 생태계의 조화와 유지에 큰 역할을 담당한다. 죽은 나무에서 꽃처럼 피어나는 버섯은 사람에게 건강을 주기도 하고 때론 해를 주기도 하지만 나무를 분해하여 흙으로 환원시켜 주는 자연의 보물이다.

버섯 종류별 항암 효과

사진	구분	암 치료율 치료된 쥐/암에 걸렸던 쥐	종양 억제율
	상황버섯	7/8	96.7
	송이버섯	5/9	91.8
	팽이버섯	3/10	81.1
	표고버섯	6/10	80.7

사진	구분	암 치료율 치료된 쥐/암에 걸렸던 쥐	종양 억제율
	구름버섯	4/8	77.5
	느타리버섯	5/10	75.3
	붉은점박이광대버섯	0/8	72.3
	삼색도장버섯	4/7	70.3
	진흙버섯	1/9	67.9

사진	구분	암 치료율 치료된 쥐/암에 걸렸던 쥐	종양 억제율
	잔나비걸상버섯	5/10	64.9
	목이버섯	0/9	42.6
	조개껍질버섯	0/8	23.9
	기와옷솔버섯	1/10	45.5
	맛버섯	3/10	86.5
	흰구름버섯	2/10	65.0
	대합송편버섯	1/10	49.3

출처 : 일본 암연구센터 이케가와 지하라 실장

동충하초 임상 실험[2]

구분	환자 수	음용일수	치료율
성 기능 장애	159	40일	64.1%
심장병	33	4주간	90.5%
고혈압	273	1~2주간	76.2%
폐병	30	2개월	80%
B형 간염	33	2개월	78.6%
간경화	22	3개월	68%
악성암	30	2개월	93%
기관지염	41	3개월	94%
당뇨병	29	1~2개월	86.9%
백혈병	35	1~2개월	85.7%

---

[2] 한방과 건강, 1999.7. 142~144

제2장
건강에 유익한 버섯

약용 식용

암(위암), 암세포 증식을 억제하는 상황버섯 진흙버섯과 Phellinus Linteus

나무에 있는 버섯

발생 연중 **장소** 활엽수의 고사목 또는 그루터기 **채취** 망치 또는 해머로 입목(등걸)이나 그루터기에 붙어 있는 버섯을 딴다 **한약명** 호손안 · 胡孫眼 **인공 재배** 가능

| **식용** | 딱딱한 목질이기 때문에 차(보리차 대용), 가루로 먹거나 꿀에 재어 먹는다, 육수(탕 · 전골 · 찌개 · 요리), 술 | **약용** | 항종양 · 면역력 증강 · 위염 · 위궤양 · 소화 불량 | **사용 범위** | 치유되면 중단한다 | **배당체** | 베타글루칸, 린데우스 | **약리 작용** | 항암 효능은 뽕나무나 산뽕나무에서 난 버섯이 가장 좋다. 항암(위암, 식도암), 항산화, 혈압 강하 | **성미** | 맛은 평하다 | **독성** | 없다 | **금기** | 없다

상황桑黃은 중국에서 유래되어 "상황버섯"이라 부른다. 그루터기에 혓바닥을 내민 모습이어서 "수설樹舌", 버섯의 모양이 마치 목질같이 생겼다 하여 "목질진흙버섯"이라 부른다.

해발 1,000m 이상에서 활엽수의 고사목 또는 입목등걸이나 그루터기에서 발생한다. 자연산 상황버섯은 겨울에 성장을 멈추고 진흙색으로 변했다가 이듬해 봄부터 늦가을까지 노란 진흙덩이의 형태로 자란다.

갓의 지름은 10cm 내외, 두께는 2~10cm, 갓은 반원 모양 · 부채꼴 모양 · 산 모양 · 말굽 모양 · 평편형 등이 있다. 표면에 갈색털이 있지만 자라면서 없어진다. 자실층은 갓의 밑변에 주름살이 없고, 대가 없으며 포자는 공 모양이고 황갈색이다.

약용 식용

암(식도암), 십장생 속 불로초 영지버섯 불로초과 Ganoderma, lucidum

발생 여름~가을 **장소** 활엽수의 그루터기 또는 주변의 땅 **채취** 여름~가을 **한약명** 영지·靈芝 **인공 재배** 가능

| **식용** | 딱딱한 목질이기 때문에 보통은 차로 우려서 먹는다 | **약용** | 항종양·면역력 증강·자양·강장·진해·비염·간염·치매 예방·노화 예방·이뇨·불면증·고혈압·저혈압·동맥 경화·기관지염 | **배당체** | 베타글루칸 | **사용 범위** | 치유되면 중단한다 | **약리 작용** | 항암·항산화·혈압 강하·항염·진통·혈당 강하 | **성미** | 맛은 쓰며 따뜻하다 | **독성** | 약간 독성 | **금기** | 장복을 금한다

    우리 조상은 불로장생을 상징하는 10가지의 상징물인 십장생 병풍에 소나무·해(太陽)·산·물·돌·구름·거북·학·사슴·불로초(영지버섯)를 그렸는데 불로초는 소나무 그루터기에 자리하고 있고 그 중 하나인 불로초가 영지버섯이다. 중국의 이시진이 쓴 『본초강목』에서 "영지를 만병을 퇴치하는 버섯", 『신농본초경』에서 '영지를 생영의 영약이다'라 하여 '불로초'로 보았다. 갓은 콩팥 모양이고 전체적으로 딱딱하고 니스 같은 분비물이 흐르지만 초기에는 약간 물렁하지만 건조시키면 딱딱해진다. 갓은 콩팥 모양, 원 모양이고, 지름은 10~20cm 내외, 두께는 1~3cm이다. 표면은 광택이 나며 다갈색, 흑갈색이고, 미세한 주름이 있다. 자실층에 관공이 있고, 대의 길이는 2~10cm, 포자는 달걀 모양이고 표면은 미끈하다.

유기게르마늄이 인삼보다 7배가 많은 말굽버섯 구멍장이버섯과 Fomes fomentanius

| **발생** 여름~가을 | **장소** 활엽수의 죽은 나무나 살아 있는 나무의 등걸 | **채취** 여름~가을 | **인공 재배** 불가능

| **식용** | 섬유질 가죽질이어서 차, 육수로 먹는다. | **약용** | 항종양 · 면역력 증강 · 항당뇨 · 소화 불량 · 폐결핵 | **사용 범위** | 치유되면 중단한다 | **배당체** | 베타글루칸 | **약리 작용** | 항암(위암 · 식도암 · 자궁암) · 항산화 · 해열 · 이뇨 | **성미** | 고구마 맛이고 쓰다 | **독성** | 없다 | **금기** | 장복을 금한다

　　말굽버섯은 살아 있는 나무나 고사된 자작나무 · 너도밤나무 · 단풍나무 종류의 활엽수의 나무에 뿌리를 내리고 기생하여 수년간을 자라는 코르크질로 마치 말굽처럼 생겼다 하여 "말굽버섯" 또는 "말발굽버섯"이라 부른다. 말굽버섯에는 '유기게르마늄(Ge-132)'이 인삼보다 7배나 많은 1,462ppm을 함유하고 있어, 면역력을 높여 질병의 예방과 치료, 인체에 쌓인 노폐물과 중금속을 배출, 몸 안의 신진 대사에 관여한다. 갓은 말굽 모양, 종 모양으로 대형과 소형 2종류가 있다. 대형은 지름이 5~30cm, 두께는 5~30cm 정도이고, 소형은 지름이 3~5cm 정도로 작다. 각 표면은 회색 또는 흑갈색의 물결 무늬와 함께 가로로 심한 홈줄이 있다. 갓의 둘레는 둔하고 황갈색이고, 껍질은 황갈색이며 질긴 모피처럼 생겼고, 밑면은 회백색이고, 줄기 구멍管孔은 여러 층이며 포자는 타원형이며 흰색의 무늬가 있다.

항암·당뇨·고혈압에 좋은 운지버섯 (구름버섯, 구름송편버섯) 구멍장이버섯과 Trametes, versicolor

발생 연중 내내, 보통은 초여름~가을 **장소** 살아 있는 나무 또는 활엽수나 침엽수의 고사목 **채취** 연중 내내 **한약명** 운지·雲芝 **인공 재배** 가능

| **식용** | 조직이 가죽처럼 질기고 딱딱하여 먹을 수 없다. 차(보리차 대용) | **약용** | 항종양·항산화·면역력 증강·간염·기관지염·원기 회복·혈액 순환·혈전 용해 | **사용 범위** | 치유되면 중단한다 | **배당체** | 폴리사카라이드, Kretin | **약리 작용** | 항암(위암·식도암·간암·결장직장암·폐암·유방암·소화기암)·항염·혈압 강하·혈당 강하 | **성미** | 약간 쓰다 | **독성** | 없다 | **금기** | 금속 용기 대신 유리나 도자기, 약탕기를 사용한다

  운지버섯은 전국의 산지, 살아 있는 나무는 물론 고목에서 발생한다. 구름을 닮았다 하여 "운지雲芝" 또는 "구름버섯", 기왓장을 쌓아 놓은 것 같다 하여 "기와버섯"이라 부른다. 운지버섯의 기능성 성분 중에서 PSK는 독성이나 부작용이 전혀 없고 면역 체계에 도움을 준다. 갓은 반형 모양, 부채 모양이고, 지름은 2~5cm 정도이다. 표면은 회색·황토색·흑갈색·흑회색 등의 색으로 좁은 테 무늬를 만들고 가장자리는 백색, 살(조직)은 백색으로 가죽 같은 질감이다. 대는 없고, 포자는 원통형이고 흰색이다. 구멍의 밀도(간격)는 1mm 사이에 3~5개로 매우 촘촘하다. 크기는 $7 \times 2\mu m$ 이다.

약용 **식용**

항암, 뇌졸중에 효능이 있는 잔나비걸상버섯 (잔나비불로초) 불로초과 Elfvingia applanata

발생 연중 **장소** 활엽수의 그루터기나 줄기 또는 살아 있는 나무의 상처 **채취** 연중 **한약명** 수설·樹舌 **인공 재배** 불가능

| **식용** | 차(보리차 대용), 육수(탕·전골·찌개) | **약용** | 항종양·면역력 증강·신경쇠약·폐결핵·뇌졸중·심장병·간염 | **사용 범위** | 치유되면 중단한다 | **배당체** | 베타글루칸 | **약리 작용** | 항암·항균·항바이러스 | **성미** | 맛은 쓰고 성질은 평하다 | **독성** | 없다 | **금기** | 장복을 금한다

잔나비걸상버섯은 전체적으로 큰 조개를 닮았다. 말굽버섯과 유사하게 종 모양이나 말굽 모양으로 자란다. 활엽수의 그루터기 또는 살아 있는 나무에서 발생한다. 나무의 등걸에서 혓바닥을 내민 모습처럼 생겼다 하여 '수설樹舌', 큰 조개를 닮은 버섯으로 말굽버섯과 유사하게 종 모양이나 말굽 모양으로 성숙한다. 잔나비걸상버섯은 초기에는 반원 모양에서 점점 산 모양이나 말굽 모양으로 변한다. 껍질은 단단한 목질이지만 속살은 코르크질이다. 속살은 진한 갈색이며 갓의 지름은 5~50cm, 두께는 5~40cm 정도로 크다. 표면이 원반형 고리와 함께 주름살이 있고 여러 층의 관공이 있다. 대는 없고, 포자는 달걀 모양이고 크기는 8×5㎛이다.

`약용` `식용`

고혈압과 동맥 경화의 묘약 느타리버섯 느타리과 Pleurotus ostreatus

발생 봄~늦가을　**장소** 활엽수의 고사목　**채취** 봄~늦가을　**한약명** 만이·晩栮　**인공 재배** 가능

| 식용 | 데침·볶음·탕·전골·찌개　| 약용 | 항산화·항종양·면역력 증강·동맥 경화·고혈압·혈액 순환·신경안정　| 사용 범위 | 장복해도 상관없다　| 배당체 | 베타글루칸, 에르고스테롤　| 약리 작용 | 항암(직장암, 유방암)·혈압 강하·콜레스테롤 감소　| 성미 | 맛과 향기가 부드럽고 씹을 때 감촉이 좋다　| 독성 | 없다　| 금기 | 없다

　느타리버섯은 활엽수의 고사목에서 발생한다. 한국에서는 만이晩栮, 일본에서는 "평이平栮:히라다케" 또는 "인공 시메지", 구미에서는 "굴버섯"이라 부른다.
　일본 나가노현의 소시야 의사는 느타리버섯이 암 치료 시 부작용을 줄여 주고, 면역력을 높여 암세포의 증식을 억제한다는 연구 논문이 유럽 의학 전문지에 게재되어 세계적으로 주목을 받았다.
　갓은 초기에는 반구형에서 점점 신장형, 깔때기형으로 변한다. 지름은 2~9cm, 표면은 약간 습기가 있고, 검정색·회갈색·회색·백색으로 상장한다. 가장자리는 나중에 물결 모양이 되기도 한다. 주름살은 흰색—회색이고 살(조직)은 흰색, 긴 내린형이고 빽빽하다. 대는 있거나 없다. 포자는 원기둥이며, 크기는 9.5×3.5㎛이다.

제2장 건강에 유익한 버섯　73

중풍, 혈전을 용해하는 뽕나무버섯 송이버섯과 Armillaria mellea

발생 봄~가을 **장소** 활엽수나 침엽수의 고사목 **채취** 봄~가을 **한약명** 한약재 **인공 재배** 가능

| **식용** | 건조시켜 먹는다 · 볶음 · 데침 · 탕 · 전골 · 요리 | **약용** | 항산화 · 항종양 · 면역력 증강 · 중풍 · 치매 치료 · 시력 감퇴 · 소화기 및 호흡기 감염 예방 | **사용 범위** | 체질에 따라 복통을 유발한다 | **배당체** | 베타글루칸 | **약리 작용** | 항암 · 항균 · 혈전 용해 | **성미** | 약간 쓴맛과 단맛이 있다 | **독성** | 약간 독성 | **금기** | 생식을 금한다

    뽕나무버섯은 깊은 산의 활엽수나 침엽수의 고사목 또는 살아 있는 나무의 상처에서 발생한다. 강원도 정선 지역에서는 "글코버섯", 유럽에서는 맛이 좋아 "꿀버섯"이라 부른다.
    갓은 초기에는 둔원추형—반구형이고 갓 끝은 안쪽으로 굽어 있으며 내피막으로 싸여 있으나, 성장하면 끝이 평편하게 펴지고 내피막의 일부가 갓 끝에 부착하는 경우도 있다. 지름은 4~15cm이고, 표면은 황색—연한 갈색이고 어두운 인편이 있다. 가장자리는 방사형의 줄무늬가 있다. 살색은 흰색이거나 황색이다. 주름살은 다소 빽빽하고 대의 길이는 4~15cm, 색상은 황갈색이지만 상단부는 흰색, 하단부는 어두운 색이다. 표면에 솜털 비늘이 있고 밑부분에 턱받이가 있고 부풀어 있다.

항종양, 만성간염과 담낭염에 좋은 뽕나무버섯부치
뽕나무버섯과 Armillaria tabescens

발생 여름~가을 **장소** 활엽수의 그루터기 또는 나무 수피, 살아 있는 나무 뿌리 위 **채취** 여름~가을
동속버섯 개암버섯 **인공 재배** 가능

| **식용** | 소금물에 팔팔 데친 후에 먹는다. 볶음, 데침, 요리(탕, 전골) | **약용** | 항종양·면역력 증강·만성간염·담낭염 | **사용 범위** | 소화가 안 되는 버섯으로 과식을 금한다 | **배당체** | 베타글루칸 | **약리 작용** | 항암, 항균 | **성미** | 쌉싸래하며 쫄깃하고 맛과 향이 좋다 | **독성** | 약간 독성 | **금기** | 생식을 금한다

뽕나무버섯부치는 활엽수의 그루터기 또는 나무 수피, 살아 있는 나무의 뿌리 위에 다발로 발생한다. 뽕나무버섯에 비해 갓이 작고 대가 없어 쉽게 구분할 수 있다.
갓은 초기에는 반구형에서 성장하면 편평하게 되거나 중앙 오목편평형으로 된다. 표면은 옅은 황색·옅은 황토색·옅은 갈황색을 띠며, 중앙 부위에는 미세한 섬유상의 인편이 밀집되어 있고 주변부에는 방사상의 선이 있다. 지름은 4~6cm, 주름살은 내린 형이다. 후기에는 담갈색의 얼룩이 생긴다. 살은 황백색이며 부드럽고 연하다. 대에는 턱받이가 없고, 섬유질이며 길이는 5~8cm, 포자는 타원형, 크기는 $8 \times 6 \mu m$이다.

항암, 생리활성화 물질이 풍부한 표고버섯 느타리과 Lentinus edodes (Berk) Sing

발생 봄~가을 **장소** 활엽수(참나무 · 졸참나무 · 너도밤나무)의 고사목 **채취** 필요할 때 **한약명** 표고
이명 다고 · 화고 · 추이 · 향심 **인공 재배** 가능

| **식용** | 볶음 · 구이 · 탕 · 무침 · 표고+소고기를 다져 부침개 · 표고(육수 · 밥 · 술 · 효소) | **약용** | 항종양, 면역력 증강 | **사용 범위** | 요리로 먹을 때 해롭지 않다 | **배당체** | 렌티오닌 · 아데닐산 · 구아닐산 · 에리타데닌 | **약리 작용** | 항암 · 혈압 강하 · 혈당 강하 | **성미** | 성질은 순하고 맛은 달다 | **독성** | 없다 | **금기** | 없다

    우리 조상은 표고를 "산 속의 쇠고기"라 불렀다. 표고버섯의 등급에는 일반적으로 동고 · 향고 · 향신 · 동고소립 · 향고소립으로 구분한다. 향고소립에는 포자가 많기 때문에 약효 성분이 많아 최상품으로 쳐 준다. 표고는 우산처럼 벌어진 것보다 아직 채 펴지지 않은 것이 성분 함량이 더 많다. 중국 요리에서는 육류와 기름을 푸짐하게 쓰는 관계로 표고버섯을 많이 쓴다. 독버섯을 먹고 해독할 때는 표고버섯을 술에 달여서 먹는다.

    갓의 모양은 반구형에서 평편형이고, 담갈색 또는 흑갈색이고 거북이의 등처럼 갈라진 인편이 있다. 주름살은 빽빽하고 흰색 또는 갈색의 얼룩이 있고 살색은 흰색으로 향기가 있다. 대의 길이는 3~8cm이고, 포자의 크기는 5.5~3.5㎛이다.

약용 식용

치매, 뇌세포를 활성화시키는 노루궁뎅이버섯 산호침버섯과 Hericium erinaceum

발생 늦여름~가을 **장소** 떡갈나무, 너도밤나무 생목의 상처 부위 **채취** 늦여름~늦가을에 흰색 **이명** 중국(후두), 일본(야무부시다) **인공 재배** 가능

| **식용** | 어린 자구체·나물·무침·요리·건조품은 냉수에 풀어 끓는 물에 데쳐 먹는다 | **약용** | 암(식도암)·치매·노화 예방·신경쇠약 | **사용 범위** | 치유되면 중단한다 | **배당체** | 게르마늄·베타글루칸·헤리세논·에리나신류·Threitol·D-Arabinitol·Palmitic Acid | **약리 작용** | 항암·항종양·항염·항균·혈당 강하 | **성미** | 맛은 달고 성질은 평하다 | **독성** | 없다 | **금기** | 없다

   노루궁뎅이버섯은 '해삼'·'곰발바닥'·'상어지느러미'와 함께 4대 별미이다. 활엽수의 살아 있는 나무등걸이나 고사된 나무에서 자생한다. 성장할 때는 백색이다가 날씨가 건조하면 황갈색으로 변한다. 노루궁뎅이를 닮았다 하여 "노루궁뎅이버섯", 중국에서는 "후두猴頭", 일본에서는 "야무부시다"라 부른다.

   자구체는 반구형이고 지름은 5~25cm 정도이고 짧은 털이 바늘처럼 빽빽하게 나 있지만 스펀지처럼 부드럽고 해산물 같은 식감이 있다. 포자는 기름방울 모양이고 표면에 미세한 돌기가 있다. 노루궁뎅이버섯에는 미량의 금속원소 11종 및 게르마늄, 뇌세포를 활성화시키는 헤리세논과 에리나신류가 함유되어 있다. 베타글루칸이 아가리쿠스버섯의 3배 이상 함유되어 있다.

치매에 효능이 있는 좀나무싸리버섯 나무싸리버섯과 Clavicorona pyxidata

발생 초여름~가을 **장소** 표고 재배 후 버려진 폐목이나 썩은나무, 활엽수 또는 침엽수(소나무)의 고사목 **채취** 여름~가을 **인공 재배** 불가능

| **식용** | 볶음·탕·전골·쌀뜨물에 며칠 동안 우려 낸 뒤 먹는다. 후추맛과 향이 부드럽다 | **약용** | 항치매 | **사용 범위** | 치유되면 중단한다 | **배당체** | 아밀로이드 | **약리 작용** | 항바이러스 | **성미** | 매우 맵다 | **독성** | 약간 독성 | **금기** | 바로 먹으면 설사를 한다

좀싸리버섯은 싸리버섯과 비슷하여 같은 무리로 착각하는 사람이 많다. 산호 모양으로 줄기가 여러 개로 분지를 한다. 깊은 산의 썩은 나무, 표고버섯 재배 후 버려진 폐목, 종종 침엽수(소나무)의 고목에도 홀로 발생하거나 무리 지어 발생한다.

자실체는 전체가 빗자루를 떠올리게 하는 모양이다. 갓은 없고, 크기는 7~12cm, 보통 하나의 마디가 3~6개의 작은 가지가 분지한 뒤 작은 가지들도 다시 분지하여 전체적으로 자실체가 산호형을 이룬다. 표면은 연한 황갈색에서 점차 적갈색으로 변한다. 살색은 흰색이고, 육질은 처음에는 부드럽다가 점점 질겨지고 각질화된다. 대는 자루에 흰색~적갈색의 털이 분포되어 있고, 기부에는 짙은 색 털이 덩어리져 있고 포자는 5×3㎛ 정도이고, 표면은 평탄하다.

약용 식용

혈전을 용해하는 팽이버섯 (팽나무버섯) 송이과 Flammulina velutipes

발생 늦가을~이른 봄 **장소** 활엽수림의 고사목이나 그루터기 · 뽕나무 · 팽나무 · 감나무 · 아카시아 · 포플러 **채취** 늦가을~늦겨울 **인공 재배** 가능

| 식용 | 햇볕에 건조시킨 후 쓴다 · 요리(밥) · 국 · 조림 · 탕 · 전골 · 볶음 · 무침 | 약용 | 항종양 · 면역력 증강 · 비만 억제 · 간장 및 소화기 질환 예방 | 사용 범위 | 치유되면 중단한다 | 배당체 | 알려진 것이 없다 | 약리 작용 | 혈전 용해, 콜레스테롤 감소 | 성미 | 맛이 평하다 | 독성 | 없다 | 금기 | 없다

팽이버섯은 뽕나무에 주로 발생하여 "뽕나무 버섯"이라 부른다. 표고버섯처럼 인공 재배를 많이 하고 있어 널리 유통되고 있다.

갓은 지름이 2~6cm 정도이고, 어릴 때는 반원 모양에서 둥근 산 모양을 거쳐 점차 편평하게 된다. 갓의 표면은 끈적끈적하며 황색에서 황갈색으로 진해지며 가장자리는 옅은 색이다. 갓살은 흰색에서 연한 황색으로 된다. 주름살은 흰색에서 연한 황색으로 되고, 자루에서 올려붙은 주름살의 간격은 약간 엉성하다. 자루의 길이는 2~7cm 정도로 위아래의 굵기가 같다. 속은 연골질이다. 갓의 표면에 많은 젤라틴질이 있고 다발로 발생한다. 맛과 향이 좋고 아삭아삭 씹히는 식감이 좋아 다양한 요리에 이용된다.

나무의 귀, 식용과 약용에 즐겨 사용하는 목이
목이과 Auricularia aunricuia-judaes

발생 여름~가을　**장소** 활엽수의 고사목 또는 그루터기　**채취** 여름~가을　**한약명** 목이:木耳　**이명** 흐르레기, 일본(나무해파리), 중국(은이)　**인공 재배** 불가능

| **식용** | 전골·탕·볶음 요리·차　| **약용** | 치질·자궁 출혈·동맥 경화 예방·비만 억제·관절통·산후 허약　| **사용 범위** | 치유되면 중단한다　| **배당체** | 알려진 것이 없다　| **약리 작용** | 항종양·항염·콜레스테롤 감소·지혈·혈압 강하·혈당 강하　| **성미** | 맛은 달고 성질이 차고 평하다　| **독성** | 없다　| **금기** | 없다

    목이버섯을 "나무의 귀"라 부른다. 전 세계에 분포하면서 동양인의 기호에 맞고 우리나라에서 목이버섯은 이른 봄부터 가을까지 뽕나무·물푸레나무·참나무·잣나무·수유나무의 고목에 붙어 감색을 빛을 띠고 사람의 귀 모양과 비슷하게 자란다.

    목이버섯은 식용과 약용으로 가치가 높다. 중국 요리인 탕수육·잡채·짬뽕에 사용한다. 건조하지 않으면 젤라틴질의 질감이고 쫄깃하다.

    갓의 지름은 3~12cm 정도이고, 종·잔·귀·주발 등의 모양이지만 건조하면 수축된다. 지실층은 표면보다 연한 색이고, 대는 없고 몸통은 활엽수에 붙어 자란다. 포자는 콩팥 모양이고 표면은 평탄하다. 포자가 생성될 무렵에는 버섯 전체가 흰 가루를 뿌린 것처럼 변한다.

항산화, 목이버섯처럼 식용하는 **털목이** 목이과 Auricularia polytricha

발생 봄~가을 **장소** 활엽수의 고사목 또는 썩은 나무 **채취** 연중 **인공 재배** 불가능

| **식용** | 전골·볶음·잡채·물에 푼 뒤 중국식 요리나 잡채 요리로 먹는다. | **약용** | 항종양·면역력 증강·원기 회복·신후 허약·류머티즘·수족 마비·폐 질환·자궁 출혈 | **사용 범위** | 치유되면 중단한다 | **배당체** | 알려진 것이 없다 | **약리 작용** | 항산화·항알레르기·혈압 강하·콜레스테롤 저하 | **성미** | 맛은 달고 평하다 | **독성** | 약간 독성 | **금기** | 없다

   털목이버섯은 전국의 산에서 흔하게 활엽수의 고사목에서 발견되지만 고추나무, 고광나무에서 주렁주렁 매달려 있는 것을 볼 수 있다. 목이버섯과 마찬가지로 젤리 재질이지만 갓의 표면에 잔털이 있어 "털목이"라 부른다.
   초여름과 장마철(6월 중순~7월 초)과 가을(9월 말)에 집중적으로 발생한다. 채취하여 세척한 뒤 건조시키면 딱딱해진다. 맛은 목이버섯과 마찬가지로 꼬들꼬들하다.
   갓의 모양은 종 모양·귀 모양·공 모양·잔 모양·접시 모양·깔때기의 모양으로 거꾸로 뒤집혀서 자란다. 지름은 4~8cm 정도이고, 두께는 2~5mm 정도이다. 자실체는 목이와 유사하나 보다 크다. 대는 없고, 포자는 7~11㎛이다. 콩팥 모양이고 표면에 미세한 반점이 있고 색상은 황색이다.

면역력을 강화하는 꽃흰목이 흰목이과 Tremella foliacea Fr.

발생 초여름~가을 **장소** 활엽수의 고사목 **채취** 초여름~가을 **동속버섯** 흰목이 **인공 재배** 불가능

| **식용** | 전골·볶음·잡채·물에 푼 뒤 중국식 요리나 잡채 요리로 먹는다 | **약용** | 항종양·면역력 증강·고혈압·호흡기 질환 | **사용 범위** | 치유되면 중단한다 | **배당체** | 베타글루칸 | **약리 작용** | 항산화, 혈압 강하 | **성미** | 맛이 평하다 | **독성** | 알려진 것이 없다 | **금기** | 없다

꽃흰목이는 초여름 장마 초기~가을에 활엽수의 고사목에 발생한다. 한 곳에서 많이 보기는 힘들지만 산행할 때 꾸준히 채집하면 적당량을 얻을 수 있다. '흰목이과'의 버섯 중에는 발생 빈도가 잦고 크기도 제일 크며 채집도 그나마 용이하다.

자실체는 흰목이처럼 일반적으로 나무줄기, 가지 또는 나무의 수피가 갈라진 곳에서 발생한다. 갓은 성장하면 주름져 있거나 파상적이고 불규칙한 닭볏 또는 꽃잎 모양 또는 물결 모양의 겹꽃 모양이다.

자실체의 전체가 갈색을 띤다는 점에서 쉽게 구별된다. 자실체의 크기는 4.5~10.5cm 정도이고, 높이는 3~6cm 정도이며, 표면은 옅은 갈색, 옅은 분홍 갈색, 암적갈색이고, 습할 때는 점성이 있다.

아교좀목이 <small>흰목이과 Eidia uvapassa</small>

`약용` `식용`

발생 봄~가을 **장소** 활엽수의 고사목 또는 썩은 목재 **채취** 봄~가을 **인공 재배** 불가능

| **식용** | 전골·볶음·데침·국물 요리·꿀에 재어 먹는다·특유의 향이나 맛은 없으나 부드럽고 식감은 끈적하다 | **약용** | 쓰지 않는다 | **사용 범위** | 치유되면 중단한다 | **배당체** | 알려진 것이 없다 | **약리 작용** | 알려진 것이 없다 | **성미** | 향과 맛이 없다 | **독성** | 없다 | **금기** | 식용 버섯이지만 거의 이용하지 않는다

　아교좀목이버섯은 봄부터 가을까지 참나무 등의 활엽수 고목이나 썩은 나무에서 비가 오면 발생하고 나무를 부패시킨 뒤 자연으로 환원시킨다. 나무의 틈에 숨어 있다가 습기가 마르기 전에는 토실토실한 젤리 같으며 습기를 머금으면 공처럼 부풀어 오르고 메마르면 흑갈색의 가죽질로 변한다. 습기가 완전히 빠져 나가면 쪼그라들고 흑갈색이 되었을 때 다른 종류의 버섯으로 착각하기 쉽다.

　갓은 구형·방석형·귀형·찌그러진 원 모양·길쭉한 원 모양 등 다양한 모습이 있다. 표면은 잔주름이 많고 색상은 황갈색 또는 적갈색이다. 자실층은 물결 형태이거나 구불구불한 뇌 모양이고 약간 돌기가 있는 경우도 있다. 대는 없고, 포자는 달걀 모양잎이며 크기는 $14 \times 5\mu m$이다.

미역흰목이 흰목이과 *Tremella fimbriata*

발생 여름~가을　**장소** 활엽수의 고사목　**채취** 여름~가을　**인공 재배** 불가능

| **식용** | 식용이 가능하다, 요리(탕, 전골)　| **약용** | 면역력 증강　| **사용 범위** | 치유되면 중단한다
| **배당체** | 베타글루칸　| **약리 작용** | 불투명　| **성미** | 별다른 맛이 없다　| **독성** | 약간 독성　| **금기** | 유독종인 쿠로하나비라타케와 유사하기 때문에 함부로 먹지 않는다

　　미역흰목이는 활엽수의 죽은 나뭇가지나 그루터기에 초여름의 장마 초기부터 가을까지 비가 오면 단골손님처럼 발생한다.
　　자실체는 지름이 5~10cm, 높이는 3.5~5.5cm 정도이고, 전체적으로 서로 겹쳐서 크게 물결 모양 또는 꽃잎 모양의 갈라진 조각으로 이루어진 덩어리를 이룬다. 검은색 또는 흑갈색으로 건조하면 단단한 연골질의 덩이로 오그라든다 하여 "미역흰목이"라 부른다. 포자는 무색의 달걀 모양이고, 크기는 10~16×12㎛이다.

황금흰목이 <small>흰목이과 Tremella mesenterica</small>

발생 초여름~가을 **장소** 활엽수의 고사목 **채취** 초여름~가을 **한약명** 없음 **인공 재배** 불가능

| **식용** | 식용이 가능하다, 요리(탕, 전골) | **약용** | 면역력 증강 | **사용 범위** | 치유되면 중단한다
| **배당체** | 알려진 것이 없다 | **약리 작용** | 알려진 것이 없다 | **성미** | 별다른 맛이 없다 | **독성** | 없다 | **금기** | 생식을 금한다

    황금흰목이버섯은 활엽수의 썩은 나무에서 난다. 초여름의 장마 초기부터 가을까지 비가 오면 단골손님처럼 발생한다.

    자실체의 지름은 6cm, 높이는 3~4cm 정도이고, 주머니처럼 생겼고 부풀어서 서로 달라붙어 있으며 주름이 물결처럼 잡혀 있다. 표면의 전체에 자실층이 있고 황백색·노란색·오렌지색이고 점성이 있다. 표면이 건조하면 수축되어 연골질로 변한다. 포자는 달걀 모양이다.

좀목이 <small>흰목이과 Exidia glandulosa Fr.</small>

발생 초여름~가을 **장소** 활엽수의 고사목 **채취** 초여름~가을 **인공 재배** 불가능

| **식용** | 식용이 가능하지만 이용하는 사람이 별로 없다 | **약용** | 면역력 증강 | **사용 범위** | 치유되면 중단한다 | **배당체** | 베타글루칸 | **약리 작용** | 알려진 것이 없다 | **성미** | 별다른 맛이 없다 | **독성** | 없다 | **금기** | 생식을 금한다

    좀목이버섯은 활엽수의 죽은 나뭇가지나 그루터기에 초여름의 장마 초기부터 가을까지 비가 오면 단골손님처럼 발생한다. 조직이 약한데다 얇게 붙어 있어서 채집이 매우 어렵다.

    버섯의 크기는 일정하지 않지만 지름은 4.5~10.5cm 정도이고, 두께는 0.5~5cm 정도이며 어릴 때는 바람이 빠진 공 모양으로 시작해서 점차 주름지고 합쳐져 기주 위에 뇌·닭볏·꽃잎 같은 모양으로 넓게 퍼져 나간다. 대는 없고, 표면은 갈색, 갈흑색이고, 미세한 젖꼭지 같은 돌기가 있다. 습할 때는 자실체에 점성이 있다. 살(조직)은 신선할 때는 연한 젤리질이고, 건조하면 종이처럼 얇고 단단해진다.

약용 식용

어린 시기에 식용하는 참부채버섯 송이과 Panellus serotinus

발생 여름~가을 **장소** 고사된 활엽수, 침엽수 **채취** 늦가을~늦겨울 **동속버섯** 독버섯인 화경버섯 **인공 재배** 불가능

| **식용** | 성장하면 다소 질기므로 어린 시기의 자실체를 먹는다 | **약용** | 알려진 것이 없다 | **사용 범위** | 치유되면 중단한다 | **배당체** | 베타글루칸 | **약리 작용** | 알려진 것이 없다 | **성미** | 맛이 없고 쓰다 | **독성** | 없다 | **금기** | 독버섯인 화경버섯과 매우 유사하다

참부채버섯은 여름에서 가을에 활엽수(버드나무, 포플러)의 고사목 또는 그루터기에서 발생한다. 독버섯인 화경버섯과 모양이 비슷하여 차이점을 익혀 둘 필요가 있다. 화경버섯은 갓과 대에 털이 있고 주름살에 푸른색의 인광이 없고 주름살의 간격에서 차이가 난다.

갓의 지름은 5~10cm 정도이고, 성장 초기에는 조개형·부채형·반반구형이고 끝부위는 안쪽으로 말려 있으나, 성장하면 점차 펴지며 반원형, 신장형으로 되고, 평활하거나 약간 파상으로 골곡이 있다. 갓의 표면은 황갈색이고, 대의 모양은 원통형, 갈황색이고 점성은 없다.

식용

콩나물애주름버섯 송이과 Mycena galericulate

발생 봄~가을 **장소** 활엽수의 고사목 또는 썩은 나뭇가지 **채취** 봄~가을 **인공 재배** 불가능

| **식용** | 볶음, 데침 | **약용** | 알려진 것이 없다 | **사용 범위** | 치유되면 중단한다 | **배당체** | 베타글루칸 | **약리 작용** | 알려진 것이 없다 | **성미** | 질기고 맛이 없다 | **독성** | 없다 | **금기** | 생식을 금한다

    콩나물애주름버섯은 봄부터 가을까지 활엽수의 상수리나무·졸참나무·밤나무의 고사목 또는 썩은 나뭇가지·그루터기에 발생한다. 문헌상에 자실체의 모양이나 색깔이 다양한 것으로 보고되어 있으나 목재의 부패를 일으켜 자연에 환원하는 버섯이다. 갓은 어릴 때는 종 모양이다가 성숙되면서 모양이 높은 평편한 모양이 된다. 가장자리는 물결 모양 또는 톱니 모양이다.
    갓은 지름이 2~4.5cm이고, 원추종형이고 회갈색 또는 황갈색이다. 점성은 없다. 대는 원통형으로 높이는 3.5~7cm이고 속은 비어 있고 질기다. 어린 시기에 대의 표면에 반점이 있으나 성장하면 매끈하며 윤기가 난다. 포자의 무늬는 흰색이다.

약용 **식용**

혈전을 용해하는 붉은덕다리버섯 구멍장이버섯과 Laetiponrus sulphureus

발생 여름~가을 **장소** 고사된 활엽수, 침 **채취** 늦가을~늦겨울 **인공 재배** 가능

| **식용** | 어린 시기 또는 신선할 때 먹는다·데침 | **약용** | 면역력 증강, 자양, 강장 | **사용 범위** | 생식하면 체질에 따라 구토·어지럼증·발열을 일으키고 심하면 졸도할 수 있기 때문에 되도록 먹지 않는다 | **배당체** | 베타글루칸 | **약리 작용** | 항암(중국), 혈전 용해 | **성미** | 맛이 떫다 | **독성** | 약간 독성 | **금기** | 생식을 금한다

   붉은덕다리버섯은 덕다리버섯의 변종으로 여름부터 가을까지 침엽수(소나무)와 활엽수의 고사목이나 살아 있는 나무에 발생한다. 어릴 때는 탄력 있는 육질이나 점차 가볍고 잘 부서지는 코르크질이 된다.

   갓의 지름은 11~28cm이고, 두께는 1~2.5cm 대형이고, 부채형, 반원형이며 갓 끝은 안쪽으로 굽어 있으나, 성장하면 펴지고 다수가 비늘처럼 중복하여 발생한다. 표면은 황적색, 황백색이고, 점성은 없다. 갓의 측면 일부가 직접기주에 부착되어 있다. 대는 없고, 포자는 광타원형 또는 난형의 백색이며 크기는 5.5~6.8×3.5~4.5㎛이다.

약용 식용

체질을 개선해 주는 산호침버섯 (수실노루궁뎅이) 노루궁뎅이버섯과 Hericium coralloides

발생 가을 **장소** 침엽수(전나무)나 활엽수의 고사목 또는 생목의 상처나 잘라진 부위 **채취** 가을 **한약명** 한약재 **인공 재배** 불가능

| **식용** | 탕·전골·볶음·요리 | **약용** | 체질 개선·소화 불량·신경쇠약 | **사용 범위** | 치유되면 중단한다 | **배당체** | 베타글루칸 | **약리 작용** | 소화 | **성미** | 맛이 담백하다 | **독성** | 없다 | **금기** | 생식을 금한다

    노루궁뎅이버섯은 덩어리로 이루어진 데 반해 산호침버섯은 독립된 기부에서 분지를 반복하여 산호 모양을 이룬다. 자실체는 나무 줄기에 산호가 거꾸로 부착되어 있다.
    갓의 크기는 10~20cm 정도로 하나의 기부에서 여러 개의 가지가 나뉘어 산호 모양을 이루고 그 가지에는 0.3~1cm 정도의 침이 무성하게 돋아 송이 모양을 이룬다. 표면은 흰색에서 연한 황갈색으로 변해 가고 더 오래되면 갈색으로 퇴색한다. 살(조직)은 신선할 때는 유연한 육질이지만 건조하면 딱딱해지며 부서지기 쉽다. 자실체에 점성은 없다. 대는 없고, 포자는 유구형의 흰색이고, 크기는 4.2~5.3×3.1~4.2㎛이다.

약용 식용

항암, 고혈압과 기관지염에 효능이 있는 구름송편버섯 (구름버섯) 구멍장이버섯과 Trametes versicolor

발생 여름~가을 **장소** 활엽수, 침엽수의 죽은 나무 또는 그루터기 위 **채취** 연중 내내 **인공 재배** 불가능

| **식용** | 차, 육수 | **약용** | 항종양 · 면역 증강 · 고혈압 · 당뇨병 · 간염 · 만성기관지염 · 혈액 순환 · 혈전 용해 | **사용 범위** | 치유되면 중단한다 | **배당체** | 베타글루칸, 폴리사카라이드 | **약리 작용** | 항산화 · 항암(폐암 · 소화기암 · 유방암) · 혈압 강하 · 혈당 강하 | **성미** | 알려진 것이 없다 | **독성** | 없다 | **금기** | 생식을 금한다

    구름송편버섯은 산행 중에 가장 쉽게 1년 내내 접할 수 있다. "구름버섯" 또는 "운지버섯"이라 부른다. 살아 있는 나무는 물론 활엽수, 침엽수의 죽은 나무 또는 그루터기 위에 겹쳐서 발생한다. 나무의 백색 부패를 일으킨다. 참나무에서 자생하는 구름버섯이 좋다.

    갓은 지름이 2~5cm, 두께는 1~2cm 정도이고 반원 모양 또는 부채 모양이다. 표면은 흰색 · 회색 · 황토 갈색 · 흑갈색 · 흑회색 등의 색으로 좁은 테 무늬가 있다. 표면에는 짧은 털이 있고, 미세한 관공의 구멍이 있고 전체적으로 물결 모양이며 가장자리는 백색을 띤다. 살(조직)은 가죽 질감이며 백색이다. 대는 없다. 포자는 원통형의 흰색이고 크기는 7×2㎛이다.

항산화, 비만을 억제하는 금빛소나무비늘버섯 소나무비늘버섯과 Hymenochaete xerantica

| **발생** 여름~가을 | **장소** 침엽수의 고사목 또는 그루터기 | **채취** 여름~가을 | **인공 재배** 불가능 |

| **식용** | 차, 육수 | **약용** | 항종양, 비만 | **사용 범위** | 치유되면 중단한다 | **배당체** | 베타글루칸
| **약리 작용** | 항암 · 항산화 · 비만 억제 · 항돌연변이 | **성미** | 알려진 것이 없다 | **독성** | 없다
| **금기** | 생식을 금한다

    금빛소나무비늘버섯은 침엽수의 고사목 또는 그루터기에서 자루가 없이 기주에 붙어서 줄지어 나거나 겹쳐서 난다. 나무의 백색 부패를 일으킨다.
    갓은 지름이 3~10cm 정도이고 반원 모양 또는 기와 모양이다. 표면은 초기에는 황갈색으로 성장하면서 갈색으로 변한다. 벨벳 같은 미세한 털로 덮여 있고, 얕게 홈이 패인 테 무늬가 있다. 가장자리는 황색을 띤다. 살(조직)은 밝은 황색으로 유연한 가죽 같은 질감이다. 자실층인 갓의 아랫면은 관공이고, 구멍은 원형으로 미세하고 밀도의 간격은 1mm 사이에 4~5개로 촘촘하다.

신장염에 효능이 있는 기계충버섯 아교버섯과 lrpex lacteus

발생 연중 내내 **장소** 활엽수의 고사목 또는 그루터기, 가지 위 **채취** 연중 내내 **인공 재배** 불가능

| **식용** | 차, 육수 | **약용** | 신장염·만성신염·면역력 증강 | **사용 범위** | 치유되면 중단한다
| **배당체** | 베타글루칸, 아미노산 | **약리 작용** | 알려진 것이 없다 | **성미** | 알려진 것이 없다
| **독성** | 없다 | **금기** | 생식을 금한다

    기계충버섯은 반배착성 버섯으로 자루 없이 기주에 넓게 붙어 활엽수의 고사목 또는 그루터기, 가지 위에 조개껍질 같은 작은 균모가 연이어지면서 수십 센티미터까지 확장한다. 나무를 부패시킨 뒤 자연으로 환원시킨다.

    갓은 지름이 1~2cm 정도이고 좁은 선반 모양 또는 조개껍질 모양으로 나무에 밀착되어 자실층의 위쪽이나 가장자리에 껍질이 이어 나듯 반전된 모습으로 붙어 있다. 표면은 백색 또는 황색의 솜털로 덮여 있고, 희미한 테두리가 있고, 가장자리는 날카롭고 약간 안쪽으로 말려 있다. 살(조직)은 가죽처럼 질기다. 대는 없다. 포자는 타원형이며 미끈하다. 크기는 6×3㎛이다.

항종양, 관절 통증을 감소시키는 **깔때기버섯** 송이과 Clitocybe gibba

| 발생 | 가을　장소 침엽수림, 활엽수림 내의 낙엽 위　채취 가을　인공 재배 불가능

| 식용 | 볶음 요리　| 약용 | 항종양·혈전 용해·요통·관절염　| 사용 범위 | 치유되면 중단한다
| 배당체 | 알려진 것이 없다　| 약리 작용 | 항염, 진통　| 성미 | 알려진 것이 없다　| 독성 | 약간 독성　| 금기 | 생식을 금한다

깔때기버섯은 침엽수림, 활엽수림 내의 낙엽 위에 난다. 낙엽을 분해시킨다.
　갓의 지름은 2~10cm 정도이고, 어릴 때는 가운데가 오목한 낮은 반원 모양에서 편평하다가 주변부가 치켜올라가며 깔때기의 모양으로 바뀐다. 표면은 어릴 때는 연한 황갈색에서 점차 진해져 연한 갈색으로 변한다. 가운데에 가는 인편이 있다. 살(조직)은 얇고 백색이다. 주름살은 백색에서 연한 백황색으로 변해 간다. 주름살은 폭이 좁고 촘촘하다. 자루는 원기둥의 모양으로 길이는 2.5~5cm 정도이고, 기부는 흰솜털로 덮여 있다. 포자의 무늬는 연한 백황색이다.

항종양, 당뇨에 좋은 노란개암버섯 (노란다발버섯) 독청버섯과 Hypholoma fasciculare

발생 초봄~초겨울 **장소** 활엽수의 고사목, 그루터기 또는 땅에 묻힌 나무 **채취** 인공 재배 불가능

| **식용** | 독성이 강해 먹을 수 없다 | **약용** | 항종양, 당뇨병 | **사용 범위** | 아시아와 유럽에서 중독으로 인해 사망한 예가 있다 | **배당체** | 알려진 것이 없다 | **약리 작용** | 항균, 혈당 저하 | **성미** | 맛이 쓰다 | **독성** | 맹독성 | **금기** | 생식을 금한다

    노란개암버섯은 활엽수의 고사목, 그루터기 또는 땅에 묻힌 나무 위에 다발로 난다.

    갓은 지름이 2~7cm 정도이고 어릴 때는 원뿔 종 모양에서 성장하면서 둥근 산 모양을 거쳐 편평하게 되면서 가운데가 볼록하다. 표면은 매끄럽고 연한 황색에서 녹황색으로 되고 가운데는 연한 갈색이다. 가장자리에 비단 같은 인편이 있다. 살(조직)은 황색이다. 가장자리에 내피막의 작은 조각이 거미집 모양으로 붙어 있다가 점차 탈락한다. 자루의 길이는 3~10cm 정도이고 아래쪽으로 약간 가늘어진다. 자루의 표면은 갓과 같은 색깔로 세로로 된 섬유 모양이다. 포자의 무늬는 자갈색이다.

항종양, 식이섬유가 풍부한 느티만가닥버섯 가닥버섯과 Hypsizygus marmoreus

발생 가을 **장소** 활엽수(너도밤나무, 단풍나무)의 살아 있는 나무의 썩은 밑 부분 **채취** 가을 **인공 재배** 가능

| **식용** | 볶음 요리(탕 · 전골 · 찌개) | **약용** | 항종양 · 면역력 증강 · 비만 | **사용 범위** | 치유되면 중단한다 | **배당체** | 베타글루칸 | **약리 작용** | 항암(대장암), 항산화 | **성미** | 맛은 밀가루 냄새가 난다 | **독성** | 없다 | **금기** | 생식을 금한다

    느티만가닥버섯은 각종 활엽수(너도 밤나무, 단풍나무)의 살아 있는 나무의 썩은 밑 부분에 다발로 난다. 자연산을 보기는 어렵지만 인공 재배가 되어 '백만송이'라는 버섯으로 식용 버섯이다.

    갓은 지름이 4.5~15cm 정도이고, 어릴 때는 반원 모양으로 성장하면서 낮은 산 모양을 거쳐 평편하게 된다. 표면은 회백색에서 회갈색으로 되고 가장자리는 옅은 색이며 대리석 내지는 물방울 무늬 같은 모양으로 나타낸다. 살(조직)은 두껍고 백색이다. 주름살의 간격은 촘촘하다. 자루의 길이는 3~10cm 정도로 보통 구부러지고 한쪽으로 치우쳐서 자란다. 포자의 무늬는 백색이다.

항산화, 종양을 억제하는 등갈색미로버섯 잔나비버섯과 Daedalea dickinsii

발생 여름~가을 **장소** 활엽수의 그루터기 또는 죽은 나뭇가지 위 **채취** 연중 내내 **인공 재배** 불가능

| **식용** | 차, 육수 | **약용** | 항종양 · 암 · 노화 예방 | **사용 범위** | 치유되면 중단한다 | **배당체** | 베타글루칸 | **약리 작용** | 항암 · 항산화 · 항균 · 항돌연변이 | **성미** | 알려진 것이 없다 | **독성** | 없다 | **금기** | 생식을 금한다

   등갈색미로버섯은 활엽수의 그루터기 또는 죽은 나뭇가지 위에 발생한다. 민간에서 상황버섯에 버금가는 버섯으로 알려져 있으며 동물 실험에서 암 억제율이 80%을 보였다.

   갓의 지름은 4~15cm 정도이고, 모양은 부채형 · 반원형 · 평편형 · 말발굽형으로 기주에 붙은 면이 두툼하다. 표면은 사마귀 같은 혹과 주름, 동심원상의 골진 테 무늬가 있으며, 갈색 · 황갈색 · 회갈색이고 고리 무늬와 방사형의 주름이 있다. 가장자리는 원만한 곡선을 만들고 얇고 무딘 편이다. 살(조직)은 연한 갈색으로 코르크 질감으로 질기다. 대는 없다. 포자는 구형이고 평탄하다. 크기는 3~5㎛이다.

항종양, 당뇨에 좋은 산느타리버섯 느타리과 Pleurotus pulmonarius

| 발생 | 늦은 봄~가을 | 장소 | 활엽수의 넘어진 나무 또는 떨어진 가지 | 채취 | 늦은 봄~가을 | 인공 재배 | 불가능

| 식용 | 볶음·요리(탕·전골·찌개) | 약용 | 항종양, 당뇨병 | 사용 범위 | 치유되면 중단한다
| 배당체 | 베타글루칸 | 약리 작용 | 혈당 강하, | 성미 | 맛이 평하다 | 독성 | 없다 | 금기 | 생식을 금한다

    산느타리버섯은 활엽수의 넘어진 나무 또는 떨어진 가지에 무리를 이루며 겹쳐서 발생한다. 백색의 부패를 일으킨다.

    갓의 지름은 2~8cm 정도이고, 어릴 때는 반원 모양이다가 성장하면서 점차 부채꼴 모양으로 펴진다.

항종양, 자양, 강장에 좋은 새잣버섯 (솔잣버섯) 구멍장이버섯과 Neolentinus lepideus

발생 늦은 봄~가을 **장소** 침엽수의 고사목 또는 그루터기 **채취** 늦은 봄~가을 **인공 재배** 불가능

| **식용** | 볶음·요리 | **약용** | 항종양·면역력 증강·자양, 강장·신체허약 | **사용 범위** | 생식하면 구토, 복통을 일으킨다 | **배당체** | 알려진 것이 없다 | **약리 작용** | 항균·항진균·항바이러스 | **성미** | 맛이 좋고 솔 향기가 난다 | **독성** | 약간 독성 | **금기** | 생식을 금한다

  새잣버섯은 침엽수의 고사목 또는 그루터기에 발생한다. 나무를 갈색으로 부패시킨다.
  갓은 지름 5~15cm 정도이고, 어릴 때는 갓이 안쪽으로 강하게 말려 있어서 거의 둥근 모양이다가 성장하면서 낮은 반원 모양을 거쳐 점차 평편하게 된다. 표면은 어릴 때는 백색 또는 연한 황토색을 띠다가 성장하면서 표피가 갈라져 황갈색 또는 암갈색의 섬유 모양의 인편으로 된다. 건조할 때는 갓의 가운데가 갈라져 흰살을 드러내기도 한다. 살(조직)은 백색으로 약간 질긴 육질이다. 주름살의 간격은 약간 촘촘하며, 주름살의 날은 톱니 모양이다. 자루의 길이는 2~8cm 정도로 원기둥 모양이고, 백색으로 기부 쪽으로 질기다. 포자의 무늬는 백색이다.

발한제에 좋은 송곳니기계층버섯 <small>아교버섯과 lrpex consor</small>

| 발생 여름~가을 | 장소 활엽수의 고사목, 그루터기 또는 가지 위 | 채취 여름~가을 | 인공 재배 불가능 |

| **식용** | 가죽처럼 질겨 차, 육수로 먹는다 | **약용** | 발한제 | **사용 범위** | 치유되면 중단한다
| **배당체** | 알려진 것이 없다 | **약리 작용** | 항균 | **성미** | 알려진 것이 없다 | **독성** | 없다 | **금기** | 생식을 금한다

    송곳니기계층버섯은 활엽수의 고사목, 그루터기 또는 나뭇가지 위에 반배착생으로 자루 없이 기주에 붙어 무리를 이루어 난다.
    갓의 지름은 1~3cm 정도의 반원 모양의 선과 희미한 테 무늬가 있으며, 어릴 때는 크림색으로 성장하면서 살갗색을 거쳐 적갈색이 된다. 가장자리가 날카롭고 약간의 톱니 모양이다. 살(조직)은 얇고 가죽처럼 질기다. 돌기의 밀도(간격)는 촘촘하다. 포자의 무늬는 백색이다.

염증과 관절통에 좋은 시루송편버섯 구멍장이버섯과 Trametes orientalis

약용

발생 여름~가을　**장소** 활엽수의 고사목　**채취** 여름~가을　인공 재배 불가능

| 식용 | 차, 육수　| 약용 | 관절통 · 염증 · 폐결핵　| 사용 범위 | 치유되면 중단한다　| 배당체 |
알려진 것이 없다　| 약리 작용 | 진통　| 성미 | 알려진 것이 없다　| 독성 | 없다　| 금기 | 생식을 금한다

　시루송편버섯은 활엽수의 고사목 위에 겹쳐서 나거나 무리를 이루어 난다.
　갓의 지름은 5~15cm 정도로 반원 모양이다. 어릴 때는 가장자리가 두툼하다가 성장하면서 점차 얇아진다. 표면은 어릴 때는 자색기가 있는 연한 쥐색에서 회백색으로 변한다. 주름진 테 무늬가 있고 미세한 털로 덮여 있다. 살(조직)은 백색으로 단단하다. 자실층의 갓의 아랫면은 관공으로 되어 있다. 구멍의 밀도(간격)는 1mm 사이에 2~3개로 촘촘하다. 가루는 없고 포자의 무늬는 백색이다.

혈전을 용해하는 아까시흰구멍버섯(아까시재목버섯) 구멍장이버섯과 Perenniporia fraxinea

발생 초여름~가을 **장소** 활엽수(아까시나무), 침엽수(전나무)의 살아 있는 나무 밑동 또는 고사목의 그루터기 위 **채취 인공 재배** 가능

| **식용** | 차, 육수 | **약용** | 항종양·면역 증강·혈액 순환 | **사용 범위** | 치유되면 중단한다 | **배당체** | 알려진 것이 없다 | **약리 작용** | 항산화, 혈전 용해 | **성미** | 알려진 것이 없다 | **독성** | 없다 | **금기** | 없다

아까시흰구멍버섯은 활엽수(아까시나무), 침엽수(전나무)의 살아 있는 나무 밑동 또는 고사목의 그루터기 위에 겹쳐서 발생한다. 나무의 백색 부패를 일으킨다. 장수버섯으로 인공 재배되고 있다.

갓의 지름은 5~15cm 정도이고, 어릴 때는 황색의 덩어리 모양으로 시작해 성장하면서 반원 모양의 갓을 형성하게 된다. 5~6월에 덩어리 모양으로 성장하다가 7월경에 갓이 만들어진다. 표면은 각피로 덮여 있다. 어릴 때는 황색에서 황갈색을 거쳐 적갈색 또는 흑갈색으로 변해 가며 불분명한 홈이 패인 테 무늬를 만든다. 가장자리는 성장할 때 백황색을 띤다. 살(조직)은 연한 황갈색으로 코르크 같은 질감으로 질기다. 포자의 무늬는 백색이다.

기관지염에 효능이 있는 주걱간버섯 (간버섯) 구멍장이버섯과 Pycrioponus cinnabarrinus

약용

발생 봄~가을 **장소** 활엽수의 죽은 나뭇가지 **채취** 봄~가을 **인공 재배** 불가능

| **식용** | 차, 육수 | **약용** | 기관지염, 상처 치유 | **사용 범위** | 치유되면 중단한다 | **배당체** | 알려진 것이 없다 | **약리 작용** | 항균 | **성미** | 알려진 것이 없다 | **독성** | 없다 | **금기** | 없다

주걱간버섯은 활엽수의 죽은 나뭇가지에 중첩되어 발생한다. 나무의 백색 부패를 일으킨다.

갓의 지름은 1~10cm 정도이고, 반원 모양 또는 부채 모양이다. 표면은 거칠고 아주 짧은 털이 있거나 없으며 밝은 적색 또는 탁한 적색을 띠다가 오래되면 탁한 갈색으로 되거나 허옇게 탈색된다. 가장자리는 얇고 날카롭다. 살(조직)은 갓의 색과 거의 같고, 가죽처럼 질기다. 자실층인 갓의 아랫면은 관공으로 되어 있다. 길이는 3~8cm로 짙은 주홍색이다. 포자의 무늬는 백색이다.

항균, 항진균 작용을 하는 큰낙엽버섯 낙엽버섯과 Marasmius maximus

| **발생** 봄~가을 | **장소** 숲 속, 대나무 숲 등의 낙엽 위 | **채취** 봄~가을 | **인공 재배** 불가능 |

| **식용** | 볶음, 요리 | **약용** | 항균 | **사용 범위** | 치유되면 중단한다 | **배당체** | 알려진 것이 없다 |
| **약리 작용** | 항균, 항진균 | **성미** | 알려진 것이 없다 | **독성** | 없다 | **금기** | 생식을 금한다 |

    큰낙엽버섯은 숲속, 대나무숲 등의 낙엽 위에 무리를 이루어 난다. 낙엽을 분해시킨다.
    갓의 지름은 3.5~10cm 정도이고, 어릴 때는 종 모양 또는 반원 모양으로 성장하면서 가운데가 볼록하고 평편한 모양이 된다. 표면은 옅은 황갈색으로 방사상의 줄무늬 홈선이 있으며, 가운데는 갈색이지만 마르면 백색으로 된다. 살(조직)은 백색으로 얇고 가죽 같은 질감이다. 주름살의 간격은 불규칙하고 큰 주름살 사이에 꼬불꼬불한 잔주름이 있다. 자루의 길이는 5~9cm 정도이고, 위아래의 굵기가 같다. 질기고 속은 차 있다. 포자의 무늬는 백색이다.

약용

항생 물질을 추출하는 털가죽버섯 낙엽버섯과 Crinipellis stipitaria

발생 여름~가을 **장소** 벼과 식물의 죽은 또는 살아 있는 식물체의 위 또는 잔디밭 **채취** 여름~가을
인공 재배 불가능

| **식용** | 식용으로 적합하지 않다 | **약용** | 면역 증강 | **사용 범위** | 치유되면 중단한다
| **배당체** | 베타글루칸 | **약리 작용** | 항생 물질을 추출한다 | **성미** | 알려진 것이 없다 | **독성** | 없다 | **금기** | 생식을 금한다

    털가죽버섯은 여름 장마철에 비가 흠뻑 내리고 난 직후 공원의 잔디밭 같은 벼과 식물의 죽은 또는 살아 있는 식물체의 위 또는 잔디밭에서 홀로 나거나 무리를 이루어 난다.

    갓의 지름은 0.7~1.4cm 정도의 작은 버섯으로 어릴 때는 반원 모양이다가 성장하면서 점차 평편한 모양이 된다. 표면은 어릴 때는 윤기가 있는 밤껍질과 같은 갈색의 털로 덮여 있다가 성장하면서 사이가 벌어지면서 베이지색 바탕이 드러나게 되고 털은 방사상의 찢어진 모양으로 약간 고리 무늬를 낸다. 가운데는 짙은 색깔이다. 주름살의 간격은 불규칙하고, 자루의 길이는 2~4.5cm 정도로 원기둥 모양이다. 포자의 무늬는 백색이다.

천식에 효험이 있는 한입버섯 구멍장이버섯과 Cryptoporus volvatus

발생 봄~가을 **장소** 침엽수(소나무)의 고사목 위 **채취 인공 재배** 불가능

| **식용** | 볶음 요리 | **약용** | 기관지염, 천식 | **사용 범위** | 치유되면 중단한다 | **배당체** | 알려진 것이 없다 | **약리 작용** | 항균·항염증·항천식 | **성미** | 맛이 평하다 | **독성** | 없다 | **금기** | 생식을 금한다

한입버섯은 침엽수(소나무)의 고사목 위에 무리를 이루어 나거나 흩어져 난다.

갓은 2~4cm 정도로 전체적으로 둥그런 모양에 매끈하고 윤기가 있다. 표면은 누런 갈색 또는 밤색으로 다소 굴곡져 있다. 자실층의 아랫면은 완전히 성숙하기 전에는 연한 황색의 가죽질막으로 덮여 있다가 막이 찢어져 열리면서 관의 구멍 부분이 아랫면 깊숙한 곳에 나타난다. 구멍은 매우 작고 원형이며 밀도(간격)는 1mm 사이에 3~4개로 매우 촘촘하다. 살(조직)은 백색이고, 어릴 때는 말랑말랑한 가죽 같은 질감이다가 성숙하면서 질기다. 포자의 무늬는 연한 홍색이다.

향균 작용이 있는 갈색꽃구름버섯
꽃구름버섯과 Stereum ostrea

발생 여름~가을 **장소** 활엽수의 고사목 **채취** 여름~가을 **인공 재배** 불가능

| **식용** | 차, 육수 | **약용** | 향균 | **사용 범위** | 치유되면 중단한다 | **배당체** | 알려진 것이 없다
| **약리 작용** | 향균 | **성미** | 알려진 것이 없다 | **독성** | 없다 | **금기** | 없다

갈색꽃구름버섯은 활엽수(참나무류)의 고사목 또는 그루터기에 겹쳐서 발생한다. 나무의 백색 부패를 일으킨다.

갓은 지름이 1~5cm 정도이고, 두께는 0.5~1mm 정도로, 자실체는 반배착생으로 기주에서 좁게 돋아 넓게 펴지는 선반 모양의 갓을 만들기도 하지만 대부분 콩팥 모양 또는 부채 모양이 많다. 표면은 회백색의 벨벳 모양의 털이 있는 부분과 털이 거의 없는 갈색 또는 적갈색의 부분이 교대로 테 무늬를 나타낸다. 살(조직)은 가죽질처럼 질기다. 자실층인 아랫면은 백색·회황백색·연한 다갈색 등으로 단면에는 털 아래에 암색의 얇은 층이 있다.

항균 작용이 있는 **곰우단버섯** (꽃잎버짐버섯, 꽃잎우단버섯) 은행잎버섯과 Pseudomerulius surtisii

발생 여름~가을 **장소** 침엽수의 고사목 **채취** 여름~가을 **인공 재배** 불가능

| **식용** | 독버섯으로 식용할 수 없다 | **약용** | 항균 | **사용 범위** | 위장 장애를 일으킨다 | **배당체** | 베타글루칸 | **약리 작용** | 항균 작용 | **성미** | 냄새가 좋지 않다 | **독성** | 준맹독성 | **금기** | 버섯 전문가나 한의사의 처방을 받아야 한다

    곰우단버섯은 강한 항균 작용을 일으키는 독버섯으로 버섯 전문가나 한의사의 처방이 없이는 먹으면 안 된다. 침엽수의 고사목에 중첩되어 발생한다. 갈색의 부패를 일으킨다.

    갓의 지름은 2~6cm 정도로 중첩되어 발생하고, 모양은 반원·부채·심장과 흡사하다. 표면은 겨자색이 가미된 황색이고 매끈하거나 약간 펠트(felt)처럼 부드러운 천과 같다. 가장자리는 아래쪽으로 살짝 말려 있다. 살(조직)은 연한 황색에서 갈색을 띤다. 주름살은 갓보다 진한 색깔이고 황색 또는 오렌지 황색으로 오래되면 올리브색을 띤다. 주름맥이 압축되어 불규칙하게 여러 번 갈라져 물결 모양이다. 포자의 무늬는 녹색이다.

중국에서 치료에 이용되는 붉은덕다리버섯 잔나비버섯과 Laetiporus miniatus

발생 초여름~가을 **장소** 침엽수의 고사목 위 **채취** 6월 중 **인공 재배** 불가능

| **식용** | 어릴 때 식용이 가능하다(차, 육수) | **약용** | 항종양 · 면역 증강 · 자양, 강장 | **사용 범위** | 생식하면 중독된다 | **배당체** | 베타글루칸 | **약리 작용** | 암(중국), 혈전 용해 | **성미** | 육질이다 | **독성** | 일반 독성 | **금기** | 생식을 금한다

  붉은덕다리버섯은 침엽수의 고사목 위에 다발로 난다. 갈색의 부패를 일으킨다.
  갓은 높이가 5~20cm 정도이고, 반원 모양 또는 부채 모양으로 되고, 너비는 30cm 정도까지 자라고 전체적으로 다발 형태를 이룬다. 가장자리는 물결 모양을 이룬다. 표면은 어릴 때 주홍색에서 주황색으로 되고, 오래되면 탁한 백색으로 되며, 평탄하지 않고 골곡져 있다. 가장자리는 백색 또는 황색이다. 살(조직)은 연색 또는 옅은 홍색을 띤다. 자실층의 갓 아랫면은 관공으로 되어 있다. 자루는 없다. 포자의 무늬는 백색이다.

암 치료제로 이용되는 치마버섯 치마버섯과 Schizophyllum commune

| **발생** 연중 내내 | **장소** 활엽수, 침엽수의 고사목, 그루터기 또는 죽은 나무 토막 | **채취** 연중 내내 | **인공 재배** 불가능

| **식용** | 차, 육수 | **약용** | 항종양·면역 증강·상처 치유·자양 강장 | **사용 범위** | 치유되면 중단한다 | **배당체** | 베타글루칸, 시조피란(sizofiran) | **약리 작용** | 암, 항산화 | **성미** | 알려진 것이 없다 | **독성** | 없다 | **금기** | 생식을 금한다

    치마버섯은 주변에서 흔히 볼 수 있다. 활엽수, 침엽수의 고사목, 그루터기 또는 죽은 나무 토막에 겹쳐서 난다.

    갓의 지름은 1~3cm 정도로 자루가 없이 갓의 일부분이 기주에 붙어 부채 모양 또는 원 모양을 이루고, 때로는 손바닥같이 갈라지기도 한다. 표면은 거친 털로 덮여 있고, 백색에서 회색 또는 회갈색으로 변한다. 주름살은 어릴 때는 백색 또는 연한 회색이다가 연한 갈색 또는 자주색이 되며 주변부는 세로로 갈라져 2장씩 겹친 것처럼 보인다. 살(조직)은 마르면 가죽처럼 질기고 쪼그라들지만 물에 담그면 원래의 상태로 된다. 포자의 무늬는 백색에서 옅은 갈색으로 된다.

우리나라 산천의 소나무가 길러 낸 보물 송이버섯 송이과 Tricholoma caligatum

발생 장마철~가을 **장소** 적송림 · 소나무 · 잣나무 **채취** 가을 **한약명** 송이(松栮) **인공 재배** 가능

| **식용** | 일부 산간 지역에서는 고추장이나 된장에 담가 '송이 장아찌'를 만들어 먹고, 술에 담가 먹기도 한다. 송이적 · 송이죽 · 송이밥 · 찌개 · 전골 · 탕 · 부침개 | **약용** | 항종양 · 면역력 증강 · 원기 회복 · 식욕 증진 · 혈액 순환 · 설사 · 성인병 | **사용 범위** | 해롭지는 않으나 치유되면 중단한다. | **배당체** | 베타글루칸 · 계피산 에스테르 · 옥타놀 · 이소마츠다케올 | **약리 작용** | 항암(위암) | **성미** | 맛은 달고 성질은 평하다 | **독성** | 없다 | **금기** | 없다

  송이버섯은 소나무를 살리기 위해 부단히 노력하는 버섯으로 솔잎혹파리에 병든 소나무나 척박한 토양에 뿌리를 둔 소나무와 공생한다.
  송이버섯에는 셀라제 · 헤밀라제 · 벤트라제 등 섬유효소가 풍부하다. 항암 효과가 뛰어나고 면역력을 높이는 물질인 베타글루칸과 향기 성분인 계피산 에스테르 · 옥타놀 · 이소마츠다케올이 풍부하다.
  갓의 지름은 8~30cm, 초기에는 구형에서 반반구형으로 자라다가 중앙이 볼록한 평편형으로 성장한다. 표면에 담황갈색의 인피가 있고, 속살은 흰색이다. 주름살은 빽빽형이고 백색이거나 갈색의 얼룩이 있다. 대는 원통형이고 속은 차 있다. 포자는 타원형이고 표면에 돌기가 있다.

항암, 고혈압과 당뇨에 효능이 있는 꽃송이버섯 꽃송이버섯과 Sparrassis crispa

발생 초여름~가을 **장소** 침엽수의 뿌리, 그루터기, 밑동 **채취** 초여름~가을 **인공 재배** 가능

| **식용** | 요리(전골·탕·찌개) | **약용** | 항종양·면역력 증강·당뇨·고혈압 | **사용 범위** | 치유되면 중단한다 | **배당체** | 베타글루칸 | **약리 작용** | 항암(폐암·대장암·전립선암)·혈당 강하·혈압 강하·조혈·항진균 | **성미** | 씹는 맛이 좋다 | **독성** | 없다 | **금기** | 없다

    꽃송이버섯은 침엽수의 뿌리, 그루터기, 밑동 위에 홀로 발생하며, 목재를 부패시킨다.
    자실체의 지름은 10~25cm 정도로 크고, 자루 모양의 기부에서 넓적한 물결 모양의 조각이 중첩되어 꽃송이 모양을 형성하여 "꽃송이버섯"이라 부른다. 표면은 어릴 때는 백색에서 크림색을 거쳐 오래되면 황토색이 된다. 살(조직)은 육질로 향기가 좋다. 자실층은 보통 아랫면에서 발달한다. 자루의 길이는 2~6cm 정도로 기부 쪽으로 가늘어지고, 매우 질기고 땅 속에 파묻혀 있다. 포자는 타원형의 백색이고, 크기는 4.5~6.5×3.3~4.55㎛이다.

양송이버섯 주름버섯과 Agariccus bisporus

발생 여름~가을 **장소** 잔디밭, 퇴비더미 많은 곳, 부식질이 많은 곳 **채취** 여름~가을 **인공 재배** 가능

| **식용** | 요리(탕·전골·찌개), 볶음, 데침 | **약용** | 항종양, 면역력 증강 | **사용 범위** | 치유되면 중단한다 | **배당체** | 베타글루칸 | **약리 작용** | 항암 | **성미** | 향이 좋고 맛은 부드럽다 | **독성** | 없다 | **금기** | 없다

   양송이버섯은 여름에 비 온 뒤 잔디밭·목장·골프장·초지·퇴비더미·부식질이 많은 곳에 난다.
   갓의 지름은 35~120mm이며, 초기에는 반반구형 또는 구형이나 성장하면 중앙볼록평편형 또는 평편형으로 된다. 갓은 직경보다 대가 길지 않다. 표면은 백색, 담갈색이다. 조직은 두껍고 육질형이며, 백색이나 상처를 받으면 담홍색으로 변한다. 진주름살이 빽빽하고, 끝은 백색이고 평활하다. 포자는 광타원형의 암자갈색이며 크기는 18.5~24×4.5~6.5㎛이다.

인체에서 꼭 필요한 미네랄의 보고 능이 (향버섯, 능이버섯) 능이버섯과 Sarcodon asparatus

발생 가을 **장소** 활엽수(참나무) 내의 땅 위에 **채취** 가을 **한약명** 능이 · 能栮 **인공 재배** 가능

| **식용** | 요리(탕 · 전골 · 찌개), 볶음, 데침 | **약용** | 항종양, 면역력 증강 | **사용 범위** | 치유되면 중단한다 | **배당체** | 베타글루칸, Enitedenine, Lentian | **약리 작용** | 항산화 · 항암 · 콜레스테롤 감소 · 향균 | **성미** | 맛이 좋고 강한 향이 있다 | **독성** | 약간 독성 | **금기** | 생식을 금한다

    능이버섯은 활엽수(참나무) 내의 땅 위에서 무리를 이루어 난다. 1 능이, 2 표고, 3 송이라 하여 능이를 건조시켜 방에 두면 그 향이 온 집 안에 은은하게 퍼진다 하여 "향이" 또는 "향버섯"이라 부른다. 일본에서는 "고우다케"라 부른다.

    능이버섯에는 아미노산 23종, 지방산 10종, 미량 금속 원소 13종, 유리당과 균당, 다량의 비타민을 함유하고 있다. 단백질의 분해 기능이 있어 고기를 먹고 체했을 때 달여서 먹는다.

    자실체의 지름은 10~20cm, 어릴 때는 매끈한 모양이다가 곧 평편하게 된 후 가운데가 오목해지면 깔때기의 모양 또는 나팔 모양이다. 표면은 연한 갈색에서 흑갈색으로 변해가고, 거칠고 긴 인편으로 덮여 있다. 표면은 어릴 때는 매끄럽지만 성장하면 침으로 덮인다.

유럽에서 인기가 좋은 곰보버섯 곰보버섯과 Morchella esculenta

발생 봄 **장소** 숲 속의 오래 된 벚나무, 은행나무 주변 **채취** 4월 중순~5월 중순 **인공 재배** 불가능

| **식용** | 어릴 때 식용한다. 요리(탕·전골·찌개)·볶음·데침 | **약용** | 항종양·면역력 증강·소화불량·가래 | **사용 범위** | 한 번에 많이 먹으면 위장 장애를 일으킨다 | **배당체** | 베타글루칸, 비아밀로이드 | **약리 작용** | 항산화·항암·항염 | **성미** | 알려진 것이 없다 | **독성** | 일반 독성(자실체에 독성분인 Gromitrin 검출되었다) | **금기** | 완전히 성숙할 때 또는 생식을 금한다

   곰보버섯은 나무나 식물의 뿌리에 균을 형성하는 균근성 버섯으로 숲속의 오래된 활엽수림(벚나무, 물푸레나무, 은행나무)의 주변에 난다. 크게 머리 부분과 자루 부분으로 구분한다.
   머리는 3~6cm로 원뿔 모양 또는 달걀 모양에 가깝다. 표면은 어릴 때는 흑갈색, 성장하면 황갈색으로 변한다. 다각형 내지는 그물눈 모양의 홈이 깊게 패어 있다. 자루의 길이는 1~4cm로 머리에 비해 짧고 아래쪽으로 굵어지며 표면은 크림색으로 약간 울퉁불퉁하다. 속은 비어 있다. 포자는 타원형의 색소가 없고 양쪽 끝에 작은 기름방울들이 있다. 크기는 15.6~22.8×10.3~13.6㎛이다.

항암, 면역력을 강화하는 **흰굴뚝버섯**(굴뚝버섯) 능이버섯과 Boletopsis leucomelaena

발생 가을 **장소** 침엽수 내의 부엽토 위 **채취** 가을 **인공 재배** 불가능

| **식용** | 볶음·데침·끓는 물에 살짝 데쳐서 초고추장에 찍어 먹는다 | **약용** | 항종양, 면역력 증강 | **사용 범위** | 치유되면 중단한다 | **배당체** | 베타글루칸, 미아밀로이드 | **약리 작용** | 항암·항염·항천식 | **성미** | 맛은 쓰다 | **독성** | 없다 | **금기** | 생식을 금한다

    흰굴뚝버섯은 가을에 송이가 나온 후에 침엽수림(잣솔밭) 내의 부엽토 위에 무리지어 난다. 일반적으로 대가 짧아 버섯이 솔잎이나 낙엽 속에 둘러싸여 있어 발견이 어렵다.
    갓의 지름은 5~15cm로 어릴 때는 반원 모양에서 점차 평편하게 된 후 가장자리가 약간 치켜올라가기도 한다. 갓의 표면은 미세한 털이 덮여 있고 어릴 때는 회백색이다가 성숙하면서 암회색을 거쳐 흑색이 된다. 살(조직)은 백색의 육질로 상처를 입으면 적자색으로 변하고 쓴맛이 있다. 자실층인 갓의 아랫면은 관으로 된 구멍으로 되어 있고, 어릴 때는 백색에서 회색으로 변해 가며, 구멍은 작고 어릴 때 원형에서 점차 커지면서 다각형으로 된다. 자루는 갓에 비해 짧고, 속은 꽉 차 있다. 포자는 난형 또는 유구형의 백색이고, 크기는 4.5~6×3.8~4.5㎛이다.

맛과 향이 좋아 유럽인이 즐겨 먹는 **꾀꼬리버섯** (오이꽃버섯, 외꽃버섯) 꾀꼬리버섯과 Cantharellus cibarius

발생 여름~가을 **장소** 활엽수림 또는 침엽수림 내의 땅 위 **채취** 7~8월 **인공 재배** 불가능

| **식용** | 볶음 · 데침 · 요리(탕 · 전골 · 찌개) | **약용** | 항종양 · 면역력 증강 · 시력 약화 · 안 질환 · 호흡기 및 소화기 감염 | **사용 범위** | 치유되면 중단한다 | **배당체** | 베타글루칸 | **약리 작용** | 항암 | **성미** | 유럽종은 현저한 살구향이 나지만, 국내의 자생종은 맛은 부드러우나 살구향이 불분명하다 | **독성** | 없다 | **금기** | 생식을 금한다

  꾀꼬리버섯은 활엽수림 또는 침엽수림 내의 땅 위에 무리 지어 난다. 특히 모래땅 위에 많이 난다.

  갓의 지름은 3~8cm로 어릴 때는 낮은 반원 모양에서 점차 편평해져 가운데가 오목한 편평한 모양이 된 후 오래되면 깔때기의 모양이 된다. 표면은 어릴 때는 적황색을 띤 황색에서 달걀노른자위색을 거쳐 색깔이 점점 밝아지고 오래되면 탁한 황색이 된다. 오래되면 가장자리가 얇게 갈라져 물결 모양이다. 살(조직)은 두꺼운 육질이고 연한 황색이다. 속은 꽉 차 있다. 포자는 타원형의 연한 담황색이고, 크기는 7.5~9.4×4.6~5.6㎛이다.

항암, 고혈압에 효능이 있는 망태버섯 말뚝버섯과 Dictyophora indusiata

발생 여름 장마철 전후 **장소** 여름 장마철과 가을에 연 2회 **채취** 대나무밭 **인공 재배** 불가능

| **식용** | 중국에서는 죽순이나 죽경 등과 함께 고급 요리에 사용한다 | **약용** | 항종양·면역력 증강·노화 예방·간·고혈압·혈중 콜레스테롤·불면증·두뇌 기능 증진·체중 감량 | **사용 범위** | 갓은 제거한 망사와 대를 건조시킨 뒤 약용으로 쓴다 | **배당체** | 베타글루칸 | **약리 작용** | 항산화·항암·혈압 강하·복부 지방 감소·항염 | **성미** | 알려진 것이 없다 | **독성** | 없다 | **금기** | 생식을 금한다

    망태버섯은 여름 장마철과 가을에 연 2회 죽림 내에서 난다. 대나뭇잎, 뿌리 또는 죽어 넘어진 대나무에 뻗어 있다. 유럽에서는 매우 우아하고 아름다워 "여왕버섯"이라 부른다.
    자실체는 초기에 난형·구형·종형·그물 모양의 융기가 있다. 직경은 1.5~3cm 정도이다. 주름살은 종 모양 갓 아래쪽에서 흰색의 그물 모양의 망사가 직경 10~20cm로 만들어진다. 대는 상하가 같은 굵기이고, 속은 비어 있고 표면에 홈이 무수히 많다. 포자는 긴 타원형 또는 타원형의 황갈색 표면에 돌기가 없다. 크기는 4×2.5㎛이다.

알 모양의 어린 버섯을 식용할 수 있는 **노란망태버섯** 말뚝버섯과 Phallus luteus

약용 식용

발생 여름~가을 **장소** 혼합림 내의 땅 위 또는 썩은 나무 **채취** 여름~가을 **인공 재배** 불가능

| **식용** | 알 모양의 어린 버섯과 성장한 자루 부분을 먹을 수 있지만 가급적 식용을 피한다 | **약용** | 항종양, 면역력 증강 | **사용 범위** | 치유되면 중단한다. | **배당체** | 베타글루칸 | **약리 작용** | 항산화, 항암 | **성미** | 알려진 것이 없다 | **독성** | 없다 | **금기** | 생식을 금한다

    노란망태버섯은 혼합림 내의 땅 위에 또는 썩은 나무에서 홀로 나거나 무리를 지어 난다. 다른 이름으로 "노란망태말뚝버섯"이라 부른다.
    자실체는 종형, 그물 모양의 융기가 있다. 직경은 3~4cm 정도이다. 주름살은 종 모양 갓의 아래쪽에서 노란색의 그물 모양의 망사가 있다. 대는 상하가 같은 굵기이고, 속은 비어 있고 표면에 홈이 무수히 많다. 포자는 타원형의 돌기가 있고, 크기는 4×2.5㎛이다.

맛이 좋은 참싸리의 대명사 싸리버섯 나팔버섯과 Ramaria botrytis

| **발생** 여름~가을 | **장소** 활엽수림(특히 너도밤나무류) 내의 지상 | **채취** 가을 | **인공 재배** 가능

| **식용** | 볶음 · 데침 · 요리(탕 · 전골 · 찌개) | **약용** | 항종양 · 면역력 증강 · 간 | **사용 범위** | 과식하면 위장 장애를 일으킨다 | **배당체** | 베타글루칸 | **약리 작용** | 항암 · 항돌연변이 · 항산화 | **성미** | 맛은 부드럽고 향기가 좋다 | **독성** | 없다 | **금기** | 생식을 금한다

    싸리버섯은 활엽수림(특히 너도밤나무류) 내의 지상에서 대량으로 난다. 싸리버섯 중에서 가장 맛이 좋아 "참싸리"라 부른다.
    자실체의 크기는 7~15cm, 너비는 6~20cm 정도로 굵은 기부에서 여러 개의 가지가 분지되고 이 가지는 반복적으로 분지되어 산호 모양이 된다. 초기에는 백색을 띠나 점차 담황색을 띠고 성장하면서 퇴색한다. 분지의 끝은 2~4개의 침 모양의 돌기가 있고, 전체의 분지는 빽빽하게 밀집되어 있다. 대의 조직은 치밀하고 단단하며 백색이고 변색되지 않는다. 포자는 긴 방추형의 황토색이고, 크기는 13.6~16.5×4.2~5.5㎛이다.

좀나무싸리버섯 싸리나무버섯과 Clavicorona pyxidata

발생 여름~가을 **장소** 활엽수의 고사목 또는 침엽수의 고사목 **채취** 여름~가을 **인공 재배** 불가능

| 식용 | 볶음, 데침 | 약용 | 항종양, 면역력 증강 | 사용 범위 | 치유되면 중단한다 | 배당체 | 베타글루칸 | 약리 작용 | 항암 | 성미 | 문헌에는 맛이 매우 맵다고 기록되어 있으나 맛과 향이 부드럽다 | 독성 | 알려진 것이 없다 | 금기 | 생식을 금한다

좀나무싸리버섯은 활엽수의 고사목인 표고버섯 재배 후 버려진 폐목에서 많이 발생하거나 종종 침엽수의 고사목에 난다.

자실체는 높이가 7.4~145mm, 너비는 57~155mm이다. 기질에 부착되어 있는 대의 두께가 14~25mm로 비교적 가늘며, 표면은 백색 또는 옅은 갈색의 부드러운 모습으로 밀착되어 있다. 초기에는 황백색 또는 옅은 황토색이나 성장하면 갈황토색 또는 적갈색으로 된다. 싸리형으로 산호 모양이다. 포자는 타원형의 백색이고, 크기는 4.5~15.5×2.3~3.5㎛이다.

자주싸리국수버섯 국수버섯과 Clavaria zollingerii

발생 늦은 여름~가을 **장소** 산림 내의 지상 **채취** 늦은 여름~가을 **인공 재배** 불가능

| **식용** | 볶음, 데침 | **약용** | 항종양, 면역력 증강 | **사용 범위** | 치유되면 중단한다 | **배당체** | 베타글루칸 | **약리 작용** | 항암 | **성미** | 맛이 부드럽다 | **독성** | 알려진 것이 없다 | **금기** | 생식을 금한다 |

　자주싸리국수버섯은 식용이 가능하고 늦은 여름에서 가을까지 산림 내의 지상에서 드물게 발생한다.
　자실체의 크기는 18~67×38~64mm로 산호형이고 비교적 작다. 1개의 대에서 위쪽 방향으로 자라면서 수개의 분지가 계속 반복하여 형성된다. U자 또는 V자 모양으로 갈라진다. 분지는 원통형, 끝은 다소 뭉뚝하다. 표면은 평활하거나 다소 미분질이 산재해 있으며, 옅은 자색 또는 짙은 보라색을 띠고 끝은 종종 흰빛을 띤다. 자실층은 분지 표면에 퍼져 있다. 살(조직)은 잘 부서진다. 포자는 광타원형의 유백색이고, 크기는 4.7~6.5×4.1~5㎛이다.

볏싸리버섯 볏싸리버섯과 Clavulina coralloides

| **발생** 여름~가을 **장소** 숲속·길가·공원 등의 땅 위 **채취** 여름~가을 **인공 재배** 불가능

| **식용** | 볶음, 데침 | **약용** | 항종양, 면역력 증강 | **사용 범위** | 치유되면 중단한다 | **배당체** | 베타글루칸 | **약리 작용** | 항암 | **성미** | 알려진 것이 없다 | **독성** | 알려진 것이 없다 | **금기** | 생식을 금한다

볏싸리버섯은 여름부터 가을까지 숲속·길가·공원 등의 땅 위에 난다.
자실체의 높이는 2~6cm 정도로 기부에서 나온 여러 개의 가지가 분지를 거듭하여 산호 모양을 나타낸다. 가지는 짧고 분지는 불규칙하며, 가지 끝은 뾰쪽하게 여러 갈래로 갈라진다. 표면은 백색·백황색·연한 회갈색 등이 있다. 살(조직)은 백색이고, 부서지는 육질이다. 포자는 타원형의 백색이고, 크기는 4.7~6.5×4.1~5㎛이다.

붉은창싸리버섯 국수버섯과 Clavulinopsis miyabeana

발생 가을 **장소** 침엽수(특히 적송) 내의 지상 **채취** 가을 **인공 재배** 불가능

| **식용** | 볶음, 데침 | **약용** | 항종양, 면역력 증강 | **사용 범위** | 치유되면 중단한다 | **배당체** | 베타글루칸 | **약리 작용** | 항암 | **성미** | 맛과 향기는 불분명하다 | **독성** | 알려진 것이 없다 | **금기** | 생식을 금한다

붉은창싸리버섯은 침엽수(특히 적송) 내의 지상에서 난다. 아름다운 적등색 또는 등황색을 띤 국수 모양이다.

자실체의 크기는 35~112×2~9mm이고 방추형 또는 부추의 모양이고 종종 한쪽 면이 종으로 편입되어 있으며 끝 부위는 뾰족하고 굽어 있다. 표면은 초기에는 평활하며 적색 또는 등적색이고 성장하면 점차 퇴색되어 옅은 황토 자색 또는 옅은 황갈색을 띠며, 기부는 백색이고 균사모가 있다. 자실층은 표면에 거의 전체에 분포되어 있으며 속은 비어 있고 잘 부서진다. 대는 없다. 포자는 유구형의 백색이고, 크기는 6.5~7.8×6~7.2㎛이다.

맛의 대명사 **땅찌만가닥버섯** (땅지버섯, 땅지네버섯) 송이과 Lyophyllum shimeeji

발생 가을 **장소** 가을에 송이버섯이 끝날 무렵에 깊은 산 속의 참나무숲 내의 지상 **채취** 가을 **인공재배** 불가능

| **식용** | 볶음·데침·육수(국물) | **약용** | 항종양, 면역력 증강 | **사용 범위** | 치유되면 중단한다 | **배당체** | 베타글루칸 | **약리 작용** | 항암 | **성미** | 맛은 부드럽다 | **독성** | 알려진 것이 없다 | **금기** | 생식을 금한다

　땅찌만가닥버섯은 가을에 송이버섯이 끝날 무렵에 깊은 산 속의 참나무숲 내의 지상에서 난다. 속리산 지역에서 "땅찌버섯" 또는 "땅지네버섯"이라 부른다. 일본에서는 향은 송이를, 맛은 땅지만가닥버섯을 제일로 꼽는다.

　갓의 지름은 2~8cm 정도로 어릴 때는 반원 모양 또는 낮은 반원 모양에서 점차 평편하게 된다. 표면은 어릴 때는 암갈색이다가 쥐색 또는 옅은 회갈색이 된다. 살(조직)은 백색으로 두껍고 육질형이며 치밀하다. 백색에서 상처 시 변하지 않는다. 점성은 없다. 대의 높이는 3.5~7.5cm 원통형이고 상하의 굵기가 비슷하다. 포자는 구형 또는 유구형의 백색이고, 크기는 5.2~6.8㎛이다.

항암, 고혈압에 효능이 있는 잿빛만가닥버섯
만가닥버섯과 Lyophyllum decastes

발생 봄~가을 **장소** 숲속·정원·길가의 풀밭 등의 땅 위, 땅 속에 파묻힌 나무 위에서 **채취** 5~6월, 9~10월 **인공 재배** 가능

| 식용 | 밥·국밥·무침·조림·구이·볶음·데침·요리(탕·전골·찌개) | 약용 | 항종양·면역력 증강·고혈압 | 사용 범위 | 치유되면 중단한다 | 배당체 | 베타글루칸 | 약리 작용 | 항암·콜레스테롤 저하·혈압 강하 | 성미 | 아삭아삭 씹는 맛이 좋고 밀가루 냄새가 난다 | 독성 | 알려진 것이 없다 | 금기 | 생식을 금한다

    잿빛만가닥버섯은 참나무숲, 침엽수림 내의 지상·숲속·정원·길가·풀밭 등의 땅 위, 땅 속에 파묻힌 나무 위에 무리를 이루어 난다. 여러 가지 요리에 폭넓게 이용된다.
    갓은 지름이 4~9cm 정도로 어릴 때는 반원 모양에서 둥근 산 모양을 거쳐 평편하게 되며 가운데가 조금 오목해진다. 표면은 진한 올리브 갈색인 바탕 위에 백색의 솜털 모양 내지는 들러붙은 섬유 모양의 인편이 있고 가장자리는 아래로 말려 있다. 주름살의 간격은 촘촘하고 자루는 원기둥의 모양으로 두툼하다. 점성이 없다. 대의 높이는 3.5~7.5cm 원통형이다. 포자는 구형 또는 유구형의 백색이고, 크기는 5.4~7.2×4.8~6.8㎛이다.

자주졸각버섯 송이과 Laccaria amethystea

약용 식용

발생 여름~가을 **장소** 혼합림 내의 지상 또는 숲속의 땅 위, 도로변 **채취** 여름~가을 **인공 재배** 불가능

| **식용** | 볶음, 데침 | **약용** | 항종양, 면역력 증강 | **사용 범위** | 치유되면 중단한다 | **배당체** | 베타글루칸 | **약리 작용** | 항암 | **성미** | 맛과 향기는 부드럽다 | **독성** | 알려진 것이 없다 | **금기** | 생식을 금한다

자주졸각버섯은 혼합림 내의 지상 또는 숲속의 땅 위, 도로변에 군생한다.

갓은 지름이 1.5~4cm 정도로, 초기에는 반반구형이고 끝은 안쪽으로 굽어 있으나, 성장하면 끝이 펴져 평편하게 되거나 중앙 오목편평형이 되며, 종종 위로 반전되고 드물게는 파상으로 굴곡이 진다. 표면은 초기 또는 습할 때는 자색을 띠나, 건조 시 퇴색하여 옅은 회갈색이 된다. 점성은 없다. 대의 높이는 2~5.5cm의 원통형이고 구부러져 있으며, 상하의 굵기가 같거나 종종 상부 쪽이 굵다. 포자는 유구형의 백색이고, 크기가 7.5~9.9×7.1~9.2㎛이다.

색시졸각버섯 송이과 Laccaria vinaceoavellanea

발생 여름~가을 **장소** 활엽수림, 혼합림, 풀밭, 공원 내의 땅 위 **채취** 여름~가을 **인공 재배** 불가능

| **식용** | 복음, 데침 | **약용** | 항종양, 면역력 증강 | **사용 범위** | 치유되면 중단한다 | **배당체** | 베타글루칸 | **약리 작용** | 항암 | **성미** | 맛과 향이 부드럽다 | **독성** | 알려진 것이 없다 | **금기** | 생식을 금한다

색시졸각버섯은 활엽수림·혼합림·풀밭·공원 내의 땅 위에서 군생한다.

갓은 지름이 3~8cm 정도로, 초기에는 중앙 오목반반구형이나 성장하면 중앙 오목편평형이 된다. 표면은 평활하거나 드물게는 중앙 부위에 비듬상인편이 있으며, 흡습성이고 습할 때 반투명선이 있으며, 갓 주변에 방사상의 주름선이 있고 옅은 황갈색이다. 조직은 얇고 탄력성이 있으며 옅은 육색을 띤다. 점성은 없다. 대의 높이는 3.5~8.8cm 정도의 원통형이고 구부러져 있으며, 상하의 굵기가 같거나 기부 쪽이 굵고 종종 굽어 있다. 탄력성은 있고 속은 차 있다. 포자는 구형의 백색이고, 크기는 7.8~8.5㎛이다.

졸각버섯 송이과 Laccaria laccata

발생 여름~가을 **장소** 잡목림 내의 지상 또는 도로변 **채취** 여름~가을 **인공 재배** 불가능

| **식용** | 볶음, 데침 | **약용** | 항종양, 면역력 증강 | **사용 범위** | 치유되면 중단한다 | **배당체** | 베타글루칸 | **약리 작용** | 항암 | **성미** | 맛과 향은 부드럽다 | **독성** | 알려진 것이 없다 | **금기** | 생식을 금한다

졸각버섯은 잡목림 내의 지상 또는 도로변에서 군생한다.

갓은 지름이 1.5~3.5cm 정도로, 초기에는 반구형 또는 반반구형이나, 성장하면 평편하게 펴지거나 중앙 오목평편형이 된다. 표면은 건성이며 옅은 분홍색 또는 옅은 갈분홍색을 띠고, 중앙 부위에는 미세한 비듬상인편이 밀포되어 있고 갓 주변 부위는 습할 때 반 투명선이 있으며, 건조하면 건변 현상이 나타난다. 대의 높이는 2~5.5cm의 원통형이고 종종 기부 쪽이 굵다. 속은 차 있으나 성장하면 속이 비어 탄력성이 있다. 포자는 광타원형의 백색이고, 크기는 7.5~8.9×5.2~7.1㎛이다.

하늘색깔때기버섯 송이과 Clitocybe odora

발생 여름~가을 **장소** 혼합림 내의 지상 **채취** 여름~가을 **인공 재배** 불가능

| **식용** | 볶음, 데침 | **약용** | 항종양, 면역력 증강 | **사용 범위** | 치유되면 중단한다 | **배당체** | 베타글루칸 | **약리 작용** | 항암 | **성미** | 독특한 향기는 있으나 불분명하다 | **독성** | 알려진 것이 없다 | **금기** | 생식을 금한다 |

하늘색깔때기버섯은 혼합림 내의 지상에서 난다.

갓은 지름이 3.5~7.5cm 정도이고, 초기에는 반반구형이고 갓의 끝은 안쪽으로 굽어 있으나 성장하면 갓 끝이 펴지며 주로 중앙 오목편평형으로 되거나 드물게는 깔때기형으로 된다. 표면은 평활하고 회녹색 또는 청록색을 띤다. 점성은 없다. 대의 높이는 3~6cm의 원통형의 상하 굵기가 같거나 상부 쪽이 다소 가늘고 종종 기부에는 백색의 균사가 있고 회백색이다. 포자는 타원형의 백색이고, 크기는 6.2~7.5× 4~4.5㎛이다.

민자주방망이버섯 송이과 Lepista nuda

발생 여름~가을 **장소** 참나무 낙엽 위, 대나무숲의 낙엽 위, 혼합림 내의 지상이나 목장 또는 정원
채취 여름~가을 **인공 재배** 불가능

| **식용** | 볶음, 데침 | **약용** | 항종양, 면역력 증강 | **사용 범위** | 생식하면 위장 장애를 일으킨다 | **배당체** | 베타글루칸 | **약리 작용** | 항암 | **성미** | 맛과 냄새는 부드럽다 | **독성** | 약간 독성 | **금기** | 생식을 금한다

    민자주방망이버섯은 참나무 낙엽 위, 대나무숲의 낙엽 위에서 무리를 지어 나거나, 혼합림 내의 지상이나 목장 또는 정원에서 난다. 낙엽 위에 대량으로 발생하는 '가지버섯'이다.

    갓은 지름이 6~10cm 정도로 성장 초기에는 반구형 또는 반반구형이고 끝은 안쪽으로 굽어 있으나, 성장하면 끝이 펴져 평편상반반구형 또는 평편형이 된다. 표면은 평활하고 흡습성이며 자색 또는 보라 청색을 띠나, 성숙하면 퇴색하여 갈자색 또는 갈황색으로 된다. 조직은 두껍고 부드러우며, 육질형이고 잘 부서진다. 대의 높이는 4~8cm 원통형의 상하 굵기가 같거나 하부 쪽이 굵어져 곤봉형을 이룬다. 포자는 타원형의 분홍색이고, 크기는 5.6~7.2×3.3~4.5㎛이다.

콜레스테롤을 감소시키는 갈색밋밋한비늘버섯 (파리비늘버섯) 독청버섯과 Pholiota lubrics

| **발생** 가을 **장소** 숲속의 부엽토, 썩은 그루터기, 나무 토막 위 **채취** 가을 **인공 재배** 불가능

| **식용** | 볶음, 요리(탕 · 전골 · 찌개) | **약용** | 고지혈증, 중성지방 | **사용 범위** | 치유되면 중단한다 | **배당체** | 알려진 것이 없다 | **약리 작용** | 콜레스테롤 감소 | **성미** | 알려진 것이 없다 | **독성** | 없다 | **금기** | 생식을 금한다

갈색밋밋한비늘버섯은 숲속의 부엽토, 썩은 그루터기, 나무 토막 위에 홀로 나기도 하고 몇 개씩 흩어져서 난다.

갓의 지름은 5~10cm 정도이고, 어릴 때는 낮은 반원 모양으로 성장하면서 점차 편평하게 된다. 전체가 약간 파도 같은 물결의 모양이 된다. 표면은 연한 황갈색에서 연한 적갈색으로 변한다. 습할 때는 끈적임이 많고 매끄럽다. 가운데는 짙은 색을 띠고 가장자리는 옅은 색으로 백황색의 작은 인편이 붙어 있다. 살(조직)은 백색이다. 주름살의 간격은 촘촘하고 폭이 넓다. 자루의 길이는 5~10cm로 위아래의 굵기가 같거나 아래쪽이 약간 굵다. 턱받이는 섬유 모양의 불완전한 상태로 자루의 윗부분에 남아 있다. 포자의 무늬는 적갈색이다.

혈전을 용해하는 긴대안장버섯 안장버섯과 Helvella elastica

발생 초여름~가을 **장소** 숲 가장자리, 길가, 정원, 공원 내의 땅 위 **채취** 초여름~가을 **인공 재배** 불가능

| **식용** | 볶음, 무침 | **약용** | 기관지염·폐 질환·기침·가래 제거 | **사용 범위** | 치유되면 중단한다 | **배당체** | 알려진 것이 없다 | **약리 작용** | 항염 | **성미** | 알려진 것이 없다 | **독성** | 없다 | **금기** | 생식을 금한다

긴대안장버섯은 숲의 가장자리·길가·정원·공원 내의 땅 위에 홀로 나거나 무리를 이룬다.

긴대안장버섯은 크게 머리 부분과 자루 부분으로 구분한다. 머리는 1~4cm 정도로 어릴 때는 말안장 모양으로 성장하면서 뒤틀려서 불규칙한 모양이 된다. 가장자리는 자루와 떨어져 있거나 일부가 붙어 있다. 표면은 연한 갈색에서 황갈색으로 변해 간다. 매끄럽고 울퉁불퉁하다. 자루의 길이는 3~7cm 정도로 아래쪽이 굵고, 표면은 크림색에서 백황색으로 변해 간다. 아래쪽은 미세한 털로 덮여 있다.

제2장 건강에 유익한 버섯 133

항종양, 염증에 효능이 있는 무늬노루털버섯 (개능이버섯) 능이버섯과(노루털버섯과) Sarcodon scabro

| 발생 | 여름~가을　| 장소 | 침엽수림, 활엽수림 내의 땅 위　| 채취 | 인공 재배 불가능

| 식용 | 볶음, 무침　| 약용 | 항종양, 염증　| 사용 범위 | 치유되면 중단한다　| 배당체 | 베타글루칸　| 약리 작용 | 항균, 항염　| 성미 | 맛이 매우 쓰다　| 독성 | 없다　| 금기 | 생식을 금한다

　무늬노루털버섯은 침엽수림, 활엽수림 내의 땅 위에서 홀로 나거나 무리를 이룬다.
　갓은 지름이 5~12cm 정도이고, 어릴 때는 낮고 둥근 산 모양이다가 성장하면서 곧 평편하게 된다. 가운데가 오목해지면서 얕은 깔때기의 모양으로 된다. 표면은 연한 갈색에서 짙은 갈색으로 변한다. 어릴 때는 미세한 털로 덮여 있다가 성숙하면서 표피가 갈라져 납작한 인편으로 되며 가장자리는 아래로 말려 있다.
　살(조직)은 연한 홍색이고 육질이다. 침은 길이가 0.5~07cm 정도로 자루에서 내려 붙은 모양이다. 자루는 길이가 3~4cm 정도로 아래쪽으로 약간 가늘다. 자루 속은 차 있다. 포자의 무늬는 황갈색이다.

면역력을 강화시켜 주는 배젖버섯 무당버섯과 Lactarius volemus

발생 여름~가을 **장소** 활엽수림 내의 땅 위 **채취** 여름~가을 **인공 재배** 불가능

| **식용** | 볶음 · 조림 · 요리(탕 · 전골 · 찌개) | **약용** | 면역력 증강, 만성기관지염, 소화 불량 | **사용 범위** | 치유되면 중단한다 | **배당체** | 알려진 것이 없다 | **약리 작용** | 항염 | **성미** | 맛이 시다 | **독성** | 없다 | **금기** | 생식을 금한다

  배젖버섯은 활엽수림 내의 땅 위에서 홀로 나거나 소수로 무리를 이루어 난다.
  갓의 지름은 5~12cm 정도로, 어릴 때는 가운데가 조금 오목한 반원 모양으로 성장하면서 평편하게 되면서 얕은 깔때기의 모양이 된다. 표면은 매끄럽거나 가루 모양이며 갈황색 · 오렌지 갈색 · 벽돌색 등이다.
  살(조직)은 백색으로 상처가 나면 갈색으로 변한다. 젖(유액)은 백색에서 점차 갈색으로 변한다. 주름살의 간격은 촘촘하고 상처가 난 부분에는 갈색의 얼룩이 생긴다. 자루의 표면은 갓과 같은 색깔이며 길이는 6~10cm 정도로 약간 구부러져 있다. 포자의 무늬는 백색이다.

관절염에 효능이 있는 선녀낙엽버섯 낙엽버섯과 Marasmius oreades

발생 여름~가을 **장소** 침엽수림 · 풀밭 · 잔디밭 등의 땅 위 **채취** 여름~가을 **인공 재배** 불가능

| **식용** | 볶음 · 조림 · 요리(탕 · 전골 · 찌개) | **약용** | 한방에서 관절약의 원료로 쓴다. 관절염 | **사용 범위** | 생식하면 위장 장애를 일으킨다 | **배당체** | 베타글루칸 | **약리 작용** | 종양, 항염 | **성미** | 맛이 담백하고 향이 좋다. | **독성** | 약간 독성 | **금기** | 생식을 금한다

선녀낙엽버섯은 침엽수림 · 풀밭 · 잔디밭 등의 땅 위에 홀로 나거나 무리를 이루며 균환을 만들 때도 있다. 미국과 유럽에서는 맛이 좋은 버섯으로 알려져 있다.

갓의 지름은 2~5cm 정도이고, 어릴 때는 둥근 산 모양이다가 성장하면서 가운데가 볼록한 평편한 모양이 된다. 표면은 어릴 때는 밝고 옅은 황색이지만 마르면 퇴색하여 연한 백색으로 변하고 점차 황갈색 또는 옅은 갈색으로 변한다. 습할 때는 가장자리에 줄 무늬선이 나타난다. 주름살의 간격은 엉성하다. 자루의 색깔은 갓과 같고 길이는 4~7cm 정도이고 위아래의 굵기가 같고 속은 비어 있다. 포자의 무늬는 백색이다.

골절과 상처에 좋은 애기낙엽버섯 낙엽버섯과 Marasmius siccus

발생 여름~가을 **장소** 활엽수의 낙엽 위 **채취** 여름~가을 **인공 재배** 불가능

| **식용** | 알려진 것이 없다 | **약용** | 한방에서는 타박상·골절·상처 치료 | **사용 범위** | 치유되면 중단한다 | **배당체** | 베타글루칸 | **약리 작용** | 혈전 용해, 진통 | **성미** | 알려진 것이 없다 | **독성** | 알려진 것이 없다 | **금기** | 생식을 금한다

    애기낙엽버섯은 활엽수의 낙엽 위에서 무리를 이루어 난다. 갓은 지름이 1~2.5cm 정도이고, 어릴 때는 종 모양으로 성장하면서 산 모양 정도까지 펴진다. 표면은 황갈색이고, 방사상의 줄 무늬 홈선이 있다.

    살(조직)은 아주 얇고 종이와 같은 가죽질이다. 주름살은 백색이고 간격은 주름살 수가 12~15개로 매우 엉성하다. 자루의 길이는 4~7 cm 정도로, 철사 모양이며, 표면에 윤기가 있다. 포자의 무늬는 백색이다.

지혈에 효능이 있는 애기찹쌀떡버섯 주름버섯과 Bovista pusilla

발생 여름~가을 **장소** 초원, 길 가장자리, 잔디밭, 풀밭 **채취** 여름~가을 **인공 재배** 불가능

| **식용** | 어릴 때 식용한다. 볶음, 무침 | **약용** | 치질, 출혈 | **사용 범위** | 치유되면 중단한다
| **배당체** | 베타글루칸 | **약리 작용** | 지혈, 소염 | **성미** | 알려진 것이 없다 | **독성** | 없다 | **금기** | 생식을 금한다

애기찹쌀떡버섯은 초원 · 길 가장자리 · 잔디밭 · 풀밭 등에 흩어져 난다. 어릴 때는 식용이 가능하지만 작아서 이용 가치는 없다.

자실체의 크기는 1~1.8cm 정도이고, 약간 일그러진 공 모양이다. 외피는 어릴 때는 백색에서 황색을 거쳐 성장하면서 붉은 기가 있는 황갈색으로 변한다. 작은 가루(돌기)로 덮여 있고 외피가 쉽게 탈락한다. 내피는 연한 갈색으로 윤기가 있으며 성장하면서 구멍이 생겨 그곳으로 포자를 방출한다. 무성기부는 없다.

위통, 소화 불량에 좋은 좀주름찻잔버섯 주름버섯과 Cyathus stercoreus

발생 여름~가을 **장소** 퇴비를 한 밭, 부식된 토양, 기름진 토양 위 **채취** 여름~가을 **인공 재배** 불가능

| **식용** | 볶음 | **약용** | 위통, 소화 불량 | **사용 범위** | 치유되면 중단한다 | **배당체** | 알려진 것이 없다 | **약리 작용** | 항산화, 진통 | **성미** | 알려진 것이 없다 | **독성** | 없다 | **금기** | 생식을 금한다

좀주름찻잔버섯은 퇴비를 한 밭, 부식된 토양, 기름진 토양 위에서 무리를 이루어 난다.

자실체의 지름은 5mm 정도이고 높이는 1cm 정도로, 긴 컵 모양이며 아래쪽으로 가늘어지는 거꾸로 된 원뿔형이다. 바깥 면은 황갈색에서 갈색으로 되며 다소 거친 털이 촘촘하게 붙어 있으나 나중에 벗겨지고 안쪽 면은 매끄러우며 청회색이다. 버섯이 성숙하면 윗부분에 백색의 막질이 열리며 컵 모양의 자실체 안에 소피자가 드러나고 소피자는 지름이 1.5~2mm 정도 크기의 흑청색의 바둑돌 모양으로 포자를 가지고 있다. 아랫면 가운데에 접착물로 내피와 연결되어 있다.

약용

테두리방귀버섯 방귀버섯과 Geastrum fimbriatum

발생 여름~가을 **장소** 숲속의 낙엽 사이의 땅 위 **채취** 여름~가을 **인공 재배** 불가능

| **식용** | 볶음 | **약용** | 약용으로 쓴다 | **사용 범위** | 치유되면 중단한다 | **배당체** | 알려진 것이 없다 | **약리 작용** | 알려진 것이 없다 | **성미** | 알려진 것이 없다 | **독성** | 없다 | **금기** | 생식을 금한다

    테두리방귀버섯은 숲속의 낙엽 사이의 땅 위에서 난다. 독특한 생김새로 별 모양으로 벌어지기 전의 외피 색깔과 표면의 질감 등 여러 요소들을 세밀히 관찰할 수 있어야 한다.

    자실체는 어릴 때 1.5~4cm 정도이고, 처음에는 공 모양이다. 표면은 연한 적갈색의 미세한 털로 덮여 있다. 성숙하면 외피 상부의 반이 5~10 조각으로 갈라져 별 모양을 나타낸다. 갈라진 조각은 크기가 같지 않고, 뒤집히며 아래쪽으로 구부러져 평편한 둥근 방석 모양이 되고 그 가운데 위에 포자주머니가 있다. 정공부를 통해 포자를 방출한다. 포자주머니의 표면은 매끄럽고 살색에서 연한 황갈색으로 변한다.

종기 치료에 효험이 있는 **해그물버섯**(마른애그물버섯) 그물버섯과 Xerocomellus chrysenteron

발생 여름 **장소** 활엽수림 내의 땅 위 **채취** 여름 **인공 재배** 불가능

| **식용** | 볶음, 무침 | **약용** | 종기, 옹종 | **사용 범위** | 치유되면 중단한다 | **배당체** | 알려진 것이 없다 | **약리 작용** | 항염 | **성미** | 알려진 것이 없다 | **독성** | 없다 | **금기** | 생식을 금한다

해그물버섯은 활엽수림 내의 땅 위에서 난다. 중국에서는 종기 치료, 상처 치료에 응용된다.

갓은 지름이 3~7cm 정도이고, 어릴 때는 반원 모양으로 성장하면서 거의 편평하게 된다. 표면이 어릴 때는 벨벳 모양이고 진한 자갈색 또는 암갈색에서 전체적으로 분홍색 또는 연한 황갈색이 섞인 색깔이 가장 많다. 건조할 때는 표피가 갈라진다.

살(조직)은 연한 황색이고 상처가 나면 청색으로 변한다. 자루에 홈이 붙은 모양에서 살짝 내려붙은 모양이다. 구멍은 크고 다각형이며 밀도(간격)는 약간 엉성하다. 자루는 4~8cm 정도이고, 세로로 섬유 무늬가 있고, 속은 차 있다. 자르면 기부 쪽은 노란색이고 다른 부분은 연한 백황색이다.

식용·약용으로 이용되는 꽃버섯 벚꽃버섯과 Hygrocybe sonica

발생 여름~가을 **장소** 풀밭, 길가, 숲 속, 대나무 밭 **채취** 여름~가을 **인공 재배** 불가능

| 식용 | 볶음, 무침 | 약용 | 면역 증강 | 사용 범위 | 체질에 따라 중독도 된다 | 배당체 | 알려진 것이 없다 | 약리 작용 | 약용으로 쓴다 | 성미 | 알려진 것이 없다 | 독성 | 약간 독성 | 금기 | 생식을 금한다

    꽃버섯은 풀밭·길가·숲속·대나무밭 등의 흙에 홀로 나거나 무리를 이루어 난다. 꽃버섯 중에서 가장 흔한 버섯으로 다른 이름으로 "붉은산꽃버섯"이라 부른다.

    갓은 지름이 1.5~4cm 정도이고, 어릴 때는 원뿔 모양으로 끝이 뾰족하지만 성장하면서 완전히 펴지지 않는 둔한 원뿔 모양으로 된다. 표면은 매끄럽다. 적색·주황색·황색 등으로 아름답지만 손으로 만지거나 오래되면 흑색으로 변한다. 습기가 있을 때는 끈적거린다. 살(조직)은 황색을 띤 백색이다. 주름살의 간격은 약간 촘촘하다. 자루의 길이는 4~10cm 정도이고, 섬유 모양의 세로줄이 있다. 포자의 무늬는 백색이다.

노란턱돌버섯 끈적버섯과 Descolea flavoannulata

발생 여름~가을 **장소** 침엽수림, 활엽수림 내의 땅 위 **채취** 여름~가을 **인공 재배** 불가능

| **식용** | 볶음, 무침 | **약용** | 불분명하다 | **사용 범위** | 치유되면 중단한다 | **배당체** | 알려진 것이 없다 | **약리 작용** | 알려진 것이 없다 | **성미** | 알려진 것이 없다 | **독성** | 없다 | **금기** | 생식을 금한다

노란턱돌버섯은 침엽수림, 활엽수림 내의 땅 위에서 난다.

갓은 지름이 5~8cm 정도이고, 어릴 때는 원 모양으로 성장하면서 반원 모양을 거쳐 평편하게 된다. 표면은 끈기가 없고 방사상의 주름이 있다. 황토색에서 어두운 황갈색으로 변한다. 황색 솜털 모양의 외피막 조각이 산만하게 덮여 있다.

살(조직)은 백색에서 옅은 황갈색이 된다. 주름살의 간격은 약간 엉성하며, 날은 황색 가루의 모양이다. 자루의 표면은 황토색이고 아래쪽은 갈색 섬유 모양이고, 기부에 외피막 흔적이 있다. 자루의 길이는 6~10cm 정도이고, 위아래의 굵기가 거의 같다. 포자의 무늬는 황갈색이다.

외대덧버섯 외대버섯과 Entoloma sarcopum

발생 가을 **장소** 참나무숲으로 우거진 활엽수림 내의 땅 위 **채취 인공 재배** 불가능

| **식용** | 볶음, 무침 | **약용** | 면역 증강 | **사용 범위** | 치유되면 중단한다 | **배당체** | 알려진 것이 없다 | **약리 작용** | 항균 | **성미** | 맛은 쓰고 밀가루 냄새가 난다 | **독성** | 없다 | **금기** | 생식을 금한다

외대덧버섯은 참나무숲으로 우거진 활엽수림 내의 땅 위에서 무리를 이루어 난다.

갓은 지름이 7~12cm 정도이고, 어릴 때는 원뿔 모양에서 둥근 산 모양을 거쳐 성장하면서 가운데가 불룩한 평편한 모양이 된다. 표면은 매끄럽다. 황갈색으로 비단 같은 섬유로 덮여 있고, 표면보다 진한 색의 물방울 무늬 같은 무늬가 있다. 외대덧버섯은 자루가 땅 깊숙이 박혀 있다.

살(조직)은 백색으로 두텁다. 주름살은 백색에서 살구색으로 되며 간격은 촘촘하다. 자루의 표면은 백색이고 속은 차 있다. 길이는 10~16cm 정도이고, 중간이 굵고 아래쪽이 가늘다. 포자의 무늬는 옅은 홍색이다.

자주방망이버섯아재비 송이과 Lepista sordida

| 발생 | 여름~가을 | 장소 | 유기물이 많은 밭·길가·풀밭 등의 땅 위 | 채취 | 여름~가을 | 인공 재배 | 불가능 |

| 식용 | 볶음·무침·샐러드　| 약용 | 소아 홍역, 불안 초조　| 사용 범위 | 치유되면 중단한다
| 배당체 | 알려진 것이 없다　| 약리 작용 | 용해　| 성미 | 알려진 것이 없다　| 독성 | 없다　| 금기 | 생식을 금한다

　자주방망이버섯아재비는 유기물이 많은 밭·길가·풀밭 등의 땅 위에 무리를 이루어 난다.
　갓은 지름이 4~7cm 정도이고, 어릴 때는 둥근 산 모양으로 성장하면서 평편하게 된다. 가장자리는 처음에는 안쪽으로 말려 있지만 나중에는 물결 모양으로 굴곡진다. 표면은 어릴 때는 밝고 연한 자주색으로 성장하면서 퇴색한 자주색이나 황색을 띤 회갈색이 된다.
　살(조직)은 옅은 자주 백색이다. 주름살의 간격은 촘촘하거나 약간 촘촘하다. 자루의 색깔은 갓과 같고 세로로 섬유 무늬가 있다. 길이는 3~8cm 정도이고 구부러져 있다. 포자의 무늬는 홍색이다.

약용

큰비단그물버섯 비단그물버섯과 Suillus grevillei

발생 늦여름~늦가을 **장소** 일본잎갈나무(낙엽송)숲 내의 땅 위 **채취** 늦여름~늦가을 **인공 재배** 불가능

| **식용** | 과식하면 소화 불량을 일으킨다 | **약용** | 당뇨병, 관절염 | **사용 범위** | 식용 버섯으로 알려져 있으나 체질에 따라 가려움증과 알레르기 반응을 일으킨다. | **배당체** | 알려진 것이 없다 | **약리 작용** | 혈당 강하, 항염 | **성미** | 알려진 것이 없다 | **독성** | 일반 독성 | **금기** | 생식을 금한다

큰비단그물버섯은 낙엽송(일본잎갈나무)의 숲 내의 땅 위에서 무리를 이루어 난다. 균환을 만든다. 갓은 지름이 4~10cm 정도이고, 어릴 때는 반원 모양으로 성장하면서 둥근 산 모양을 거쳐 편평하게 된다. 표면은 어릴 때는 적색이다가 점차 황색·적갈색·밤껍질색 등으로 환경이나 온도의 영향을 받아 색깔을 나타낸다. 습할 때는 매우 끈적거리고 마르면 광택이 난다.

살(조직)은 연한 황색이다. 자실층인 관공은 자루에 바르게 붙은 모양에서 내려붙은 모양이 된다. 상처가 나면 갈색으로 변한다. 구멍의 밀도(간격)는 촘촘하다. 자루는 원기둥의 모양, 위쪽은 황색에서 갈색으로 변하고 관공이 내려붙은 그물 무늬가 있다. 턱받이는 황색의 막질 또는 섬유질로 자루 위쪽에 붙어 있고 속은 차 있다. 포자의 무늬는 짙은 황갈색이다.

건망증과 부인병의 묘약 복령 구멍장이버섯과 Wolfiporia cocos

땅 속에 자생하는 버섯

발생 연중 **장소** 죽은 지 3년 이상 된 소나무 뿌리 **채취** 꼬챙이로 소나무 밑동 주변을 땅 속을 쑤시거나 뿌리를 눌렀을 때 하얀 분말이 묻어 올라오면 그곳을 파서 캔다 **한약명** 소나무 뿌리의 혹인 복령의 껍질을 '복령피(茯笭皮)', 대나무 뿌리의 혹을 '죽복령(竹茯笭)' **인공 재배** 불가능

| **식용** | 요리, 육수(탕, 전골) | **약용** | 항종양·면역력 증강·부종·화병·갈증·강장·당뇨·건망증·정신 안정·불면증·만성위염·신체 허약·천식 | **사용 범위** | 해롭지는 않으나 치유되면 중단한다 | **배당체** | 비아밀로이드 | **약리 작용** | 혈압 강하·혈당 강하·이뇨 | **성미** | 성질은 평온하고 담백하고 달다 | **독성** | 없다 | **금기** | 생식을 금한다

복령은 벌목한 후 3~4년이 지난 소나무 뿌리에 기생하며 자생한다. 적송에서 발견되고 빛깔이 흰색인 것을 백복령白茯笭, 곰솔에서 발견되고 적색인 것을 적복령赤茯笭이라 부른다. 복령 중에서 뿌리를 관통한 것을 "복신茯神", 다른 이름으로 "송령松笭"·"복토茯菟"·"운령云笭"·"솔풍령"이라 부른다. 복령은 소나무 뿌리와 엉켜 있는데, 크기와 형태는 일정하지 않으나 대개 10~30cm 정도로 무게는 1kg에서 10kg까지 다양하다. 4~5년이 되어야 상품으로 가치가 있다.

자실체는 갓을 만들지 않는 완전 배착생으로 지상의 지주 위에 넓게 발생한다. 대가 없고, 포자는 원기둥형이고 표면에 돌기가 없다.

식용

알버섯 알버섯과 Rhizopogon rubescens

발생 여름 장마철~가을 **장소** 침엽수림 땅 속 **채취** 여름 장마철~가을 **인공 재배** 불가능

| **식용** | 볶음 | **약용** | 면역력 증강 | **사용 범위** | 치유되면 중단한다 | **배당체** | 알려진 것이 없다
| **약리 작용** | 알려진 것이 없다 | **성미** | 특유한 향이 있으나 성장 후에는 악취가 난다 | **독성** | 없다 | **금기** | 생식을 금한다

　알버섯은 여름 장마철과 가을에 침엽수림 내 땅 속에서 난다.
　자실체의 크기는 1.5~4.5cm 정도이고, 유구형·난형·편구형 작은 감자 모양이다. 표면은 평활하고, 어릴 때는 유백색이나 상처를 준다거나 손으로 문지르면 옅은 적색 또는 옅은 적갈색으로 변하다가 마지막에는 흑갈색을 띤다. 특유한 향이 있으나 성장 후에는 다소 악취가 있다. 갓에는 점성이 없다. 대는 없다. 기부에는 옅은 자갈색의 뿌리 모양이 있다. 포자의 무늬는 무색이다.

맛솔방울버섯(작은맛솔방울버섯) 뽕나무버섯과 Strobilurus stephanocystis

발생 늦가을~초겨울 **장소** 침엽수림 내의 땅속 **채취** 늦가을~초겨울 **인공 재배** 불가능

| **식용** | 너무 작아 식용 가치가 없다 | **약용** | 면역력 증강 | **사용 범위** | 치유되면 중단한다 | **배당체** | 알려진 것이 없다 | **약리 작용** | 불분명하다 | **성미** | 알려진 것이 없다 | **독성** | 없다 | **금기** | 생식을 금한다

   맛솔방울버섯은 침엽수림 내의 땅 속에 묻혀 있는 솔방울에서 무리를 이루어 난다.

   갓은 지름이 1.5~3cm 정도이고, 어릴 때는 둥근 산 모양에서 점차 편평하게 되며 오래되면 살짝 반전되어 접시 모양으로 된다. 표면은 흑갈색·회갈색·황토색·회백색 등이 있다. 주름살은 백색으로 자루에서 몰려 붙고 간격은 촘촘하다.

   살(조직)은 백색이다. 자루의 위쪽은 백색, 아래쪽은 밝은 황갈색이고 길이는 4~6cm 정도이고 가는 털로 덮여 있다. 기부는 4~8cm 정도로 자라 땅 속에 있는 솔방울에 붙어 있다.

약용 식용

1년 동안 0.5mm 바위에 붙어서 자라는 **석이** (지의류) 석이과 Umbilicaria esculenta

바위에서 자생하는 버섯

발생 깊은 산의 큰 바위 또는 바위 절벽 **장소** 높은 산의 절벽, 너덜바위, 큰 바위 **채취** 연중 **한약명** 석이 · 石耳 **인공 재배** 불가능

| **식용** | 요리(탕 · 전골 · 찌개) | **약용** | 항종양, 면역력 증강 | **사용 범위** | 치유되면 중단한다 | **배당체** | 베타글루칸 | **약리 작용** | 불투명하다 | **성미** | 맛이 달고 성질이 차고 평하다 | **독성** | 약간 독성 | **금기** | 생식을 금한다

    석이는 바위나 돌에 달라붙은 모양이 귀를 닮았다고 해서 "돌의 귀"라는 석이石耳버섯이라고 부르고 있지만, 버섯이 아닌 석이지의(Umbilicaria) 속에 속하는 지의류地衣類[3]다. 허준이 쓴 『동의보감』에서 "석이버섯은 성질이 차고 평하다. 맛이 달며 독이 없다. 속을 시원하게 하고 위胃를 보하며 피나는 것을 멎게 한다."고 쓰여 있다. 지름은 5~12cm, 둥그스름한 잎 모양으로 손바닥만큼 자라는 것도 있지만 1년 동안 자라는 길이는 0.5mm에 불과하다. 윗면은 비에 젖으면 올리브 녹색이고, 마르면 회갈색이고, 겨울에는 검은 갈색이 된다. 뒷면은 검은색이고 알갱이 모양의 돌기가 있다. 살은 아주 얇고 질기지만 비에 젖으면 연해지고 마르면 잘 부러진다.

---

3) 지의류는 미생물인 균류(버섯, 곰팡이 등이 속한 분류군)에 속하는 생물이다.

자양, 강장 효험이 있는 동충하초 동충하초과 Cordyceps militaris

약용 식용

고충의 사체에 자생하는 동충하초

발생 여름~늦가을 **장소** 숲속의 낙엽, 땅, 이끼 속에 묻힌 나비목의 번데기나 유충에서 홀로 나거나 무리를 이루어 난다 **채취** 여름~늦가을 **한약명** 동충하초·冬蟲夏草 **동속버섯** 번데기 동충하초·큰매미동충하초·큰유충방망이동충하초·유충긴몸구형동충하초·눈꽃동충하초·노린재동충하초·벌동충하초·백강균·녹강균 등 **인공 재배** 가능

| **식용** | 튀김·요리·꿀에 재어 먹는다·동충하초술 | **약용** | 항산화·항종양·면역력 증강·자양·강장·신체 허약·빈혈·폐결핵·호흡기 질환·원기 회복 | **사용 범위** | 치유되면 중단한다 | **배당체** | 코디세핀(Cordycepin·천연항생 물질), 충초다당 | **약리 작용** | 항암, 해독 | **성미** | 맛은 싱거우며 달고 평하다 | **독성** | 독성 여부는 알려진 것이 없다 | **금기** | 다른 약초와 먹지 않는다

옛부터 동충하초는 '만병통치약'·'불로장생의 묘약'·'불로장생의 비약'·'자양, 강장제'·'하초동충'이라는 애칭을 가지고 있다. 동충하초에는 지방 8.4%, 조단백 25.23%, 탄수화물 28.8%, 화분 4.1%, 코디세린 7.6%가 함유되어 있어 항암·당뇨·백혈병·기관지염·간염·성 기능 강화에 좋다. 동충하초는 나방 외의 매미·벌·딱정벌레 등에서 겨울엔 벌레, 여름엔 버섯인 동충하초는 버섯의 균사체가 동절기에는 곤충의 유충이나 성충의 체내에 잠복해 있다가 하절기에는 곤충의 몸에서 버섯으로 피어나는 신비의 신약이다.

항암, 폐결핵에 효능이 있는 노린재동충하초 동충하초과 Cordyceps nutans

발생 여름~가을 **장소** 활엽수의 계곡, 낙엽이 쌓여 있는 곳, 숲에 모기가 많은 노린재성충 **채취** 숙주인 노린재까지 채취해야 가치를 인정받는다 **한약명** 동충하초冬蟲夏草 **인공 재배** 가능

| **식용** | 동충하초술 | **약용** | 면역력 증강 · 당뇨 · 감기 · 자양 · 강장 | **사용 범위** | 치유되면 중단한다 | **배당체** | 베타글루칸, 코디세핀(Cordycepin · 천연 항생물질) | **약리 작용** | 항암, 혈당강하 | **성미** | 알려진 것이 없다 | **독성** | 알려진 것이 없다

    노린재동충하초는 활엽수의 계곡, 낙엽이 쌓여 있는 곳, 숲에 모기가 많은 곳에서 노린재성충이 죽어 있는 곳에서 숙주로 하여 발생한다. 노린재 1마리 당 보통 1~3개의 동충하초가 생긴다. 항암에 효능이 알려진 것으로 알려져 있다.
    갓의 머리는 방추형 또는 원주형이고, 최대 크기는 10~2mm, 머리의 색상은 등황색이고, 질긴 가죽질이며 광택이 있다. 자실층은 머리의 외피에 몰려 있고, 대는 철사형이고 색상은 흑갈색이다. 길이는 1~10cm, 머리를 포함한 전체의 길이는 5~17cm이다. 포자는 원통의 모양이고 표면이 매끈하다.

약용 식용

약용, 해충 방제를 위한 백강균 동충하초과 Beauveria bassiana

발생 여름~가을 **장소** 각종 곤충의 몸체 **채취** 여름~가을 **한약명** 동충하초冬蟲夏草 **인공 재배** 불가능

| 식용 | 알려진 것이 없다 | 약용 | 약용으로 이용되지만 불분명하다 | 사용 범위 | 치유되면 중단한다 | 배당체 | 코디세핀(cordyceopin · 천연항생 물질) | 약리 작용 | 항암, 해충 | 성미 | 알려진 것이 없다 | 독성 | 없다 | 금기 | 성욕이 강한 사람은 금한다

   백강균은 각종 하늘소·사마귀·매미·딱정벌레 등의 곤충의 몸체에 침입하여 기주 표면에 백색의 분생포자를 형성하여 난다. 식용은 불투명하고 약용 버섯으로 알려져 있지만, 해충 방제를 위한 천적 균으로 많이 이용되고 있다.

   스스로 번식할 수 없는 무성 생식기관인 분생포자는 발아하여 균사가 되고, 균사에서 가지를 횐 균사 끝에 분생포자를 착생하는 받침대인 분생자경을 형성한다. 끝부분에 여러 개의 분생포자가 매달려 계속 성장하여 곤충의 몸체에 백색의 가루가 밀가루를 반죽하여 덮은 것처럼 모양을 이룬다.

약용으로 쓰는 벌동충하초 동충하초과 Cordyceps sphecocephaia

발생 초여름~가을　**장소** 벌 성충의 두부와 몸통(흉부)　**채취** 초여름~가을　**한약명** 동충하초 · 冬蟲夏草　**인공 재배** 불가능

| **식용** | 독버섯으로 먹을 수 없다　| **약용** | 주요 성분이 불분명하다　| **사용 범위** | 치유되면 중단한다　| **배당체** | 코디세핀(cordyceopin · 천연항생 물질)　| **약리 작용** | 항암　| **성미** | 알려진 것이 없다　| **독성** | 강한 독성

　벌동충하초는 벌 성충의 두부 부위 또는 몸통(흉부) 부위에 1개의 자실체가 발생한다. 두부는 원통형이다.
　자좌의 길이는 45~98mm로 혁질상 육질이며, 주로 1개씩 발생한다. 두부는 원통형이며 대에 비해 매우 작고 장단부는 둥글거나 둔원형이고 옅은 등황색을 띤다. 대는 가늘고 길며 굽어 있으며, 경계가 없이 옅은 황색을 띤다. 피자기는 사면 매몰형이다. 자실층인 두부와 확실한 경계가 없는 혁질이다. 포자는 긴 원통형이며 크기는 647~698×6.4~7.5㎛이다.

약용으로 쓰는 균핵동충하초 균핵동충하초과 Cordyceps ophioglossoides

발생 가을 **장소** 활엽수림 내 지하에 있는 Elaphomyces에 기생 **채취** 늦가을 **한약명** 동충하초 · 冬蟲夏草 **인공 재배** 불가능

| **식용** | 알려진 것이 없다 | **약용** | 주요 성분이 불분명하다 | **사용 범위** | 치유되면 중단한다
| **배당체** | 코디세핀(cordyceopin · 천연항생 물질) | **약리 작용** | 항암 | **성미** | 알려진 것이 없다
| **독성** | 알려진 것이 없다 | **금기** | 성욕이 강한 사람은 금한다

균핵동충하초는 활엽수림 내의 지하에 있는 Elaphomyces에 기생한다. 대는 지상부와 지하부로 구분된다. 전체의 길이가 30~145mm로 일반적으로 1개가 발생하나 드물게는 수개의 자실체가 형성된다.

자좌는 곤봉형이며 단단한 육질형이다. 자실층이 있는 두부는 곤봉형 · 방추형 · 난형이며 초기에는 옅은 황갈색이나 성장하면 어두운 올리브 갈색을 띠며, 표면에는 미세한 사마귀상의 반점이 밀포되어 있다. 대의 지상부는 원통형이고 가늘고 길다. 지하부는 다소 견고하고 길다. 피자기는 방추형으로 완전 매몰형이다. 포자는 긴 원통형이고, 크기는 380~485×7.5~9.7㎛이다.

약용으로 쓰는 가는유충동충하초 동충하초과 Cordyceps graciliodides Kobay

발생 여름 **장소** 숲속의 썩은 나무, 그루터기 또는 땅 속에 묻힌 딱정벌레 유충 **채취** 늦가을~늦겨울
한약명 동충하초 · 冬蟲夏草 **인공 재배** 불가능

| **식용** | 알려진 것이 없다 | **약용** | 주요 성분이 불분명하지만 약용으로 쓴다, 자양, 강장, 면역력 강화 | **사용 범위** | 치유되면 중단한다 | **배당체** | 코디세핀(cordyceopin · 천연항생 물질) | **약리 작용** | 항암 | **성미** | 알려진 것이 없다 | **독성** | 알려진 것이 없다

    가는유충동충하초는 숲속의 썩은 나무, 그루터기 또는 땅 속에 묻힌 딱정벌레의 유충에 기생하여 1~2개 발생한다. 크게 머리 부분과 자루 부분으로 구분한다.
    기주인 딱정벌레의 유충에서 발생한 1~2개의 개체의 높이는 3.5~6cm 정도이고, 포자가 형성되는 머리 부분은 5~6cm 정도로 공 모양이다. 머리의 표면은 초기에는 황갈색에서 성장하면 보라색기가 있는 연한 갈색으로 변한다. 자낭각은 표면보다 진한 색의 각각의 구멍이 미세한 작은 점 모양으로 조밀하게 분포되어 있다가 성숙하면 구멍을 통해 포자를 내보낸다. 자루는 길이가 3~5cm 정도로 위아래의 굵기가 거의 같은 원기둥의 모양이고 표면은 백색이다.

제3장

식용 버섯

항종양, 면역력을 증강시키는 **밀버섯** (밀꽃애기버섯) 송이과 Collybia confluens

| **발생** 여름~가을 | **장소** 혼합림 | **채취** 여름~가을 | **인공 재배** 불가능 |

| **식용** | 볶음, 데침 | **약용** | 항종양, 면역력 증강 | **사용 범위** | 치유되면 중단한다 | **배당체** | 알려진 것이 없다 | **약리 작용** | 항암 | **성미** | 향이 없다 | **독성** | 알려진 것이 없다 | **금기** | 생식을 금한다

밀버섯은 혼합림 내의 낙엽 위에 난다.

갓의 지름은 0.8~2.8cm로 초기에는 반반구형이고 끝은 안쪽으로 굽어 있으나, 성장하면 평편하게 되고 종종 끝은 위로 반전되고 중앙 부위는 배꼽 모양으로 들어가거나 돌출되는 경우도 있다. 표면은 평활하며 적갈색으로 다소 주름져 있고, 후에 옅은 황갈색 또는 옅은 분홍색 드물게는 백색으로 퇴색되며 중앙 부위는 암색으로 남는다.

살(조직)은 탄력이 있으며 얇은 유백색 또는 옅은 황색을 띤다. 점성은 없다. 대의 높이는 2.5~7cm 원통형이고 상하의 굵기가 비슷하다. 포자는 긴 타원형의 백색이고, 크기는 6.2~8.6×3.2~4.1㎛이다.

식용

굽은애기버섯 송이과 Collybia dryophila

| **발생** 여름~가을 | **장소** 모든 활엽수림, 침엽수림, 혼합림 내 낙엽 위 | **채취** 여름~가을 | **인공 재배** 불가능

| 식용 | 볶음, 데침 | 약용 | 항종양, 면역력 증강 | 사용 범위 | 치유되면 중단한다 | 배당체 | 베타글루칸 | 약리 작용 | 항암 | 성미 | 맛과 향기는 부드러우나 불분명하다 | 독성 | 알려진 것이 없다 | 금기 | 생식을 금한다

    굽은애기버섯은 모든 활엽수림·침엽수림·혼합림 내의 낙엽 위에 난다.
    갓의 지름은 0.8~4cm로 초기에는 반반구형이고 끝은 안쪽으로 굽어 있으나, 성장하면 평편하게 되고 종종 끝은 위로 반전되고, 중앙 부위는 약간 함몰되어 있다. 표면은 평활하며 황토색 또는 등황색을 띠고, 후에 옅은 황갈색 또는 옅은 회분홍색 드물게는 백색으로 퇴색되며 중앙 부위는 암색으로 남는다.
    살(조직)은 탄력이 있으며 얇은 유백색 또는 옅은 황색을 띤다. 점성은 없다. 대의 높이는 3.5~8.5cm의 원통형이고 상하의 굵기가 비슷하다. 성장하면 점차 속은 빈다. 포자는 타원형의 백색 또는 옅은 황색이고, 크기는 4.2~6.6×2.6~3.5㎛이다.

식용

달걀버섯 광대버섯과 Amanita hemibapga

| 발생 여름~가을 | 장소 혼합림 내의 지상 | 채취 여름~가을 | 인공 재배 불가능

| **식용** | 볶음, 데침 | **약용** | 항종양, 면역력 증강 | **사용 범위** | 치유되면 중단한다 | **배당체** | 베타글루칸 | **약리 작용** | 항암 | **성미** | 알려진 것이 없다 | **독성** | 없다 | **금기** | 생식을 금한다

    달걀버섯은 여름에서 가을까지 혼합림 내의 지상에 난다. 유럽에서는 고대 로마 시대에 네로 황제에게 달걀버섯을 진상하면 그 무게를 달아 같은 양의 황금으로 하사했다는 버섯이다.

    갓의 지름은 5~15cm로 초기에는 난형이나 성장하면 상단 부위의 외피막이 파열되어 갓과 대가 나타난다. 초기에는 반구형 또는 반반구형이나 성장 후에는 평편하게 퍼지며 종종 중앙 부위가 볼록한 돌기로 나타난다. 표면은 적황색 또는 등황색이고 주변에는 방사상의 선이 있다. 습할 때 점성이 있다. 대의 높이는 10~17cm 원통형으로 다소 위쪽이 가늘다. 성숙하면 속은 비어 있다. 포자는 광타원형의 백색이고, 표면은 평활하고 멜저 용액 반응에서 비아밀로이드다. 크기는 7.8~6.1×7.8㎛이다.

노란달걀버섯 광대버섯과 Amanita hemibapga

발생 여름~가을 **장소** 활엽수림 또는 침엽수림 내의 지상 **채취** 여름~가을 **인공 재배** 불가능

| **식용** | 볶음, 데침 | **약용** | 항종양, 면역력 증강 | **사용 범위** | 치유되면 중단한다 | **배당체** |
베타글루칸 | **약리 작용** | 항암 | **성미** | 맛은 육질형으로 부드럽다 | **독성** | 알려진 것이 없다
| **금기** | 생식을 금한다

    노란달걀버섯은 활엽수림 또는 침엽수림 내의 지상에 난다. 달걀버섯과 매우 비슷하나 갓과 대의 색이 황색이라는 점에서 쉽게 구분된다.
    갓의 지름은 3.5~10.5cm로 초기에는 백색으로 계란 모양이나 성장하면 상단 부위의 외피막이 파열되어 갓과 대가 나타난다. 초기에는 반구형 또는 중반구형이고 끝은 내피막에 싸여 있으나, 성장하면 평편하게 펴지며 일반적으로 중앙 부위가 돌출되어 있다. 표면은 평활하며 아름다운 난황색 또는 황색이고 주변 부위는 다소 옅은 색이고 방사상의 홈선이 선명하게 있다. 습할 때 점성이 있다. 뱀껍질 모양의 옅은 황색 무늬가 있다. 속은 초기에는 차 있으나 점차 빈다. 대의 높이는 9~18cm 원통형으로 다소 기부 쪽이 굵으며 상부 쪽은 가늘다. 포자는 광타원형 또는 유구형의 백색이고, 표면은 평활하고 멜저 용액 반응에서 비아밀로이드다. 크기는 6.8~8.8× 4.7~6.7㎛이다.

붉은점박이광대버섯 광대버섯과 Amanita rubescens

발생 여름~가을 **장소** 활엽수, 침엽수림, 혼합림 내 지상 **채취** 여름~가을 **인공 재배** 불가능

| **식용** | 볶음, 데침 | **약용** | 항종양, 면역력 증강 | **사용 범위** | 치유되면 중단한다 | **배당체** | 베타글루칸 | **약리 작용** | 항암 | **성미** | 맛과 향은 불분명하다 | **독성** | 광대버섯류는 맹독성 버섯이 많으므로 확실하게 알지 못하면 절대로 먹지 않는다 | **금기** | 생식을 금한다

    붉은점박이광대버섯은 모든 활엽수·침엽수림·혼합림 내의 지상에 난다. 독버섯인 마귀광대버섯과 외관상 매우 비슷하나 주름살과 대가 상처 시 또는 성숙하면 붉게 변하고, 갓 표면의 외피막 잔유물인 인피가 옅은 회적색을 띤다.

    갓의 지름은 5~15cm로 모양은 초기에는 반구형이나 성장하면서 점차 적갈색 또는 암적갈색을 띠며, 회색 또는 적색의 사마귀 모양의 외피막의 인편이 불규칙하거나 다소 동심원상으로 부착되어 있으나 쉽게 탈락한다. 점성이 없다. 속은 초기에는 차 있으나 점차 빈다. 대의 높이는 8~20cm 원통형으로 다소 상부 쪽이 가늘고 종종 기부는 팽대하여 구근상을 이룬다. 상처를 받으면 적색으로 변한다. 포자는 넓은 타원형 또는 난형의 백색이고, 표면은 평활하고 멜저 용액 반응에서 비아밀로이드다. 크기는 7.5~9.8×5.6~7.2㎛이다.

약용 식용

약용으로 이용되는 두엄먹물버섯 <small>눈물버섯과</small> Coprinopsis atramentaria

발생 봄~가을 **장소** 공원·정원·밭·풀밭·썩은 나무 근처의 땅 위 **채취** 봄~가을 **인공 재배** 불가능

| **식용** | 어릴 때만 식용한다, 볶음, 데침, 요리(탕, 전골) | **약용** | 소화 불량, 가래 | **사용 범위** | 술과 함께 먹지 않는다 | **배당체** | 알려진 것이 없다 | **약리 작용** | 항균 | **성미** | 알려진 것이 없다 | **독성** | 일반 독성, 독 성분(coprine) | **금기** | 생식을 금한다, 술과 함께 먹으면 안면 홍조·구토·현기증·두통·심장 두근거림 등이 있거나 3~4일 후에 술을 마셔도 나타난다

  두엄먹물버섯은 봄부터 가을까지 공원·정원·밭·풀밭·썩은 나무 근처의 땅 위에서 비가 오면 다발로 난다.
  갓의 지름은 5~8cm 정도이고, 어릴 때는 달걀 모양으로 성장하면서 종 모양 또는 원뿔 모양으로 된다. 더 오래되면 가장자리가 말려 올라가며 액화 현상이 일어난다. 표면은 회색 또는 옅은 회갈색으로 갈색의 인편으로 덮여 있다가 곧 매끄러워지며 길게 패인 선이 나타나고 방사상으로 찢어진다. 주름살은 어릴 때 백색으로 성장하며 자갈색을 거쳐 흑색이 되고 간격은 촘촘하다. 가장자리는 액화되어 사라진다. 자루의 색은 백색이고, 길이는 7~15cm 정도로 속이 비어 있다. 포자의 무늬는 흑색이다.

큰갓버섯 주름버섯과 Macrolepiota procera

발생 여름~가을 **장소** 숲속 · 대나무밭 · 풀밭 · 산길가 **채취** 여름~가을 **인공 재배** 불가능

| **식용** | 볶음, 데침 | **약용** | 소화 촉진, 건강 증진 | **사용 범위** | 생식하면 소화기 계통에 중독이 일어나거나 알레르기 증상 | **배당체** | 베타글루칸 | **약리 작용** | 항종양 | **성미** | 알려진 것이 없다 | **독성** | 일반 독성 | **금기** | 생식을 금한다

    큰갓버섯은 숲속 · 대나무밭 · 풀밭 · 산길가에 홀로 나거나 몇 개씩 흩어져 난다.
    갓은 지름이 8~20cm 정도이고, 어릴 때는 달걀 모양에서 원뿔 모양을 거쳐 성장하면서 가운데가 높은 평편한 모양이 된다. 표면은 갈색 · 적갈색 · 암회색 · 화갈색이다. 성숙하면 표피가 터져 인편이 되고 바탕은 연한 갈색 또는 연한 회색이며 갯솜 모양이다.
    살(조직)은 백색의 갯솜 모양이고 질기다. 주름살은 백색이고 촘촘하다. 자루의 표면의 색은 회갈색의 인편이 있어서 얼룩 모양이 된다. 길이는 15~30cm 정도로 속은 비어 있다. 턱받이는 두껍고 위아래로 움직이기도 한다.

주름버섯 주름버섯과 Agaricus campestris

발생 봄~가을 **장소** 공원, 숲 가장자리의 부엽토의 위나 풀밭, 잔디밭 **채취** 봄~가을 **인공 재배** 불가능

| **식용** | 볶음, 조리 | **약용** | 항종양 · 소화 촉진 · 원기 회복 · 빈혈 | **사용 범위** | 치유되면 중단한다 | **배당체** | 알려진 것이 없다 | **약리 작용** | 항균 | **성미** | 맛이 담백하다 | **독성** | 없다 | **금기** | 생식을 금한다

 주름버섯은 공원, 숲 가장자리의 부엽토의 위나 풀밭, 잔디밭 등에 군생하며 균환을 만들기도 한다.
 갓은 지름이 5~10cm 정도이고, 어릴 때는 공 모양 또는 반원 모양으로 성장하면서 둥근 산 모양을 거쳐 평편하게 된다. 표면은 백색에서 후에 갈색기를 띠거나 연한 적색기를 띤다. 비단 같은 광택이 있는 섬유 모양의 인편이 있고, 가장자리는 어릴 때 안쪽으로 말려 있다.
 살(조직)은 백색이고 상처를 입으면 보통 변색이 되지 않지만 약간 붉은색으로 변할 때도 있다. 주름살은 분홍색 후 자갈색을 거쳐 흑갈색이 되고 간격은 촘촘하다. 자루의 색은 백색이고 길이는 5~10cm 정도이고 자라는 환경에 따라 기부 쪽이 굵기도 하고 가늘어지기도 한다. 속은 차 있다가 나중에 빈다.

진갈색주름버섯 주름버섯과 Agancus subrutilescens

발생 여름~가을   **장소** 침엽수림, 활엽수림 등 각종 숲속 내의 부엽토 위   **채취** 여름~가을   **인공 재배** 불가능

| **식용** | 볶음 | **약용** | 면역력 증강 | **사용 범위** | 체질에 따라 위통 등의 심한 위장 장애를 일으킬 수 있다 | **배당체** | 알려진 것이 없다 | **약리 작용** | 항균, 항진균, 항돌연변이 | **성미** | 알려진 것이 없다 | **독성** | 약간 독성 | **금기** | 생식을 금한다

진갈색주름버섯은 침엽수림, 활엽수림 등 각종 숲속 내의 부엽토 위에 난다.

갓은 지름이 5~13cm 정도이고, 어릴 때는 반원 모양으로 성장하면서 둥근 산 모양을 거쳐 평편하게 된다. 표면은 어릴 때는 자갈색의 섬유 모양이지만, 성숙하면 표면이 갈라져 백색 바탕에 납작한 자갈색 인편으로 덮이며 가운데는 짙은 색이다.

살(조직)은 백색에서 옅은 자갈색이 된다. 주름살의 간격은 촘촘하다. 자루의 길이는 5~13cm 정도로 표면은 백색을 바탕으로 턱받이 위쪽은 매끈하다. 턱받이는 막질이고 치마 모양으로 살짝 굽어 있고, 기부는 부풀어 있다.

참낭피버섯 주름버섯과 Cystpderma amiantinum

발생 여름~가을 **장소** 침엽수림 내의 부엽토 위 **채취** **인공 재배 불가능**

| **식용** | 볶음 | **약용** | 항종양, 면역력 증강 | **사용 범위** | 치유되면 중단한다 | **배당체** | 베타글루칸 | **약리 작용** | 항암 | **성미** | 맛은 보통이다 | **독성** | 없다 | **금기** | 생식을 금한다

참낭피버섯은 침엽수림 내의 부엽토 위에 난다.

갓은 지름이 2~5cm 정도이고, 어릴 때는 원뿔이다가 성장하면서 가운데가 볼록하고 평편한 모양이 된다. 표면은 연한 황토색에서 황갈색으로 변한다. 미세한 가루 형태의 인편으로 덮여 있고 방사상의 주름이 있다. 가장자리에는 내피막의 잔여물이 붙어 있다.

살(조직)은 연한 황색의 유연한 육질이다. 주름살은 간격이 촘촘하다. 자루의 턱받이 아랫면은 갓과 같은 색이고 윗면은 백색 가루 같은 것이 있다. 길이는 3~6cm 정도이고, 턱받이는 섬유질의 불완전한 고리 모양으로 탈락하기 쉽다. 속은 비어 있다. 포자의 무늬는 연한 백황색이다.

먹물버섯 주름버섯과 Coprinus comatus

발생 봄~가을 **장소** 풀밭·밭·정원·길가 **채취** 봄~가을 **인공 재배** 가능

| **식용** | 어릴 때 식용한다, 볶음, 조리 **약용** | 항종양·면역력 증강·당뇨병·치질·고혈압·소화 증진 **사용 범위** | 치유되면 중단한다 **배당체** | 베타글루칸 **약리 작용** | 혈당 강하, 혈압 강하 **성미** | 알려진 것이 없다 **독성** | 약간 독성 **금기** | 생식을 금한다, 음주 전후에는 먹지 않는다

    먹물버섯은 풀밭·밭·정원·길가 등에 홀로 나거나 흩어져 난다. 대중적으로 많이 알려져 인공 재배를 많이 한다.

    갓은 지름이 3~5cm, 높이는 5~15cm로 초기에는 원기둥 모양 또는 긴 달걀 모양으로 자루의 반 이상이 덮여 있다가 후에는 종 모양이 된다. 표면은 백색의 섬유상을 바탕으로 연한 회황색에서 연한 황토색이 되는 갈라진 인편으로 덮여 있다.

    살(조직)은 백색이다. 주름살은 자루 끝에 붙은 주름살에서 떨어져 붙은 주름살이 된다. 간격은 매우 촘촘하다. 길이는 15~25cm 정도이고 위아래로 움직이는 탈락하기 쉬운 턱받이가 있고 방추는 방추 모양으로 부풀어 있고 속은 비어 있다.

족제비눈물버섯 눈물버섯과 Psathyrella candolliana

발생 여름~가을 **장소** 활엽수의 그루터기나 죽은 나뭇가지 또는 그 부근의 땅 위 **채취 인공 재배** 불가능

| **식용** | 식용으로 가치가 없다 | **약용** | 고혈압 | **사용 범위** | 치유되면 중단한다 | **배당체** | 알려진 것이 없다 | **약리 작용** | 혈압 강하 | **성미** | 알려진 것이 없다 | **독성** | 준맹독성(환각성 독성분 함유) | **금기** | 생식을 금한다

족제비눈물버섯은 활엽수의 그루터기나 죽은 나뭇가지 또는 그 부근의 땅 위에 무리를 이루어 난다.

갓은 지름이 3~7cm 정도이고, 어릴 때는 종 모양으로 성장하면서 편평하게 된다. 표면은 습할 때는 연한 황색 또는 연한 황갈색으로 가장자리에는 희미한 줄 무늬선이 있으나 건조해지면 옅은 백황색으로 되고 선도 사라진다. 갓 전면과 가장자리에 외피막의 조각이 붙어 있다가 탈락한다.

살(조직)은 부서지기 쉬운 회갈색이다. 주름살은 어릴 때 백색에서 자갈색으로 변한다. 간격은 촘촘하다. 자루는 백색이고 길이는 4~8cm 정도로 위아래의 굵기가 같고 속은 비어 있다. 포자의 무늬는 암갈색이다.

식용

볏짚버섯 독청버섯과 Agrocybe praecox

발생 늦봄~늦가을 **장소** 황무지, 맨땅, 풀밭 **채취** 5월 중순~6월 초 **인공 재배** 불가능

| **식용** | 볶음·데침·요리(탕·전골·찌개) | **약용** | 면역력 증강 | **사용 범위** | 치유되면 중단한다 | **배당체** | 베타글루칸 | **약리 작용** | 항암 | **성미** | 알려진 것이 없다 | **독성** | 없다 | **금기** | 생식을 금한다

볏짚버섯은 황무지·맨땅·풀밭 등에 무리를 이루어 다발로 난다.

갓은 지름이 2~8cm 정도이고, 어릴 때는 반원 모양으로 성장하면서 둥근 산 모양을 거쳐 평편하게 된다. 표면은 볏짚색 또는 황토색이며 매끄럽고 가장자리에는 오랫동안 주름살 부분을 감싸고 있던 내피막이 성숙하면서 분리되어 생긴 작은 조각이 붙어 있다. 건조하고 오래되면 갓 표면이 갈라져 작은 균열이 생긴다.

살(조직)은 두껍고 백색이다. 주름살은 어릴 때 탁한 백색에서 갈색으로 변한다. 간격은 촘촘하다. 자루의 위쪽은 백색에 가깝고 아래쪽은 갓과 같은 색이다. 길이는 5~10cm 정도로 위아래의 굵기가 같거나 아래쪽이 약간 굵다. 턱받이는 막질이고 기부에는 백색의 뿌리 균사가 있다. 포자의 무늬는 짙은 황갈색이다.

`약용` `식용`

독청버섯아재비 독청버섯과 Stropgana rugosoannulata

발생 봄~가을 **장소** 풀밭 · 밭 · 쓰레기장 · 목장 · 톱밥더미 · 숲 가장자리 등 유기물이 많은 땅 **채취 인공 재배** 가능

| 식용 | 볶음 · 데침 · 요리(탕, 전골) | 약용 | 항종양, 면역력 증강 | 사용 범위 | 치유되면 중단한다 | 배당체 | 베타글루칸 | 약리 작용 | 항암 | 성미 | 맛이 담백하다 | 독성 | 없다 | 금기 | 생식을 금한다

  독청버섯아재비는 풀밭 · 밭 · 쓰레기장 · 목장 · 톱밥 더미 · 숲 가장자리 등 유기물이 많은 땅에서 홀로 나거나 무리를 지어 난다.

  갓은 지름이 7~15cm 정도이고, 어릴 때는 반원 모양으로 성장하면서 둥근 산 모양을 거쳐 평편하게 된다. 표면은 포도주 갈색 후 회갈색으로 되고 매끄럽거나 미세한 섬유 모양이며 습할 때는 진한 청회색으로 된다.

  살(조직)은 자루에 바르게 주름살이 붙고 간격은 촘촘하다. 자루는 원기둥의 모양이고 매끄럽고 윤기가 있는 위쪽은 백색이고, 턱받이 아래쪽은 황색이다. 길이는 9~15cm 정도로 아래쪽이 굵다. 기부에는 뿌리 모양의 균사속이 있다. 포자의 무늬는 자갈색이다.

식용

풍선끈적버섯아재비 끈적버섯과 Cortinarius purpurascens

| 발생 여름~가을 | 장소 활엽수림, 침엽수림 내의 땅 위 | 채취 여름~가을 | 인공 재배 불가능 |

| **식용** | 볶음, 데침 | **약용** | 면역력 증강 | **사용 범위** | 치유되면 중단한다 | **배당체** | 알려진 것이 없다 | **약리 작용** | 알려진 것이 없다 | **성미** | 맛이 담백하다 | **독성** | 없다 | **금기** | 생식을 금한다

풍선끈적버섯아재비는 활엽수림, 침엽수림 내의 땅 위에 흩어져 나가나 무리를 이루어 난다.

갓은 지름이 3~10cm 정도이고, 어릴 때는 낮은 반원 모양으로 성장하면서 편평한 모양이 된다. 표면은 연한 자주색이 가미된 옅은 갈색이며 가운데는 갈색 또는 황갈색이고 주변부는 연한 자주색을 띤다. 습할 때는 끈적임이 있고 미세한 방사상으로 섬유 모양을 나타낸다.

살(조직)은 맛이 담백하고 냄새는 없고 옅은 자주색이다. 자루에서 올려붙은 주름살의 간격은 촘촘하다. 자루는 세로로 된 섬유 모양이고 자주색이며 길이는 3~10cm 정도이고 기부는 크게 부풀어 있다.

진흙버섯 (말똥진흙버섯) 소나무비늘버섯과 Phellinus igniarius

식용

발생 연중 장소 활엽수의 고사목 또는 나뭇줄기의 등걸 채취 연중 인공 재배 불가능

| 식용 | 차, 육수 | 약용 | 면역력 증강 | 사용 범위 | 치유되면 중단한다 | 배당체 | 알려진 것이 없다 | 약리 작용 | 불분명하다 | 성미 | 알려진 것이 없다 | 독성 | 불분명하다 | 금기 | 생식을 금한다

진흙버섯은 활엽수의 고사목 또는 나무줄기의 등걸에 난다.

자실체의 지름은 10~20cm, 두께는 5~15cm 정도이나 50cm가 넘는 것도 있다. 말발굽형 또는 둥근 산 모양이고 표면은 회갈색·회흑색·흑색이며 방사상의 홈과 세로와 가로로 균열이 있다.

살(조직)은 나무와 같고 검게 탄화하여 각피가 있는 것처럼 보이고 암갈색이다. 아랫면은 암갈색 또는 황갈색이다. 관공은 다층인데 각 층의 두께는 1~5mm이며 오래된 관공은 2차적 균사로 메워져 있다. 구멍은 작고 길며 1mm 사이에 4~5개가 있다.

외대(덧)버섯 외대버섯과 Entoloma sarcopum

발생 가을 **장소** 참나무 숲이 우거진 활엽수림 내의 땅 위 **채취** 가을 **인공 재배** 불가능

| **식용** | 볶음, 데침 | **약용** | 면역력 증강 | **사용 범위** | 치유되면 중단한다 | **배당체** | 알려진 것이 없다 | **약리 작용** | 항균 | **성미** | 맛이 쓰며 밀가루 냄새가 난다 | **독성** | 없다 | **금기** | 생식을 금한다

외대(덧)버섯은 참나무숲이 우거진 활엽수림 내의 땅 위에 홀로 나거나 무리를 이루어 난다.

갓은 지름이 7~12cm 정도이고, 어릴 때는 원뿔 모양으로 성장하면서 둥근 산 모양을 거쳐 가운데가 볼록한 평편한 모양이 된다. 표면은 매끄러운 황회갈색으로 비단 같은 섬유로 덮이며 표면보다 진한 색의 물방울 무늬가 얼룩을 이룬다. 자루가 땅 깊숙이 박혀 있고, 끝이 가늘다.

살(조직)은 두껍고 백색이다. 자루에 홈이 패여 붙은 주름살은 백색에서 살구색으로 되며 간격은 촘촘하다. 자루는 백색이며 세로로 얕은 주름이 있고 위쪽과 아래쪽이 가늘고 중간이 굵다. 기부는 땅 속 깊숙이 박혀 있고 길이는 10~16cm 정도로 속은 차 있다. 포자의 무늬는 옅은 홍색이다.

못버섯 못버섯과 Chroogomphus rutilus

발생 여름~가을　**장소** 소나무숲의 땅 위　**채취** 여름~가을　**인공 재배** 불가능

| **식용** | 삶으면 보라색으로 변색한다. 볶음, 요리(탕, 전골) | **약용** | 신경성 피부염 | **사용 범위** | 치유되면 중단한다 | **배당체** | 베타글루칸 | **약리 작용** | 항암 | **성미** | 맛이 담백하다 | **독성** | 없다 | **금기** | 생식을 금한다

　못버섯은 소나무숲의 땅 위에 홀로 나거나 무리를 이루어 난다.
　갓은 지름이 1.5~6.5cm 정도이고, 어릴 때는 원뿔 모양으로 성장하면서 둥근 산 모양으로 가운데는 뾰족하고 돌출된다. 표면은 습할 때는 끈적임이 심하고 비단실 모양의 섬유로 얇게 덮여 있다가 성숙하면서 매끄럽게 된다. 진흙 같은 색이 적갈색이 된다.
　살(조직)은 무르고 오렌지에서 연한 황갈색이다. 자루 쪽으로 주름살이 내려붙고 간격은 엉성하다. 자루는 연한 황갈색에서 적갈색이 되는 섬유 모양이고 기부 쪽으로 가늘어진다. 길이는 3~10cm 정도이고 턱받이는 솜털 모양이다. 포자의 무늬는 흑색이다.

흰둘레그물버섯 <small>둘레그물버섯과 Gyroporus castaneus</small>

발생 여름~가을 **장소** 활엽수림, 침엽수림 내, 특히 절개지의 땅 위 **채취** 여름~가을 **인공 재배** 불가능

| **식용** | 볶음, 데침 | **약용** | 면역력 증강, 당뇨병 | **사용 범위** | 치유되면 중단한다 | **배당체** | 알려진 것이 없다 | **약리 작용** | 혈당 강하 | **성미** | 알려진 것이 없다 | **독성** | 없다 | **금기** | 생식을 금한다

흰둘레그물버섯은 활엽수림, 침엽수림 내의 특히 절개지의 땅 위에 홀로 나가나 소수로 무리를 이루어 난다. 유럽인들이 맛이 좋아 선호하는 버섯이다.

갓은 지름이 3~7cm 정도이고, 어릴 때는 반원 모양으로 성장하면서 평편하게 되면서 가운데가 오목하다. 표면은 부드러운 밸벳 모양이고 적갈색, 짙은 황갈색, 밤색을 거쳐 나중에는 색이 옅어져 황갈색으로 된다.

살(조직)은 유연하고 백색이다. 자실층은 백색에서 연한 황색으로 변하고 관공은 원형이다. 자루에서 떨어져 붙어 있고 구멍의 간격은 약간 촘촘하다. 자루는 옅은 색이고 아래쪽으로 굵어진다. 포자의 무늬는 담황색이다.

약용 식용

붉은비단그물버섯 비단그물버섯과 Suillus pictus

발생 가을 **장소** 침엽수림(잣나무, 소나무) 내의 땅 위 **채취** **인공 재배** 불가능

| **식용** | 볶음 · 데침 · 요리(탕, 전골) | **약용** | 면역력 증강, 혈전 용해, 당뇨병 | **사용 범위** | 치유되면 중단한다 | **배당체** | 알려진 것이 없다 | **약리 작용** | 혈당 강하 | **성미** | 알려진 것이 없다 | **독성** | 약간 독성 | **금기** | 생식을 금한다

붉은비단그물버섯은 침엽수림(잣나무, 소나무) 내의 땅 위에 무리를 이루어 난다.

갓은 크기가 4~10cm 정도이고, 어릴 때는 낮은 원뿔 모양으로 성장하면서 둥근 산 모양을 거쳐 평편하게 된다. 표면은 어릴 때는 짙은 적색 또는 자주 적색에서 점차 옅은 갈색으로 변한다. 섬유질 인편으로 덮여 있다.

살(조직)은 크림색으로 상처가 나면 서서히 적색으로 변한다. 자실층의 관공은 자루에 내려붙는다. 황색에서 황갈색으로 변해 가고, 구멍은 크고 다각형이고 밀도는 엉성하다. 자루의 턱받이 위쪽은 황색이고, 아래쪽은 갓과 같고 같은 인편으로 덮여 있다. 길이는 3~10cm 정도로 아래쪽으로 가늘고 턱받이는 섬유질의 불분명한 모습으로 자루의 위쪽에 붙어 있다. 포자의 무늬는 황갈색이다.

약용 **식용**

젖비단그물버섯 비단그물버섯과 Suillus granulayus

발생 여름~가을 **장소** 침엽수림(주로 소나무, 스트로브잣나무) 내의 땅 위 **채취** 가을 **인공 재배** 불가능

| **식용** | 식용을 할 수 있으나 익혀 먹어도 속이 불편하기 때문에 먹지 않는 게 좋다 | **약용** | 면역력 증강, 관절염 | **사용 범위** | 체질에 따라 소화 불량에 걸리거나 설사는 하는 경우도 있다 | **배당체** | 알려진 것이 없다 | **약리 작용** | 한방에서 관절약의 원료로 쓴다, 항염 | **성미** | 알려진 것이 없다 | **독성** | 일반 독성 | **금기** | 생식을 하면 알레르기 반응을 일으키며 익혀 먹어도 속이 불편하다

    젖비단그물버섯은 침엽수림(주로 소나무, 스트로브잣나무) 내의 땅 위에 흩어져 나거나 무리를 이루어 난다. 균근균이다. 갓은 크기가 4~10cm 정도이고, 어릴 때는 반원 모양으로 성장하면서 둥근 산 모양을 거쳐 평편하게 된다. 표면은 습할 때는 끈적임이 있고, 어릴 때는 적갈색에서 점차 황갈색으로 변한다.

    살(조직)은 백색 또는 연한 황색이다. 자실층인 관공은 자루에 내려붙어 있다. 황색에서 황갈색으로 변해 가며 어릴 때 유액을 분비한다.

    구멍은 작고 다각형이고 밀도는 촘촘하다. 상처가 나도 변색이 되지 않는다. 자루는 원기둥이고 백색에서 황갈색으로 되고, 길이는 4~7cm 정도로 위아래의 굵기가 같거나 아래쪽으로 가늘어진다. 점 모양의 인편이 붙어 있다. 포자의 무늬는 황갈색이다.

비단그물버섯 비단그물버섯과 Suillus luteus

약용 식용

발생 가을 **장소** 침엽수림(소나무) 내의 땅 위 **채취** 가을 **인공 재배** 불가능

| **식용** | 볶음 | **약용** | 항산화 · 면역력 증강 · 당뇨병 · 관절염 | **사용 범위** | 체질에 따라 복통이나 설사를 일으킨다 | **배당체** | 알려진 것이 없다 | **약리 작용** | 한방에서 관절약의 원료로 쓴다, 혈당 강하 | **성미** | 알려진 것이 없다 | **독성** | 약간 독성 | **금기** | 생식을 금한다

비단그물버섯은 침엽수림(소나무) 내의 땅 위에 흩어져 나거나 무리를 이루어 난다.
갓은 크기 5~10cm 정도이고, 어릴 때는 반원 모양으로 성장하면서 둥근 산 모양을 거쳐 평편하게 된다. 표면은 습하고 어릴 때는 매우 끈적임이 있으며, 밤껍질색 · 적갈색 · 황갈색에서 오래되면 점차 엷은 색으로 퇴색하며 광택이 있다.
살(조직)은 백색 또는 연한 황색이지만 상처가 나면 약간 갈색으로 변한다. 자실층인 관공은 자루에 바르게 붙어 있다. 황색에서 녹황색으로 변해 가며 구멍은 다각형이고 밀도는 촘촘하다. 자루는 원기둥이고 백색에서 황갈색으로 되고, 길이는 4~7cm 정도로 점 모양의 인편이 붙어 있다. 턱받이는 막질이고 자루 위쪽에 붙어 있다. 포자의 무늬는 적갈색이다.

평원비단그물버섯 비단그물버섯과 Suillus placidus

발생 여름~가을 **장소** 침엽수림(잣나무)P 내의 땅 위 **채취** 여름~가을 **인공 재배** 불가능

| **식용** | 볶음 | **약용** | 면역력 증강 | **사용 범위** | 치유되면 중단한다 | **배당체** | 알려진 것이 없다 | **약리 작용** | 불분명 | **성미** | 알려진 것이 없다 | **독성** | 없다 | **금기** | 생식을 금한다

평원비단그물버섯은 침엽수림(잣나무) 내의 땅 위에 홀로 나거나 무리를 이루어 난다. 갓은 지름이 4~8cm 정도이고, 어릴 때는 반원 모양으로 성장하면서 둥근 산 모양을 거쳐 평편하게 되지만 가운데가 약간 볼록할 때도 있다. 표면은 어릴 때 백색 또는 연한 자갈색에서 황색 또는 황갈색으로 된다. 습할 때는 끈적임이 심하다.

살(조직)은 백색이다. 자실층인 관공은 자루에 살짝 내려붙었다. 백색에서 황색으로 변한다. 상처가 나도 변색이 되지 않는다. 구멍은 작고 다각형이고 밀도는 촘촘하다. 자주 백색에서 연한 황색으로 위아래의 굵기가 같거나 아래쪽으로 약간 가늘다. 내부에서 분비된 물질에 의해 적갈색의 점 모양의 인편이 붙어 있다. 포자의 무늬는 황토색이다.

가지색그물버섯(흑자색그물버섯) 그물버섯과 Boletus violaceofuscus

발생 여름~가을 **장소** 활엽수림, 혼합림 내의 땅 위 **채취** 여름~가을 **인공 재배** 불가능

| **식용** | 볶음 | **약용** | 면역력 증강 | **사용 범위** | 치유되면 중단한다 | **배당체** | 알려진 것이 없다 | **약리 작용** | 불분명하다 | **성미** | 알려진 것이 없다 | **독성** | 없다 | **금기** | 생식을 금한다

　가지색그물버섯은 활엽수림, 혼합림 내의 땅 위에 홀로 나거나 무리를 이루어 난다. 갓은 크기가 5~10cm 정도이고, 어릴 때는 반원 모양으로 성장하면서 둥근 산 모양을 거쳐 평편하게 된다. 표면은 어릴 때 황갈색 또는 흑갈색에서 점차 흑자색으로 된 후 다시 탁한 황갈색의 얼룩이 생기며 퇴색된다.

　살(조직)은 단단하고 백색이다. 자실층인 관공은 백색 균사에 오랫동안 막혀 있다가 점차 드러난다. 자루에 올려붙은 모양에서 홈이 패어 있는 모양으로 된다. 구멍은 작고 원형이며 밀도는 촘촘하다. 자루의 표면은 갓과 같은 색이고 길이는 5~9cm 정도로 아래쪽으로 굵어지고 백색의 그물 무늬로 덮여 있다. 기부에는 백색의 균사가 있다. 포자의 무늬는 황록 갈색이다.

식용

붉은대그물버섯 그물버섯과 Boletus erythropus

발생 여름~가을 **장소** 침엽수림, 활엽수림, 혼합림 내의 땅 위 **채취 인공 재배** 불가능

| **식용** | 볶음 | **약용** | 면역력 증강 | **사용 범위** | 치유되면 중단한다 | **배당체** | 알려진 것이 없다 | **약리 작용** | 불분명하다 | **성미** | 알려진 것이 없다 | **독성** | 일반 독성 | **금기** | 생식을 금한다

    붉은대그물버섯은 침엽수림·활엽수림·혼합림 내의 땅 위에 홀로 나거나 무리를 이루어 난다.

    갓은 크기가 5~15cm 정도이고, 어릴 때는 반원 모양으로 성장하면서 둥근 산 모양을 거쳐 평편하게 된다. 표면은 어릴 때 적색기를 띤 암갈색으로 벨벳 같은 질감이고 성숙하면서 매끄럽고 적갈색으로 된다.

    살(조직)은 두껍고 황색이다. 자르면 갓과 자루 전체가 즉시 진한 청색으로 변한다.

    자실층인 관공은 자루에 올려붙은 모양에서 떨어진 모양으로 된다. 구멍은 매우 작고 밀도는 촘촘하다. 상처가 나면 흑청색으로 변한다. 자루의 표면은 황색의 바탕 위에 미세한 적갈색의 인편으로 덮여 있다. 길이는 5~12cm 정도로 짧고 굵다. 포자의 무늬는 황록 갈색이다.

접시껄껄이그물버섯 그물버섯과 Leccinum extremiorientale

발생 여름~가을 **장소** 혼합림 내의 땅 위 **채취** 여름~가을 **인공 재배** 불가능

| **식용** | 볶음 | **약용** | 면역력 증강 | **사용 범위** | 치유되면 중단한다 | **배당체** | 알려진 것이 없다 | **약리 작용** | 불분명하다 | **성미** | 알려진 것이 없다 | **독성** | 없다 | **금기** | 생식을 금한다

    접시껄껄이그물버섯은 혼합림 내의 땅 위에 홀로 나거나 무리를 이루어 난다.
    갓은 크기가 10~25cm 정도이고, 어릴 때는 반원 모양으로 성장하면서 둥근 산 모양을 거쳐 평편하게 된다. 표면은 어릴 때 건조한 벨벳 모양으로 적갈색이다가 성숙하면서 오렌지색으로 된다. 크게 균열이 생겨 옅은 황색의 살(조직)이 드러난다.
    살(조직)은 연한 황색이다. 자실층인 관공은 황색에서 녹황색으로 변한다. 구멍은 원형 또는 다각형으로 밀도는 매우 촘촘하다. 상처가 나도 변색되지 않는다. 자루의 표면은 황색으로 황갈색의 점 모양의 인편이 붙어 있어 지저분하게 보인다. 길이는 5~15cm로 위아래의 굵기가 같거나 아래쪽으로 굵다. 포자의 무늬는 황록 갈색이다.

식용

거친껄껄이그물버섯 <small>그물버섯과 Leccinum scabrum</small>

발생 여름~가을 **장소** 활엽수림(특히 자작나무, 물박달나무)의 땅 위 **채취** 인공 재배 불가능

| **식용** | 볶음 | **약용** | 면역력 증강 | **사용 범위** | 치유되면 중단한다 | **배당체** | 알려진 것이 없다 | **약리 작용** | 항암 | **성미** | 알려진 것이 없다 | **독성** | 약간 독성 | **금기** | 생식을 금한다

    거친껄껄이그물버섯은 활엽수림(특히 자작나무, 물박달나무)의 땅 위에 홀로 나거나 무리를 이루어 난다.

    갓은 지름이 5~10cm 정도이고, 어릴 때는 반원 모양으로 성장하면서 둥근 산 모양이 된다. 표면은 회색·회갈색·암갈색 등이 있다. 습할 때는 약간의 끈적임이 있다. 어릴 때는 미세한 털로 덮여 있다가 매끄러워진다.

    살(조직)은 백색이다. 상처가 나면 분홍색으로 변할 때도 있지만 변색되지 않는다. 자실층인 관공은 탁한 백색에서 백황색으로 변한다. 자루에 올려붙은 모양 또는 끝에 붙은 모양이다. 구멍은 원형이고 밀도는 촘촘하다. 자루는 회백색의 바탕에 암갈색 또는 흑색의 세로로 늘어선 작고 거친 인편으로 덮여 있다. 길이는 6~12cm 정도로 위쪽으로 가늘다. 포자의 무늬는 황록 갈색이다.

귀신그물버섯(솜귀신그물버섯) 그물버섯과 Strobilomyces strobilaceus

약용 식용

발생 여름~가을 **장소** 침엽수림, 활엽수림, 혼합림 내의 땅 위 **채취** 여름~가을 **인공 재배** 불가능

| **식용** | 볶음 | **약용** | 면역력 증강, 혈액 순환 | **사용 범위** | 치유되면 중단한다 | **배당체** | 알려진 것이 없다 | **약리 작용** | 혈전 용해 | **성미** | 맛이 담백하다 | **독성** | 없다 | **금기** | 생식을 금한다

 귀신그물버섯은 침엽수림·활엽수림·혼합림 내의 땅 위에 홀로 나거나 무리를 이루어 난다.
 갓은 크기가 5~10cm 정도이고, 어릴 때는 반원 모양으로 성장하면서 둥근 산 모양이 된다. 표면은 흑갈색 솔방울 모양 또는 사마귀 모양의 인편으로 덮여 있다. 인편 사이사이에는 백색 바탕이 드러나고 가장자리에는 내피막의 조각이 붙어 있다.
 살(조직)은 백색이다. 상처가 나면 적갈색을 거쳐 흑색으로 변한다. 자실층인 관공은 백색에서 암회색으로 거쳐 흑색이 된다. 자루에 바르게 붙어 홈이 패인 모양이 된다. 구멍은 크고 다각형으로 밀도는 엉성하고 상처가 나면 적갈색을 거쳐 흑색으로 변한다. 자루는 회갈색으로 솜털 같은 인편으로 덮여 있고, 길이는 6~15cm 정도로 위아래가 같거나 아래로 가늘어진다. 포자의 무늬는 흑갈색이다.

식용

털밤그물버섯 그물버섯과 Frostiella russellii

| **발생** 여름 | **장소** 활엽수림, 혼합림 내의 땅 위나 부엽토 위 | **채취** 7~8월 | **인공 재배** 불가능

| **식용** | 볶음 | **약용** | 면역력 증강 | **사용 범위** | 위장 장애를 일으킬 수 있다 | **배당체** | 베타글루칸 | **약리 작용** | 항암 | **성미** | 씹는 맛이 좋다 | **독성** | 약간 독성 | **금기** | 생식을 금한다

    털밤그물버섯은 활엽수림, 혼합림 내의 땅 위나 부엽토 위에 홀로 나거나 무리를 이루어 난다. 자루 부분의 살이 두껍고 씹는 맛이 좋다.

    갓은 크기가 4~10cm 정도이고, 어릴 때는 반원 모양으로 성장하면서 점차 평편한 모양이 된다. 표면은 건조하고 양탄자 같은 질감이다. 황갈색이지만 점차 탈색되어 거의 백색으로 보인다. 오래되면 갈라지거나 비늘 모양의 인편이 생긴다.

    살(조직)은 황색이다. 상처가 나도 변하지 않는다. 자실층인 관공은 황색에서 황록색으로 변한다. 자루에 떨어져 붙은 모양이 된다. 구멍은 다각형이고 밀도는 약간 촘촘하다. 자루는 적갈색으로 거칠다. 길이는 6~15cm 정도로 아래쪽으로 굵어지며 속은 차 있다. 포자의 무늬는 암녹 갈색이다.

기와버섯(청버섯) 무당버섯과 Russula virescens

식용

발생 여름 **장소** 활엽수림, 혼합림 내의 땅 위 **채취** 여름 **인공 재배** 불가능

| **식용** | 볶음 · 데침 · 요리(탕, 전골) | **약용** | 면역력 증강 | **사용 범위** | 치유되면 중단한다
| **배당체** | 알려진 것이 없다 | **약리 작용** | 항암 | **성미** | 맛이 담백하다 | **독성** | 없다 | **금기** |
생식을 금한다

　기와버섯은 활엽수림, 혼합림 내의 땅 위에 홀로 나거나 무리를 이루어 난다.
　갓은 지름이 6~12cm 정도이고, 어릴 때는 반원 모양으로 성장하면서 평편해지고 다시 반전하여 깔때기의 모양이 된다. 표면은 어릴 때는 황록색으로 매끈하다. 녹색이 증가할 때 균열이 생기면서 기와를 닮은 불규칙한 다각형으로 갈라져 얼룩 모양을 나타낸다.
　살(조직)은 단단하고 백색이다. 주름살은 백색으로 자루에서 떨어져 붙고 간격은 촘촘하다. 자루의 표면은 백색이고 속은 차 있고 길이는 5~10cm 정도다. 포자의 무늬는 연한 백황색이다.

푸른주름무당버섯 무당버섯과 Russula delica

| **발생** 여름~가을 **장소** 활엽수림, 혼합림 내의 땅 위 **채취** 여름~가을 **인공 재배** 불가능

| **식용** | 볶음, 데침 | **약용** | 면역력 증강 | **사용 범위** | 치유되면 중단한다 | **배당체** | 알려진 것이 없다 | **약리 작용** | 항산화 | **성미** | 알려진 것이 없다 | **독성** | 없다 | **금기** | 생식을 금한다

    푸른주름무당버섯은 활엽수림, 혼합림 내의 땅 위에 홀로 나거나 무리를 이루어 난다.

    갓은 지름이 5~15cm 정도이고, 어릴 때는 원 모양으로 성장하면서 반원 모양을 거쳐 가운데가 오목한 둥근 모양을 이루다가 오래되면 깔때기의 모양이 된다. 표면은 어릴 때는 백색에서 탁한 크림색에서 연한 황토색으로 변한다. 가장자리는 안으로 말려 있다. 털도 없고 투박하며 흙이 묻어 있을 때가 많다.

    살(조직)은 단단하고 백색이다. 자루에 바르게 붙은 주름살이 살짝 내려붙고 간격은 촘촘하다. 주름살의 폭은 좁고 자루와 주름살이 접하는 부분은 청록색이다. 자루의 길이는 2~5cm 정도이고 아래로 가늘어지는 원통 모양의 백색이다. 상처가 나는 부분은 황토색으로 변한다. 포자의 무늬는 백색이다.

청머루무당버섯 무당버섯과 Russula cyanoxantha

약용 식용

발생 여름~가을 **장소** 활엽수림(참나무, 자작나무)의 땅 위 **채취** 여름~가을 **인공 재배** 불가능

| **식용** | 볶음 · 데침 · 요리(탕, 전골) | **약용** | 면역력 증강 | **사용 범위** | 치유되면 중단한다
| **배당체** | 알려진 것이 없다 | **약리 작용** | 항균 | **성미** | 맛이 담백하다 | **독성** | 없다 | **금기** |
생식을 금한다

    청머루무당버섯은 활엽수림(참나무, 자작나무)의 땅 위에 몇 개씩 나거나 무리를 이루어 난다.

    갓은 지름이 6~15cm 정도이고, 어릴 때는 반원 모양으로 성장하면서 가운데가 오목한 평편한 모양이 된다. 표면은 자주색이고 성숙하면서 올리브색 또는 연두색이 많다.

    청머루무당버섯을 시약인 황산제일철($FeSO_4$)액을 살(조직)에 묻혔을 때 색의 변화가 없지만, 비슷한 '청무당버섯'은 갈색으로 변한다. 주름살은 백색으로 자루에서 내려 붙고, 간격은 촘촘하다. 자루의 길이는 3~6cm 정도이고 매끈한 원통 모양의 백색이다. 포자의 무늬는 백색이다.

제3장 식용 버섯 189

젖버섯(굴털이) 무당버섯과 Lactarius piperatus

발생 여름~가을 **장소** 활엽수림, 혼합림 숲속의 땅 위 **채취** 여름~가을 **유사종** 털젖버섯아재비 **인공 재배** 불가능

| **식용** | 볶음 | **약용** | 항종양 · 면역력 증강 · 관절염 | **사용 범위** | 위장 장애를 일으킬 수 있다 | **배당체** | 베타글루칸 | **약리 작용** | 항암 · 항산화 · 항균 · 한방에서 관절약의 원료 | **성미** | 맛이 맵다 | **독성** | 일반 독성 | **금기** | 생식을 금한다

젖버섯은 활엽수림, 혼합림 숲속의 땅 위에 무리를 이루어 난다.

갓은 지름이 4~16cm 정도이고, 오목한 낮은 산 모양으로 성장하면서 깔때기의 모양이 된다. 표면은 매끄럽고 주름이 있다. 백색에서 연한 황색으로 되고 황색의 얼룩이 생긴다.

살(조직)은 단단하고 백색이다. 주름살은 자루에서 내려붙고, 폭이 좁고 간격은 매우 촘촘하다. 자루의 길이는 3~9cm 정도이고, 색은 갓과 같고 단단한 백색이다. 젖(유액)이 백색으로 분비된다.

젖버섯아재비 (굴털아재비) 무당버섯과 Lactarius subpiperatus

| 발생 여름~가을 | 장소 여름~가을 | 채취 활엽수림, 침엽수림 내의 땅 위 | 인공 재배 불가능

| 식용 | 식용할 수 없다 | 약용 | 불분명하다 | 사용 범위 | 독버섯으로 위장 장애를 일으킨다
| 배당체 | 알려진 것이 없다 | 약리 작용 | 불분명하다 | 성미 | 매우 맵다 | 독성 | 맹독성 | 금기 | 생식을 금한다

젖버섯아재비는 활엽수림, 침엽수림 내의 땅 위에 홀로 나거나 무리를 이루어 난다.

갓은 지름이 6~10cm 정도이고, 둥근 모양으로 성장하면서 깔때기의 모양이 된다. 가장자리는 물결 모양이며 안으로 말린다. 표면은 분말이 있고 약간의 골곡이 있다. 백색에 황색기가 있다. 젖(유액)이 백색으로 분비된다.

살(조직)은 얇고 단단하고 백색이다. 주름살은 자루에서 내려붙고, 간격은 엉성하다. 자루의 길이는 3~6cm 정도이고, 아래쪽으로 가늘고 속은 차 있다. 백색에 차츰 황색기가 더해진다. 포자의 무늬는 백색이다.

식용

회색나팔꾀꼬리버섯 꾀꼬리버섯과 Cantharellus cinereus

발생 여름~가을 **장소** 산책로가 있는 낮은 산·수목원·큰 공원·숲속 땅 위 **채취** 여름~가을 **인공 재배** 불가능

| **식용** | 볶음, 데침 | **약용** | 면역력 증강 | **사용 범위** | 치유되면 중단한다 | **배당체** | 알려진 것이 없다 | **약리 작용** | 항암 | **성미** | 맛이 담백하다 | **독성** | 없다 | **금기** | 생식을 금한다

    회색나팔꾀꼬리버섯은 산책로가 있는 낮은 산·수목원·큰 공원·숲속 땅 위에 무리를 이루어 난다.

    갓은 지름이 2~4cm 정도이고, 깔때기의 모양이고 때때로 가운데가 자루의 기부까지 뚫려 있다. 표면은 어릴 때는 흑갈색이다. 건조하고 오래되면 회갈색이 되고 미세한 인편으로 덮여 있다.

    살(조직)은 탄력이 있고 회색이다. 주름살은 그물 무늬를 나타낸다. 자루는 갓과 같은 색이며 길이는 3~4cm 정도로 기부 쪽으로 가늘다. 포자의 무늬는 백색이다.

뿔나팔버섯 꾀꼬리버섯과 Cantharellus comucopoides

발생 여름~가을 **장소** 활엽수림, 혼합림 내의 땅 위 **채취** 여름~가을 **인공 재배** 불가능

| **식용** | 볶음, 데침, 요리(탕, 전골) | **약용** | 면역력 증강 | **사용 범위** | 치유되면 중단한다 | **배당체** | 알려진 것이 없다 | **약리 작용** | 불분명하다 | **성미** | 맛이 담백하다 | **독성** | 없다 | **금기** | 생식을 금한다

뿔나팔버섯은 활엽수림, 혼합림 내의 땅 위에 무리를 이루어 난다.

갓은 지름이 1~5cm, 높이 5~10cm 정도이고, 깔때기의 모양이고 가운데는 자루의 기부까지 비어 있다. 표면은 어릴 때는 흑갈색이고 성장하면서 점차 회갈색으로 변한다. 가는 인편으로 덮여 있고 가장자리는 아래로 말려 있다가 오래되면 얇게 갈라져 물결 모양이 된다.

살(조직)은 가죽질로 갓보다 약간 옅은 색이다. 자실층은 희미하게 세로로 늘어선 주름 모양의 고랑이 있다. 표면은 갓과 같은 색이고 기부 쪽으로 가늘다. 포자의 무늬는 백색 또는 연한 황색이다.

나팔버섯(붉은나팔버섯) 나팔버섯과 Gomphus floccosus

| **발생** 여름~가을 **장소** 침엽수림 내의 땅 위 **채취** 여름~가을 **인공 재배** 불가능

| **식용** | 볶음, 데침 | **약용** | 항종양, 면역력 증강 | **사용 범위** | 체질에 따라 소화기 계통(위장 장애)에 중독을 일으킨다 | **배당체** | 베타글루칸 | **약리 작용** | 항진균 | **성미** | 알려진 것이 없다 | **독성** | 약간 독성 | **금기** | 생식을 금한다

    나팔버섯은 침엽수림 내의 땅 위에 홀로 나거나 무리를 이루어 난다.
    갓은 지름이 4~12cm, 높이는 10~20cm 정도이고, 어릴 때는 갓이 벌어지지 않은 원통의 모양으로 성장하면서 갓이 벌어져 나팔 모양이 되며 중심부 기부까지 깊숙이 패어 있다. 표면은 오렌지색ㆍ오렌지 적색ㆍ황갈색의 바탕에 사마귀 모양의 인편이 붙어 있다.
    살(조직)은 탁한 백색이다. 자실층의 바깥 면은 백황색에서 황토색으로 변한다. 얇고 쭈글쭈글하게 세로로 길게 주름진 모양이다. 자루는 원통 모양으로 경계가 없다. 표면은 주황색에서 황색으로 변하고 속은 비어 있다. 포자의 무늬는 백색 또는 연한 황갈색이다.

녹변나팔버섯(황토나팔버섯) 나팔버섯과 Gomphus fujisanensis

| **발생** 여름~가을　**장소** 침엽수림, 혼합림 내의 땅 위　**채취** 여름~가을　**인공 재배** 불가능

| **식용** | 볶음, 데침　| **약용** | 면역력 증강 · 혈액 순환 · 동맥경화　| **사용 범위** | 체질에 따라 구토, 설사 등의 위장 장애 중독을 일으킨다　| **배당체** | 알려진 것이 없다　| **약리 작용** | 혈전 용해　| **성미** | 알려진 것이 없다　| **독성** | 일반 독성　| **금기** | 생식을 금한다

　녹변나팔버섯은 침엽수림, 혼합림 내의 땅 위에 무리를 이루어 난다.
　갓은 지름이 3~8cm, 높이는 5~10cm 정도이고, 어릴 때는 갓이 벌어지 않은 원통 모양이다가 성장하면서 갓이 벌어져 나팔 모양이 되며 중심부의 기부까지 깊숙이 패여 있다. 표면은 황토 갈색이고 인편으로 덮여 있다.
　살(조직)은 연한 백황색이다. 자실층의 바깥 면은 백황색에서 황토색으로 변한다. 쭈글쭈글하게 세로로 길게 주름진 모양이다. 자루는 원통 모양으로 아래쪽으로 가늘어 지고 분명한 경계가 없다. 표면은 연한 황갈색이고 속은 비어 있다. 포자의 무늬는 연한 황갈색이다.

자주국수버섯 주름버섯과 Clavaria purpurea

발생 여름~가을　**장소** 침엽수림, 혼합림 내의 땅 위　**채취** 여름~가을　**인공 재배** 불가능

| **식용** | 볶음 · 데침 · 요리(탕, 전골)　| **약용** | 면역력 증강　| **사용 범위** | 치유되면 중단한다
| **배당체** | 알려진 것이 없다　| **약리 작용** | 불분명하다　| **성미** | 알려진 것이 없다　| **독성** | 없다
| **금기** | 생식을 금한다

　자주국수버섯은 침엽수림, 혼합림 내의 땅 위에 무리를 이루어 난다.
　자실체의 높이는 3~13cm 정도이고, 간혹 세로로 달리는 얇은 골이 있지만 위아래로 가늘고 편평한 막대기 모양이다. 보통 10여 개씩 다발로 난다. 표면은 얇은 회색을 띤 자주색으로, 무리를 이루며 난다. 오래되면 옅은 갈색을 띤 자주색에서 옅은 자주색을 띤 황색으로 퇴색한다. 기부에는 백색의 긴 털이 있다.
　살(조직)은 부서지기 쉬운 육질이고 옅은 자주색이다.

턱수염버섯 꾀꼬리버섯과 Hydnum repandum

약용 식용

| 발생 | 여름~가을 | 장소 | 침엽수림, 활엽수림 내의 땅 위 | 채취 | 여름~가을 | 인공 재배 | 불가능

| 식용 | 볶음, 데침 | 약용 | 항종양, 면역력 증강 | 사용 범위 | 독 성분이 일부 검출되었다는 보고가 있어 먹을 때는 익혀 먹는다 | 배당체 | 알려진 것이 없다 | 약리 작용 | 항돌연변이 | 성미 | 맛이 담백하다 | 독성 | 일반 독성 | 금기 | 생식을 금한다

    턱수염버섯은 침엽수림, 활엽수림 내의 땅 위에 무리를 이루어 난다.
    갓은 지름이 2~8cm 정도이고, 어릴 때는 낮은 반원 모양으로 성장하면서 가운데가 오목한 평편한 모양이 된다. 표면이 평탄하지 않고 가장자리는 물결 모양이다. 표면은 어릴 때는 매끄럽고 황갈색으로 성장하면서 점차 색이 옅어지고 가는 털로 덮여 있다.
    살(조직)은 두껍지만 투박하고 잘 끊어지는 백색이다. 자실층 갓 아랫면은 많은 침 모양의 부서지기 쉬운 돌기로 되어 있다. 자루는 백색이거나 갓과 같고 길이는 3~6cm 정도로 매끄럽고 속은 차 있다. 포자의 무늬는 연한 백색이다.

까치버섯 사마귀버섯과 Polyozellus multiplex

발생 가을 **장소** 혼합림 내의 땅 위 **채취** 가을 **인공 재배** 불가능

| **식용** | 볶음·데침·조림·요리(탕·전골·찌개) | **약용** | 항종양·면역력 증강·암 예방 | **사용 범위** | 치유되면 중단한다 | **배당체** | 알려진 것이 없다 | **약리 작용** | 항암·항산화·항치매 | **성미** | 맛이 담백하고 해조류 냄새가 난다 | **독성** | 없다 | **금기** | 생식을 금한다

까치버섯은 혼합림 내의 땅 위에 홀로 나거나 무리를 이루어 난다. 맛이 좋은 식용버섯으로 능이의 냄새와 독특한 해조류의 냄새가 난다.

크기는 높이가 7~20cm, 너비는 7~30cm 정도이고, 기부에서부터 뿌리 모양으로 생긴 자루가 분지하며 각각의 가지 끝에 주걱 모양 또는 부채 모양의 갓을 형성하고 서로 중첩되어 꽃양배추 모양의 다발로 난다. 표면은 매끄럽고 흑청색이다.

살(조직)은 약간 질긴 육질의 회청색이다. 자실층인 아랫면은 회백색에서 회청색으로 변한다. 흰 가루를 칠한 것처럼 보이고 가늘고 얇게 세로로 된 쭈글쭈글한 주름이 있다. 갓과 자루의 경계가 분명하지 않다. 포자의 무늬는 연한 백색이다.

말징버섯 주름버섯과 Calvatia craniiformis

| 발생 | 여름~가을 | 장소 | 숲 속의 썩은 낙엽이 많은 땅 위 | 채취 | 인공 재배 불가능

| **식용** | 속이 흰 어린 버섯(볶음, 조리) | **약용** | 항종양 · 면역력 증강 · 기침 · 인후통 · 외상 출혈
| **사용 범위** | 치유되면 중단한다 | **배당체** | 알려진 것이 없다 | **약리 작용** | 항균 · 항진균 · 진통 | **성미** | 향과 맛이 없다 | **독성** | 없다 | **금기** | 생식을 금한다

 말징버섯은 숲속의 썩은 낙엽이 많은 땅 위에 홀로 나거나 흩어져 나고, 소수의 다발로 발생하기도 한다. 자실체는 머리 부분과 자루로 구분된다.
 갓의 지름과 높이는 5~10cm 정도이고, 머리 부분은 공 모양 또는 일그러진 공 모양이다. 외피는 황갈색으로 미세한 가루로 덮여 있지만 점차 주름이 생기면서 쭈글쭈글해진다. 내피막은 얇고 유연하다. 액즙에 의해 분해되어 분말상의 포자를 만들어 외피가 불규칙하게 터질 때 포자를 방출한다. 오래되고 마르면 거꾸로 된 원추형의 짙은 회갈색의 낡은 솜 모양으로 된다. 내부는 갯솜의 모양이고 질기다.

침버섯 (긴수염버섯) 턱수염버섯과 Mycoleptodonoides aitchisonii

발생 여름~가을 **장소** 활엽수의 고사목 **채취** 여름~가을 **인공 재배** 불가능

| **식용** | 볶음, 데침 | **약용** | 면역력 증강 | **사용 범위** | 치유되면 중단한다 | **배당체** | 알려진 것이 없다 | **약리 작용** | 불분명하다 | **성미** | 알려진 것이 없다 | **독성** | 없다 | **금기** | 생식을 금한다

침버섯은 여름에서 가을까지 활엽수의 고사목에 군생한다.
갓은 지름이 3~7cm 정도이고, 부채형의 모양으로 측면이 기질에 직접 부착되어 있고 다수의 중첩으로 발생한다. 갓의 아랫면에는 침상돌기가 있다. 표면은 백색 또는 황백색이고 점성은 없다. 대는 없다.

좀말불버섯 주름버섯과 Lycoperdon pyriforme

발생 여름~가을   **장소** 숲 속의 썩은 나무 위   **채취   인공 재배** 불가능

| **식용** | 속이 백색인 어릴 때 식용한다(볶음, 데침) | **약용** | 면역력 증강, 외상 출혈 | **사용 범위** | 치유되면 중단한다 | **배당체** | 알려진 것이 없다 | **약리 작용** | 지혈 | **성미** | 알려진 것이 없다 | **독성** | 없다 | **금기** | 생식을 금한다

　좀말불버섯은 어릴 때는 전면이 작은 돌기로 덮여 있으나 곧 가루의 형태를 이루다 탈락하여 매끈한 상태로 숲속의 썩은 나무 위에 많은 수로 무리를 이루어 난다.
　자실체의 높이는 2~4cm, 너비는 1~3cm 정도이고, 전체가 거꾸로 된 달걀 모양으로 머리 부분은 공 모양이다. 자루의 부분은 원뿔 형태이다. 표면은 백색 뒤에 회갈색이 되고 그물 무늬가 있다. 성숙하면 꼭대기 부분이 찢어진 부분으로 포자를 방출한다. 내부의 기본체는 백색이지만 후에 황록색 또는 녹갈색이 된다. 기부에는 백색의 뿌리 모양의 균사속이 있다.

가시말불버섯 주름버섯과 Lycoperdon echinatum

발생 여름~가을 **장소** 숲 속의 부엽토 위 **채취** 여름~가을 **인공 재배** 불가능

| 식용 | 어릴 때 식용한다(볶음, 데침) | 약용 | 면역력 증강, 외상 출혈 | 사용 범위 | 치유되면 중단한다 | 배당체 | 알려진 것이 없다 | 약리 작용 | 지혈 | 성미 | 알려진 것이 없다 | 독성 | 없다 | 금기 | 생식을 금한다

 가시말불버섯은 전면이 황갈색의 긴 털로 덮여 숲속의 부엽토 위에 발생한다.
 자실체는 지름이 2~5cm 정도이고 동그란 공 모양 또는 찌그러진 동그란 공 모양이다. 포자가 생기지 않는 기부는 잘록하여 원뿔 모양이며, 기부에는 백색의 균사속이 있다. 각피의 표면은 황갈색 또는 갈색이고 3~5mm 정도의 가시로 덮여 있다. 가시는 3~4개가 집합하고 성숙하면서 탈락하면 그 자리에 그물 무늬의 흔적을 남긴다. 내피는 적갈색으로 종이 같은 질감이고 꼭대기에 구멍이 생기면 포자를 방출한다. 내피 안쪽의 기본체는 어릴 때는 백색으로 성장하면서 오렌지 갈색으로 거쳐 자갈색의 가루 모양의 포자덩이로 된다.

빨간난버섯 난버섯과 Pluteus aurantiorugosus

발생 봄~가을 **장소** 활엽수의 썩은 나무 위 **채취** 봄~가을 **인공 재배** 불가능

| **식용** | 볶음 | **약용** | 면역력 증강 | **사용 범위** | 치유되면 중단한다 | **배당체** | 알려진 것이 없다 | **약리 작용** | 불분명하다 | **성미** | 특별한 맛과 냄새가 없다 | **독성** | 없다 | **금기** | 생식을 금한다

  빨간난버섯은 활엽수의 썩은 나무 위에 홀로 나가나 소수로 모여서 난다. 식용 버섯으로 크기가 작고 양도 적어 식용으로 가치가 적다.
  갓의 크기는 2~4cm 정도이고, 어릴 때는 종 모양으로 성장하면서 반원 모양을 거쳐 편평하게 된다. 표면은 어릴 때는 오렌지색이 많이 섞인 붉은색이지만 성숙하면서 백색으로 변한다. 자루에서 떨어진 주름살은 백색에서 분홍색으로 변하고 간격은 촘촘하다. 자루의 표면은 섬유 모양이고 길이는 3~4cm 정도로 오렌지 황색이고 기부는 붉은색이다.

실비듬주름버섯 주름버섯과 Agaricus augustus

| **발생** 여름~가을 | **장소** 숲·공원·퇴비 근처·풀밭·과수원 등의 부엽토 위 | **채취** | **인공 재배** 불가능 |

| **식용** | 볶음·데침·요리(탕, 전골) | **약용** | 면역력 증강 | **사용 범위** | 치유되면 중단한다
| **배당체** | 알려진 것이 없다 | **약리 작용** | 약으로 이용된다 | **성미** | 맛이 담백하고 고소한 향이 있다 | **독성** | 없다 | **금기** | 생식을 금한다

    실비듬주름버섯은 숲·공원·퇴비 근처·풀밭·과수원 등의 부엽토 위에 홀로 나거나 무리를 이루어 난다. 갓의 지름은 10~20cm 정도이고, 어릴 때는 반원 모양으로 성장하면서 편평하게 되고 가운데가 돌출한다. 표면은 어릴 때는 연한 황갈색의 바탕에 진한 자갈색의 큰 비늘로 덮여 있다. 성숙하면 비늘이 작아 보이고 표면 색도 포자가 날려 갈색기가 많아 보인다. 둘레에는 턱받이의 잔여물이 붙어 있고 가장자리는 아래로 말려 있다.
    살(조직)은 백색이다. 자르면 황색으로 변한다. 주름살은 어릴 때는 백색에서 분홍색으로 거쳐 진한 자갈색이 된다. 자루에서 떨어져 붙은 주름살의 간격은 촘촘하다. 자루의 길이는 7~3cm 정도로 아래쪽이 약간 굵다. 표면의 위쪽은 매끈하고 아래쪽은 처음에 솜털 모양이고 나중에는 연한 갈색을 띠고 인편으로 덮인다.

안장버섯 안장버섯과 Helvella lacunosa

발생 여름~가을 **장소** 활엽수림, 침엽수림, 길가, 풀밭, 공원 등의 땅 위 **채취** 여름~가을 **인공 재배** 불가능

| 식용 | 볶음 | 약용 | 면역력 증강 | 사용 범위 | 치유되면 중단한다 | 배당체 | 알려진 것이 없다 | 약리 작용 | 항암 | 성미 | 알려진 것이 없다 | 독성 | 없다 | 금기 | 생식을 금한다

  안장버섯은 활엽수림 · 침엽수림 · 길가 · 풀밭 · 공원 등의 땅 위에 홀로 나거나 무리를 이루어 난다. 크게 머리 부분과 자루 부분으로 구분된다.

  머리(자낭반)는 2~5cm 정도로 안장 모양 또는 불규칙하게 뒤틀린 안장의 모양이다. 자실층은 안(위)쪽의 표면은 매끄럽고 울퉁불퉁하고 회흑색에서 흑갈색을 거쳐 하얗게 탈색된 색으로 변한다. 자루의 길이는 3~6cm 정도로 회갈색이고 세로로 깊게 홈이 패어 있고 가장자리는 심한 굴곡이다.

식용

양털방패버섯 <small>방패버섯과</small> Albatrellus ovinus

| **발생** 가을 | **장소** 침엽수림(소나무), 혼합림 내의 땅 위 | **채취** 가을 | **인공 재배** 불가능 |

| **식용** | 볶음, 요리(탕, 전골) | **약용** | 면역력 증강 | **사용 범위** | 치유되면 중단한다 | **배당체** | 알려진 것이 없다 | **약리 작용** | 알려진 것이 없다 | **성미** | 맛이 쓰다 | **독성** | 없다 | **금기** | 생식을 금한다

양털방패버섯은 침엽수림(소나무), 혼합림 내의 땅 위에 다발 형태로 홀로 나거나 무리를 이루어 난다.

자실체의 크기는 5~13cm 정도이고, 어릴 때는 주걱 모양으로 성장하면서 부채 모양이 된다. 표면은 백색에서 오래되면 다갈색의 얼룩과 노란색의 속살이 보인다. 삶거나 데치면 노란색으로 변한다.

살(조직)은 유연한 육질이고 어릴 때는 백색으로 성숙하면서 황색으로 된다. 아랫면은 백색의 관공 모양이고, 구멍은 작고, 원형 또는 일그러진 원형으로 자루까지 길게 내려붙는다. 자루의 길이는 2~5cm 정도로 매끈하고 자루와 갓의 경계가 불분명하다.

연기싸리버섯(보라싸리버섯) 나팔버섯과 Ramaria fumigata

발생 늦여름~가을 **장소** 활엽수림, 혼합림 내의 땅 위 **채취** 8월 중순 이후 **인공 재배** 불가능

| **식용** | 볶음, 요리(탕, 전골) | **약용** | 면역력 증강 | **사용 범위** | 삶은 후 2~3일 물에 우려 내 요리한다 | **배당체** | 알려진 것이 없다 | **약리 작용** | 알려진 것이 없다 | **성미** | 맛이 온화하고 탄력이 있다 | **독성** | 약간 독성 | **금기** | 생식을 금한다

연기싸리버섯은 활엽수림, 혼합림 내의 땅 위에 무리를 이루어 난다. 균환을 만들기도 한다.

자실체는 높이가 7~15cm, 너비는 5~15cm 정도이고, 기부에서 나온 2~4개의 굵은 가지가 갈라져 전체가 산호 모양이 된다. 그 끝은 2~3개의 돌기로 갈라진다. 표면은 어릴 때는 연한 자주색에서 회자색이고 성숙하면서 포자의 영향을 받아 황색을 띤다.

살(조직)은 맛이 온화하고 탄력이 있고 백색이다. 기부는 굵고 백색이다. 포자의 무늬는 연한 황갈색이다.

식용

우산광대버섯 (우산버섯) 광대버섯과 Amanita vaginata

발생 여름~가을 **장소** 침엽수림, 활엽수림 내의 땅 위 **채취** 여름~가을 **인공 재배** 불가능

| **식용** | 볶음, 데침 | **약용** | 면역력 증강 | **사용 범위** | 위장 장애를 일으킬 수 있다 | **배당체** | 알려진 것이 없다 | **약리 작용** | 불분명하다 | **성미** | 알려진 것이 없다 | **독성** | 약간 독성 | **금기** | 생식을 하면 심한 용혈을 일으키기 때문에 금한다

    우산광대버섯은 침엽수림, 활엽수림 내의 땅 위에 홀로 나거나 흩어져 난다.
    갓은 지름이 5~10cm 정도이고, 어릴 때는 종 모양으로 성장하면서 둥근 산 모양을 거쳐 평편하게 된다. 표면은 매끈하고 회갈색에서 때때로 백색의 외피막 파편이 붙어 있다. 가장자리는 방사상의 패인 선이 있다.
    살(조직)은 백색이다. 자루에서 떨어져 붙은 주름살의 간격은 촘촘하다. 자루의 표면은 매끈하고 백색 또는 연한 회색이고 위쪽으로 가늘어지고 회색의 인편이 있다. 기부는 약간 부풀고, 외피막은 백색의 막질로 긴 주머니 모양이다. 포자의 무늬는 백색이다.

은빛쓴맛그물버섯 그물버섯과 Tylopilus eximius

식용

발생 여름~가을 **장소** 활엽수림 내의 땅 위 **채취** 여름~가을 **인공 재배** 불가능

| **식용** | 볶음 | **약용** | 면역력 증강 | **사용 범위** | 치유되면 중단한다 | **배당체** | 알려진 것이 없다 | **약리 작용** | 불분명하다 | **성미** | 알려진 것이 없다 | **독성** | 약간 독성 | **금기** | 생식을 금한다

   은빛쓴맛그물버섯은 균근성 버섯으로 활엽수림 내의 땅 위에 홀로 나거나 무리를 이루어 난다.
   갓은 지름이 5~12cm 정도이고, 어릴 때는 원 모양 또는 반원 모양으로 성장하면서 둥근 산 모양을 거쳐 평편하게 된다. 표면은 어릴 때는 백색의 미세한 가루로 덮여 있다가 매끄러워지고 보라색기를 띤 자갈색에서 암자갈색으로 되고 건조하다.
   살(조직)은 회백색이다. 관공은 연한 자갈색에서 암갈색으로 되고, 자루에 떨어져 붙는다. 구멍은 작고 밀도의 간격은 촘촘하다. 자루의 표면은 연한 회자색이고 바탕 위에 적갈색의 인편으로 덮여 있다. 길이는 4~9cm 정도로 위아래의 굵기가 같거나 아래쪽이 가늘어진다. 포자의 무늬는 연한 자갈색이다.

식용

피젖버섯 무당버섯과 Lactarius akahatsu

| 발생 여름~가을 | 장소 침엽수림(소나무, 스트로브잣나무) 내의 땅 위 | 채취 여름~가을 | 인공 재배 불가능 |

| 식용 | 볶음, 데침 | 약용 | 면역력 증강 | 사용 범위 | 치유되면 중단한다 | 배당체 | 알려진 것이 없다 | 약리 작용 | 불분명하다 | 성미 | 알려진 것이 없다 | 독성 | 없다 | 금기 | 생식을 금한다

피젖버섯은 침엽수림(소나무, 스트로브잣나무) 내의 땅 위에 홀로 나거나 무리를 이루어 난다.

갓은 지름이 5~10cm 정도이고, 어릴 때는 둥근 산 모양으로 성장하면서 평편한 모양을 거쳐 깔때기의 모양이 된다. 표면은 매끄럽고 조금 끈적거리고 등황색 또는 황적색이며 희미한 고리 무늬가 있다. 상처가 나면 청록색으로 변한다.

살(조직)은 백색이다. 젖(유액)이 적게 분비된다. 자루에서 내려붙은 주름살은 갓보다 조금 진하다. 주름살의 간격은 촘촘하다. 자루는 매끄럽고 속은 처음에 차 있다가 비게 된다. 길이는 3~5cm 정도로 연한 등적색이다.

식용

갈색주발버섯(고려주발버섯) 주발버섯과 Peziza phyllogena

발생 봄~여름 장소 숲 속의 부엽토 위 채취 봄~여름 인공 재배 불가능

| 식용 | 볶음 | 약용 | 면역력 증강 | 사용 범위 | 치유되면 중단한다 | 배당체 | 알려진 것이 없다 | 약리 작용 | 불분명하다 | 성미 | 알려진 것이 없다 | 독성 | 없다 | 금기 | 생식을 금한다

    갈색주발버섯은 숲속의 부엽토 위에 홀로 나거나 무리를 이루어 난다.
    갓의 지름은 3~10cm 정도이고, 어릴 때는 깊은 컵 모양에서 주발 모양이다가 성장하면서 평편해지거나 불규칙한 모양으로 일그러진다. 자실층인 안(위)쪽의 표면은 매끄럽고 갈색 또는 적갈색에서 자갈색으로 변해간다. 바깥 면은 비듬 같은 인편으로 덮여 있다.
    살(조직)은 만지기만 해도 부서진다.

식용

고동색광대버섯 (고동색우산버섯) 광대버섯과 Amanita fulva

발생 여름~가을 **장소** 각종 숲 속 땅 위 **채취** 여름~가을 **인공 재배** 불가능

| **식용** | 볶음, 데침 | **약용** | 면역력 증강 | **사용 범위** | 치유되면 중단한다 | **배당체** | 알려진 것이 없다 | **약리 작용** | 불분명하다 | **성미** | 알려진 것이 없다 | **독성** | 약간 독성 | **금기** | 생식을 금한다

    고동색광대버섯은 각종 숲속 땅 위에 홀로 나거나 몇 개씩 흩어져 난다.
    갓은 지름이 4~10cm 정도이고, 어릴 때는 달걀 모양으로 성장하면서 둥근 산 모양을 거쳐 평편하게 되지만 가운데가 볼록하다. 전체적으로 고동색을 띤다. 표면은 습하며 끈적거리고 어둡다. 연한 갈색이고 외피막의 작은 조각이 붙어 있고, 가장자리는 방사상의 패인 선이 있다.
    살(조직)은 얇고 백색이다. 자루에서 떨어져 주름살이 붙고, 주름살의 간격은 촘촘하다. 자루는 원통 모양이고, 표면은 갓과 같은 색이고 비늘 조각이 있고 자루 속은 비어 있다. 길이는 7~15cm 정도로 위쪽으로 가늘다. 포자의 무늬는 백색이다.

구릿빛무당버섯 (풀색무당버섯) 무당버섯과 Russula aeruginea

발생 여름~가을 **장소** 혼합림, 활엽수림, 침엽수림 내의 땅 위 **채취** 여름~가을 **인공 재배** 불가능

| **식용** | 볶음 | **약용** | 면역력 증강 | **사용 범위** | 치유되면 중단한다 | **배당체** | 알려진 것이 없다 | **약리 작용** | 불분명하다 | **성미** | 알려진 것이 없다 | **독성** | 없다 | **금기** | 생식을 금한다

구릿빛무당버섯은 혼합림·활엽수림·침엽수림 내의 땅 위에 홀로 나거나 흩어져 난다.

갓은 지름이 4~8cm 정도이고, 어릴 때는 반원 모양 또는 원뿔 모양으로 성장하면서 가운데가 오목한 평편한 모양이 된다. 가장자리는 쉽게 부서지는 방사상의 선이 있다. 표면이 습할 때는 약간 끈적거리고 환경에 따라 매끄럽기도 하고 갈라지기도 한다. 색은 회색기가 있는 올리브색·초록색·황록색·회녹색 등의 얼룩이 있다.

살(조직)은 잘 부서지는 백색이다. 자루에서 살짝 내려붙은 주름살은 백색에서 연한 황색이다. 주름살의 간격은 촘촘하다. 길이는 4~7cm 정도로 표면은 매끄럽고 백색에서 연한 백황색이다. 포자의 무늬는 오렌지 황색이다.

긴대밤그물버섯 그물버섯과 Boletellus elatus

| 발생 여름~가을 | 장소 활엽수림, 혼합림 내의 땅 위 | 채취 여름~가을 | 인공 재배 불가능

| 식용 | 볶음 | 약용 | 면역력 증강 | 사용 범위 | 치유되면 중단한다 | 배당체 | 알려진 것이 없다 | 약리 작용 | 불분명하다 | 성미 | 알려진 것이 없다 | 독성 | 없다 | 금기 | 생식을 금한다

    긴대밤그물버섯은 활엽수림, 혼합림 내의 땅 위에 홀로 나거나 무리를 이루어 난다. 갓은 지름이 3~9cm 정도이고, 어릴 때는 반원 모양으로 보통 완전히 평편해지지 않지만 때로는 평편하게 된다. 가장자리는 약간 치켜올라간다. 표면이 습할 때는 약간 점성이 있고 어릴 때는 약간 솜털 모양이다가 나중에는 매끄럽다. 색은 적갈색·밤껍질색·자갈색이다.

    살(조직)은 백색이다. 관공은 어릴 때 밝은 황색에서 점차 녹황색으로 되고 다각형이고 홈이 패여 붙은 모양이고 밀도의 간격은 촘촘하다. 상처가 나도 변색되지 않는다. 자루의 표면은 갓과 같은 색이거나 약간 진한 색으로 꼭대기에는 불분명한 그물눈이 있고 그 아래쪽에는 약간 융기로 된 줄 무늬선이 있다. 길이는 9~12cm 정도로 아래쪽으로 점차 굵어지고 구부러진다. 기부에는 백색의 균사가 있다. 포자의 무늬는 황록 갈색이다.

껄껄이그물버섯(등색껄이그물버섯, 참나무껠껄이그물버섯) 그물버섯과 *Leccinum aurantiacum*

발생 여름~가을　**장소** 활엽수 내의 땅 위　**채취** 여름~가을　**인공 재배** 불가능

| **식용** | 볶음 | **약용** | 면역력 증강 | **사용 범위** | 치유되면 중단한다 | **배당체** | 베타글루칸
| **약리 작용** | 항암 | **성미** | 알려진 것이 없다 | **독성** | 없다 | **금기** | 생식을 금한다

　껄껄이그물버섯은 활엽수 내의 땅 위에 홀로 나거나 무리를 이루어 난다.
　갓은 크기 5~15cm 정도이고, 어릴 때는 반원 모양으로 성장하면서 둥근 산 모양을 거쳐 편평하게 된다. 표면은 건조하고 미세한 털로 덮여 있다. 오렌지 갈색에서 적갈색 또는 황갈색으로 변하고 가장자리는 표면의 껍질이 관공면보다 길게 바깥쪽으로 나온다.
　살(조직)은 백색이다. 자르면 흑자색으로 변한다. 자실층인 관공은 자루 끝에 붙어 있다가 떨어진다. 구멍은 매우 작고 밀도는 몹시 촘촘하다. 상처가 나면 흑자색으로 변한다. 자루의 표면은 백색으로 녹슨 색·적갈색·흑색이 되며 거친 인편이 덮여 있다. 길이는 6~12cm 정도로 아래쪽으로 굵어진다.

가지무당버섯 무당버섯과 Russula amoena

발생 여름~가을 **장소** 활엽수 내의 땅 위 **채취** 여름~가을 **인공 재배** 불가능

| **식용** | 볶음, 요리(탕, 전골) | **약용** | 면역력 증강 | **사용 범위** | 치유되면 중단한다 | **배양체** | 알려진 것이 없다 | **약리 작용** | 불분명하다 | **성미** | 맛이 담백하고 해산물 냄새가 난다 | **독성** | 없다 | **금기** | 생식을 금한다

    가지무당버섯은 활엽수 내의 땅 위에 무리를 이루어 난다. 삶으면 옥색 또는 초록색으로 변한다.
    갓은 크기가 2.5~6cm 정도이고, 어릴 때는 반원 모양으로 성장하면서 가운데가 조금 오목하고 평편해진다. 표면이 습할 때는 끈적거리고 가장자리에 홈선이 있다. 색은 와인색, 보라색 등이 있다. 성숙하면 표피가 갈라지며 작은 인편이 된다.
    살(조직)은 백색이다. 자루에서 바르게 붙은 주름살의 간격은 약간 촘촘하다. 자루는 원통 모양이고, 길이는 2.5~5cm 정도로 위아래의 길이가 같다. 아래쪽은 진한 분홍색, 연한 분홍색, 보라색을 띤다. 가는 세로줄 무늬가 있고 속은 비어 있다. 포자의 무늬는 연한 백황색이다.

갈색주발버섯(고려주발버섯) 주발버섯과 Peziza phyllogena

식용

발생 봄~여름 장소 숲 속의 부엽토 위 채취 봄~여름 인공 재배 불가능

| 식용 | 볶음 | 약용 | 면역력 증강 | 사용 범위 | 치유되면 중단한다 | 배당체 | 알려진 것이 없다 | 약리 작용 | 불분명하다 | 성미 | 알려진 것이 없다 | 독성 | 없다 | 금기 | 생식을 금한다

 갈색주발버섯은 숲속의 부엽토 위에 홀로 나거나 무리를 이루어 난다.
 갓의 지름은 3~10cm 정도이고, 어릴 때는 깊은 컵 모양으로 주발 모양이다가 성장하면서 평편해지거나 불규칙한 모양으로 일그러진다. 자실층은 안(위)쪽의 표면이 매끄럽고 갈색 또는 적갈색에서 자갈색으로 변해 간다. 바깥 면은 비듬 같은 인편으로 덮여 있다.
 살(조직)은 만지기만 해도 부서진다.

식용

넓은갓젖버섯(흰주름젖버섯) 무당버섯과 Lactarius hygrophoroides

발생 여름~가을　**장소** 활엽수림, 침엽수림 등 여러 숲 속 땅 위　**채취 인공 재배 불가능**

| **식용** | 볶음 | **약용** | 면역력 증강 | **사용 범위** | 치유되면 중단한다 | **배당체** | 알려진 것이 없다 | **약리 작용** | 불분명하다 | **성미** | 매운 맛이 없기 담백하다 | **독성** | 없다 | **금기** | 생식을 금한다

넓은갓젖버섯은 활엽수림, 침엽수림 등 여러 숲속 땅 위에 흩어져 난다.

갓은 지름이 3~10cm 정도이고, 어릴 때는 납작한 반원 모양이다가 성장하면서 깔때기의 모양이 된다. 표면이 심하게 뒤틀리고 옅은 오렌지색에서 살갗색으로 옅어지고, 가루 모양 또는 벨벳 모양으로 주름이 있고 가장자리는 물결 모양이다.

살(조직)은 얇고 백색이다. 많은 양의 젖(유액)이 분비되지만 변색되지 않는다. 주름살은 어릴 때는 백색이다가 나중에 연한 황색이 된다. 자루에서 바르게 붙은 주름살의 간격은 엉성하다. 자루는 연한 색이고, 높이는 4~5cm 정도로 가늘게 세로로 주름이 있다. 포자의 무늬는 백색이다.

> 약용　식용

노란구름벚꽃버섯(흑갈색벚꽃버섯) 벚꽃버섯과 Hygrophorus camarophyllus

발생 가을　**장소** 활엽수림, 침엽수림, 혼합림 내의 땅 위　**채취** 가을　**인공 재배** 불가능

| **식용** | 볶음 | **약용** | 면역력 증강 | **사용 범위** | 치유되면 중단한다 | **배당체** | 알려진 것이 없다 | **약리 작용** | 불분명하다 | **성미** | 알려진 것이 없다 | **독성** | 없다 | **금기** | 생식을 금한다

　노란구름벚꽃버섯은 활엽수림·침엽수림·혼합림 내의 땅 위에 홀로 나거나 무리를 이루어 난다.

　갓은 지름이 4~10cm 정도이고, 어릴 때는 낮은 반원 모양으로 성장하면서 가운데가 높은 평편한 모양이 된 후 가운데가 오목한 깔때기의 모양이 된다. 표면이 습할 때는 끈기가 조금 있으나 곧 마른다. 회갈색에서 진한 회갈색으로 되고 미세한 섬유 무늬가 있다.

　살(조직)은 부서지기 쉽고 백색이다. 자루에 바르게 붙은 주름살의 간격은 엉성하다. 자루의 표면은 갓과 같은 색이거나 조금 옅은 색을 띤다. 길이는 5~12cm 정도로 아래쪽으로 가늘다. 속은 차 있다. 포자의 무늬는 백색이다.

밤꽃그물버섯 그물버섯과 Boletus pulverulentus

발생 여름~가을 **장소** 활엽수림, 침엽수림 내의 땅 위 **채취** 름~가을 **인공 재배** 불가능

| **식용** | 볶음 | **약용** | 면역력 증강 | **사용 범위** | 치유되면 중단한다 | **배당체** | 알려진 것이 없다 | **약리 작용** | 불분명하다 | **성미** | 알려진 것이 없다 | **독성** | 없다 | **금기** | 생식을 금한다

밤꽃그물버섯은 활엽수림, 침엽수림 내의 땅 위에 홀로 나거나 무리를 이루어 난다.

갓은 지름이 3~10cm 정도이고, 어릴 때는 반원 모양으로 성장하면서 둥근 산 모양을 거쳐 평편하게 된다. 표면이 윤기가 있고 습할 때는 끈기가 있다. 어릴 때 미세한 털로 덮여 있으나 오래되면 사라진다. 색은 황록 갈색 또는 흑갈색이다. 상처가 나면 곧 청색으로 변한다.

살(조직)은 황색이다. 자루에 바르게 붙은 모양이다가 약간 홈이 패여 붙은 모양으로 된다. 구멍은 원형이다가 성숙하면서 각이 생긴다. 구멍의 밀도는 약간 촘촘하다. 길이는 4~9cm 정도로 위아래가 같은 굵기이거나 아래쪽으로 가늘다. 포자의 무늬는 황록 갈색이다.

식용

애기젖버섯 무당버섯과 Lactarius gerardii

발생 여름~가을 **장소** 활엽수림·침엽수림·혼합림 등 여러 장소의 땅 위 **채취 인공 재배** 불가능

| **식용** | 볶음 | **약용** | 면역력 증강 | **사용 범위** | 치유되면 중단한다 | **배당체** | 알려진 것이 없다 | **약리 작용** | 불분명하다 | **성미** | 매운 맛이 없이 담백하다 | **독성** | 없다 | **금기** | 생식을 금한다

　애기젖버섯은 활엽수림·침엽수림·혼합림 등 여러 장소의 땅 위에 홀로 또는 흩어져 나거나 무리를 이루어 나고 다발로 날 때도 있다.
　갓은 지름이 5~7cm 정도이고, 어릴 때는 가운데가 돌출된 반원 모양으로 성장하면서 평편하게 펴지면서 가운데가 움푹 들어간 깔때기의 모양이 된다. 가장자리는 물결 모양이다. 표면은 황색기가 약간 있는 갈색·흑갈색·회갈색이고 건조한 벨벳 모양이다.
　살(조직)은 단단하고 분필처럼 톡톡 끊어지고 백색에서 크림색이 된다. 백색의 젖(유액)은 상처가 나면 분비물이 많게 되고 변색이 되지 않는다. 주름살은 백색에서 크림색이 되고 자루에서 내려붙고 간격은 엉성하다. 자루는 높이가 3~6cm 정도로 갓과 같은 색과 질감이며 기부 쪽으로 가늘어진다.

식용

으뜸껄껄이그물버섯 그물버섯과 Leccinum holopus

발생 여름~가을 **장소** 활엽수림(특히 자작나무) 내의 땅 위 **채취** 여름~가을 **인공 재배** 불가능

| **식용** | 볶음 | **약용** | 면역력 증강 | **사용 범위** | 치유되면 중단한다 | **배당체** | 알려진 것이 없다 | **약리 작용** | 불분명하다 | **성미** | 알려진 것이 없다 | **독성** | 없다 | **금기** | 생식을 금한다

    으뜸껄껄이그물버섯은 활엽수림(특히 자작나무) 내의 땅 위에 홀로 나거나 무리를 이루어 난다.

    갓은 크기가 2~6cm 정도이고, 어릴 때는 반원 모양으로 성장하면서 둥근 산 모양을 거쳐 평편하게 된다. 표면이 양탄자 같은 펠트 모양이고 습할 때는 약간 끈기가 있다. 만지면 황색으로 변한다. 어릴 때는 백색 또는 갈색기가 있는 백색을 띠다가 오래되면 녹황색이 된다.

    살(조직)은 백색이다. 상처가 나도 변색이 되지 않는다. 자실층인 관공은 백색에서 점차 갈색기가 더해지고 자루에 홈이 패여 붙은 모양이다. 구멍의 밀도는 촘촘하다. 길이는 5~11cm 정도로 아래쪽으로 굵어진다. 작은 인편으로 덮여 있다. 포자의 무늬는 암적갈색이다.

으뜸끈적버섯 (박달송이) 끈적버섯과 Cortinarius praestans

발생 여름~가을　**장소** 활엽수림 내의 땅 위　**채취** 여름~가을　**인공 재배** 불가능

| **식용** | 볶음 | **약용** | 면역력 증강 | **사용 범위** | 치유되면 중단한다 | **배당체** | 알려진 것이 없다 | **약리 작용** | 불분명하다 | **성미** | 알려진 것이 없다 | **독성** | 알려진 것이 없다 | **금기** | 생식을 금한다

　으뜸끈적버섯은 활엽수림 내의 땅 위에 무리를 이루어 나거나 흩어져 난다. 『일본 도감』에서는 식용 버섯으로 기록하고 있으나 국내에서는 식용·독성 여부는 알려진 것이 없다.
　갓은 크기가 5~20cm 정도이고, 어릴 때는 원 모양 또는 반원 모양으로 성장하면서 둥근 산 모양을 거쳐 편평하게 된다. 표면에 청백색의 피막 잔여물이 붙어 있다가 성숙하면서 탈락한다. 가장자리는 안쪽으로 말려 있고 방사상으로 쭈글쭈글한 주름이 있다. 살(조직)은 두텁고 백색이다. 상처가 나도 변색이 되지 않는다. 자루에서 바르게 붙은 주름살은 간격이 촘촘하다. 길이는 원기둥의 모양이고 10~15cm 정도로 기부는 부풀어 있다. 어릴 때는 청색기가 있는 백색의 솜 같은 피막의 잔여물이 남아 있다가 탈락한다. 포자의 무늬는 적갈색이다.

자주둘레그물버섯 <small>둘레그물버섯과 Gyroporus prupurinus</small>

발생 여름~가을 **장소** 활엽수림(주로 참나무) 내의 땅 위 **채취** 여름~가을 **인공 재배** 불가능

| **식용** | 볶음, 무침, 조리 | **약용** | 면역력 증강 | **사용 범위** | 치유되면 중단한다 | **배당체** | 알려진 것이 없다 | **약리 작용** | 불분명하다 | **성미** | 알려진 것이 없다 | **독성** | 없다 | **금기** | 생식을 금한다

자주둘레그물버섯은 활엽수림(주로 참나무) 내의 땅 위에 홀로 나가나 무리를 이루어 난다.

갓은 지름이 2~7cm 정도이고, 어릴 때 원뿔 모양을 거쳐 성장하면서 편평하게 되며 가운데가 조금 오목해진다. 표면은 건조하고 벨벳 모양이다. 진한 포도주색 또는 자줏빛이 섞인 보라색이다.

살(조직)은 유연하고 백색이다. 자실층인 관공은 자루에 바르게 붙은 모양이다가 성숙하면서 자루에서 떨어져 오목하게 들어간다. 구멍은 작고 밀도의 간격은 약간 촘촘하다. 상처가 나도 변색이 되지 않는다. 자루는 매끈하고 속은 비어 있다. 길이는 3~6cm 정도로 아래쪽으로 점차 굵어진다. 포자의 무늬는 황색이다.

작은맛솔방울버섯(맛솔방울버섯) 뽕나무버섯과 Strobilurus stephanocystis

발생 늦가을~초겨울 **장소** 침엽수림 내의 땅속에 묻혀 있는 오래된 솔방울 **채취** 늦가을~초겨울
인공 재배 불가능

| **식용** | 볶음, 조리 | **약용** | 면역력 증강 | **사용 범위** | 치유되면 중단한다 | **배당체** | 알려진 것이 없다 | **약리 작용** | 불분명하다 | **성미** | 알려진 것이 없다 | **독성** | 없다 | **금기** | 생식을 금한다

   작은맛솔방울버섯은 침엽수림 내의 땅 속에 묻혀 있는 오래된 솔방울에서 무리를 이루어 난다. 식용 버섯이지만 너무 작아 이용 가치가 적다.
   갓은 지름이 1.5~3cm 정도이고, 어릴 때는 둥근 산 모양으로 성장하면서 점차 평편하게 된다. 오래되면 반전되어 접시 모양이 된다. 표면의 색은 흑갈색·회갈색·황토색·회백색 등이 있다.
   살(조직)은 백색이다. 자루에서 올려붙은 주름살은 백색이고 간격은 촘촘하다. 자루의 길이는 4~6cm 정도로 표면은 가는 털로 덮여 있다. 위쪽은 백색, 아래쪽은 밝은 황갈색을 띤다. 기부는 4~8cm 정도로 자라 땅 속에 있는 솔방울에 붙어 있다.

식용

장미무당버섯(졸각무당버섯) 무당버섯과 Russula rosea

| **발생** 여름~가을　**장소** 활엽수림, 혼합림 내의 땅 위　**채취** 여름~가을　**인공 재배** 불가능

| **식용** | 볶음, 조리 | **약용** | 면역력 증강 | **사용 범위** | 치유되면 중단한다 | **배당체** | 알려진 것이 없다 | **약리 작용** | 불분명하다 | **성미** | 맛이 없다 | **독성** | 없다 | **금기** | 생식을 금한다

　장미무당버섯은 활엽수림, 혼합림 내의 땅 위에 무리를 이루어 난다.
　갓은 지름이 5~11cm 정도이고, 어릴 때는 반원 모양으로 성장하면서 가운데가 오목하고 평편하게 된다. 표면은 건조하고 가루로 덮여 있고 끈적임이 없다. 선홍색 또는 진홍색이다. 갓의 껍질이 벗겨지면 흰살을 드러낸다.
　살(조직)은 단단하고 백색이다. 주름살은 옅은 백황색으로 자루에서 바르게 붙은 주름살이다가 살짝 내려붙고 간격은 촘촘하다. 자루는 원통 모양이고 길이는 3~9cm 정도로 표면은 백색에서 차츰 분홍색으로 물든다. 포자의 무늬는 연한 백황색이다.

주름볏싸리버섯 볏싸리버섯과 Clavulina rugosa

| 발생 여름~가을 | 장소 침엽수림, 혼합림 내의 이끼 사이, 길가, 풀밭 등의 땅 위 | 채취 여름~가을
| 인공 재배 불가능

| 식용 | 볶음 | 약용 | 면역력 증강 | 사용 범위 | 치유되면 중단한다 | 배당체 | 알려진 것이 없다 | 약리 작용 | 불분명하다 | 성미 | 알려진 것이 없다 | 독성 | 없다 | 금기 | 생식을 금한다

주름볏싸리버섯은 침엽수림, 혼합림 내의 이끼 사이·길가·풀밭 등의 땅 위에 무리를 이루어 난다.

높이는 3~6cm 정도이고, 1개의 가지가 하나로 나거나, 몇 개의 가지가 분지하여 뿔 모양을 이루거나, 간혹 덩어리 모양이 된다. 가지는 납작하게 눌린 모양 또는 방망이 모양으로 표면은 백색에서 탁한 백색을 거쳐 연한 백황색으로 퇴색한다. 세로로 홈이나 주름이 있다. 때때로 끝 부분이 눌린 모양을 하고 있다.

살(조직)은 연하고 탄력이 있지만 쉽게 부서진다.

식용

털귀신그물버섯 (솔방울귀신그물버섯) 그물버섯과 Strobilomyces confusus

발생 여름~가을 **장소** 침엽수림, 활엽수림, 혼합림 내의 땅 위 **채취** 여름~가을 **인공 재배** 불가능

| **식용** | 볶음 | **약용** | 면역력 증강 | **사용 범위** | 치유되면 중단한다 | **배당체** | 알려진 것이 없다 | **약리 작용** | 불분명하다 | **성미** | 맛이 담백하다 | **독성** | 없다 | **금기** | 생식을 금한다

    털귀신그물버섯은 침엽수림, 활엽수림, 혼합림 내의 땅 위에 홀로 나거나 무리를 이루어 난다.

    갓은 크기가 3~10cm 정도이고, 어릴 때는 반원 모양으로 성장하면서 둥근 산 모양을 거쳐 평편하게 된다. 표면의 색은 회백색 · 회색 · 흑색 바탕의 회색 · 암회색 · 흑자색 등이 있다. 가장자리에는 내피막의 조각이 붙어 있고, 흑색의 섬유질의 뿔 모양 또는 털 모양의 인편으로 촘촘히 덮여 있다.

    살(조직)은 백색이다. 상처가 나면 적색을 거쳐 흑색으로 변한다. 관공은 백색에서 회백색-암회색-흑색으로 변해 가며 자루에 바르게 붙고 홈이 패인 모양이다. 구멍은 다각형이고 밀도의 간격은 엉성하다. 자루의 길이는 5~10cm 정도로 위아래의 굵기가 같다. 표면이 고르지 않고 회색 또는 암회색이다. 기부에는 백색의 균사가 있다. 포자의 무늬는 흑색이다.

황금비단그물버섯 비단그물버섯과 Suillus cavipes

발생 가을 **장소** 침엽수림(소나무), 혼합림 내의 땅 위 **채취** **인공 재배** 불가능

| **식용** | 볶음, 조리, | **약용** | 면역력 증강 | **사용 범위** | 치유되면 중단한다 | **배당체** | 알려진 것이 없다 | **약리 작용** | 불분명하다 | **성미** | 맛이 담백하다 | **독성** | 없다 | **금기** | 생식을 금한다

황금비단그물버섯은 침엽수림(소나무), 혼합림 내의 땅 위에 무리를 이루어 난다.

갓은 크기가 3~8cm 정도이고, 어릴 때는 낮은 원뿔 모양으로 성장하면서 둥근 산 모양을 거의 평편하게 된다. 표면에 섬유질의 가는 인편으로 덮여 있고 색은 어릴 때는 밤껍질색에서 적갈색으로 된다. 가장자리에는 내피막의 조각이 오랫동안 붙어 있다.

살(조직)은 연한 황색이다. 상처가 나도 변하지 않는다. 관공은 자루에 내려붙고 황색에서 녹황색을 거쳐 황토색으로 변한다. 구멍은 큰 다각형이고 밀도의 간격은 엉성하다. 자루의 길이는 5~8cm 정도로 위아래의 굵기가 같다. 표면의 턱받이 위쪽은 황색, 아래쪽은 갓과 같고 섬유질은 인편으로 덮여 있다. 속은 비어 있다. 포자의 무늬는 연한 황갈색이다.

식용

갈색날긴(날민)뿌리버섯 (갈색날끈끈이버섯) 뽕나무버섯과

나무에 있는 버섯

발생 가을 **장소** 활엽수의 고사목 위 **채취** 가을 **인공 재배** 불가능

| **식용** | 볶음, 데침 | **약용** | 면역력 증강 | **사용 범위** | 치유되면 중단한다 | **배당체** | 알려진 것이 없다 | **약리 작용** | 불분명하다 | **성미** | 씹히는 맛이 담백하다 | **독성** | 없다 | **금기** | 생식을 금한다

갈색날긴(날민)뿌리버섯은 활엽수의 고사목 위에 무리를 이루어 난다.
갓은 크기가 3~15cm 정도이고, 어릴 때는 둥근 산 모양으로 성장하면서 평편하게 된다. 표면이 습할 때는 끈적거리고 매끄럽고 주름져 있다. 어릴 때는 자주색을 띤 갈색으로 성장하면서 회갈색, 백황색으로 된다. 가장자리에 줄무늬선이 나타난다. 살(조직)은 백색이다. 자루에서 바르게 붙은 주름살의 간격은 엉성하다. 자루의 길이는 4~10cm 정도로 위아래의 굵기가 같다. 표면의 백색 바탕에 자갈색의 인편으로 덮여 있다. 속은 비어 있다.

끈적긴(민)뿌리버섯(끈적끈끈이버섯) 뽕나무버섯과

약용 식용

발생 여름~가을 **장소** 활엽수의 고사목 위 **채취** 여름~가을 **인공 재배** 불가능

| **식용** | 볶음, 데침 | **약용** | 면역력 증강 | **사용 범위** | 치유되면 중단한다 | **배당체** | 알려진 것이 없다 | **약리 작용** | 불분명하다 | **성미** | 맛이 담백하다 | **독성** | 없다 | **금기** | 생식을 금한다

　끈적긴(민)뿌리버섯은 활엽수의 고사목 위에 무리를 이루어 난다.
　갓은 크기 3~8cm 정도이고, 어릴 때는 둥근 산 모양으로 성장하면서 평편하게 된다. 표면이 습할 때는 몹시 끈적거리고 줄 무늬선이 있다. 탁한 백색으로 가운데는 회갈색 또는 실색이다.
　살(조직)은 연하고 백색이다. 주름살은 반투명으로 보인다. 자루에서 바르게 붙은 주름살의 간격은 엉성하다. 자루의 길이는 3~7cm 정도로 단단한 연골 기질이고 속은 차 있다. 턱받이는 백색이고 자루의 위쪽에 붙어 있다. 포자의 무늬는 연한 크림색이다.

제3장 식용 버섯

난버섯 난버섯과 Pluteus cervinus

| 발생 봄~가을 | 장소 활엽수의 고사목 또는 그루터기 | 채취 봄~가을 | 인공 재배 불가능

| 식용 | 볶음 | 약용 | 항종양, 면역력 증강 | 사용 범위 | 치유되면 중단한다 | 배당체 | 알려진 것이 없다 | 약리 작용 | 불분명하다 | 성미 | 맛은 평하다 | 독성 | 없다 | 금기 | 생식을 금한다

    난버섯은 활엽수의 고사목 또는 그루터기 등에 홀로 나거나 여러 개체가 난다.

  갓은 지름이 4~9cm 정도이고, 어릴 때는 달걀 모양으로 성장하면서 둥근 산 모양을 거쳐 중앙은 높은 평편한 모양으로 된다. 표면이 건조할 때는 윤기가 있고 방사상의 선 무늬 또는 가는 인편으로 덮여 있다. 가운데는 적은 점처럼 보이는 인편이 몰려 있다.

  살(조직)은 부드러운 육질 백색이다. 자루에서 내려붙은 주름살의 간격은 촘촘하다. 자루의 길이는 6~12cm로 견고한 원통 모양이고 속은 차 있다. 단단한 편이나 나물의 줄기처럼 잘 끊어진다.

노란젖버섯 무당버섯과 Lactarius chrysorrheus

발생 여름~가을 **장소** 활엽수(참나무 류)와 침엽수가 섞인 혼합림 내의 땅 위 **채취 인공 재배** 불가능

| **식용** | 식용할 수 없다 | **약용** | 불분명하다 | **사용 범위** | 위장 장애를 일으킨다 | **배당체** | 알려진 것이 없다 | **약리 작용** | 불분명하다 | **성미** | 맛이 맵다 | **독성** | 준맹독성 | **금기** | 생식을 금한다

노란젖버섯은 참나무류와 침엽수가 섞인 혼합림 내의 땅 위에 홀로 나거나 흩어져 난다.

갓은 지름이 4~9cm 정도이고, 어릴 때는 중앙이 오목한 낮은 모양으로 성장하면서 평편한 모양을 거쳐 깔때기의 모양이 된다. 표면이 습할 때는 끈적거리고 연한 살색 바탕에 진한 색으로 된 테 무늬가 있다.

살(조직)은 연한 황색이다. 젖(유액)은 백색으로 분비되면 즉시 노란색으로 된다. 자루에서 떨어져 붙은 주름살의 간격은 촘촘하다. 자루의 길이는 4~7cm 갓과 같은 색이고 속은 비어 있다.

개암버섯 독청버섯과 Hypholoma sublateritium

| 발생 늦가을 | 장소 활엽수의 고사목 또는 그루터기, 땅에 묻힌 나무 위 | 채취 10월 | 인공 재배 불가능 |

| **식용** | 볶음·데침·요리(탕, 전골) | **약용** | 면역력 증강 | **사용 범위** | 치유되면 중단한다 | **배당체** | 알려진 것이 없다 | **약리 작용** | 불분명하다 | **성미** | 맛이 담백하다 | **독성** | 없다 | **금기** | 생식을 금한다 |

개암버섯은 침엽수, 활엽수의 고사목 또는 그루터기, 땅에 묻힌 나무 위에 다발로 난다.

갓은 지름이 3~8cm 정도이고, 어릴 때는 반원 모양으로 성장하면서 평편한 모양이 된다. 표면은 다갈색에서 진한 벽돌색이 되며 가장자리에는 백색의 얇은 내피막의 조각이 붙어 있다.

살(조직)은 백황색이다. 자루에서 바르게 붙은 주름살의 간격은 약간 촘촘하다. 자루의 길이는 5~10cm 정도로 아래쪽으로 가늘다. 자루의 표면은 위쪽은 백황색이고 아래쪽은 녹슨 갈색이고 섬유 무늬를 나타낸다. 포자의 무늬는 자갈색이다.

말뚝버섯 말뚝버섯과 Phallus impudicus

발생 여름~가을 **장소** 숲 속, 길가, 대나무 숲, 정원 등의 땅 위 **채취** 여름~가을 **인공 재배** 불가능

| **식용** | 알 모양의 어린 버섯(볶음) | **약용** | 항종양 · 면역력 증강 · 류머티즘 · 관절통 | **사용 범위** | 치유되면 중단한다 | **배당체** | 베타글루칸 | **약리 작용** | 항암, 항염 | **성미** | 식품 방부 기능 | **독성** | 없다 | **금기** | 생식을 금한다

    말뚝버섯은 숲속 · 길가 · 대나무 숲 · 정원 등의 흙에 일부 묻혀 있거나 땅 위에 홀로 나거나 몇 개씩 난다. 어린 버섯을 세로로 자르면 눌린 자리와 그 바깥쪽에 갓이 될 부분과 젤라틴질이 보인다.

    어릴 때는 4~6cm 정도이고 알 모양이며 갓은 높이가 3~5cm 정도로 종 모양이고 꼭대기에 백색의 구멍이 뚫려 있다. 표면에는 고약한 냄새가 나는 점액으로 덮여 있고, 백색의 다각형의 그물 모양으로 융기가 되어 있다. 자루의 높이는 10~15cm 정도로 원기둥의 모양이고 아래쪽으로 굵어진다. 기부에는 뿌리 모양의 균사속이 달려 있고 속은 비어 있다.

고무버섯 고무버섯과 Bulgaria, inquinans

| **발생** 여름~가을 | **장소** 활엽수(참나무, 밤나무)의 죽은 나뭇가지, 그루터기 위 | **채취** 여름~가을 | **인공 재배** 불가능

| **식용** | 볶음 | **약용** | 면역력 증강 | **사용 범위** | 치유되면 중단한다 | **배당체** | 알려진 것이 없다 | **약리 작용** | 항균 | **성미** | 맛이 평하다 | **독성** | 없다 | **금기** | 생식을 금한다

    고무버섯은 활엽수(참나무, 밤나무)의 죽은 나뭇가지, 그루터기 위에 무리를 이루어 난다.

    참나무 그루터기에서 자라는 고무버섯은 크기는 1~4cm 정도로 어릴 때는 거꾸로 된 달걀 모양이어서 성장하면서 가운데가 벌어지며 평편한 팽이 모양을 거쳐 오래되면 접시 모양으로 작아진다. 자실층인 안(위)쪽 표면은 흑갈색에서 흑색으로 변한다. 매끄럽고 습할 때는 윤기가 있고 가장자리는 울타리같이 돌출된 테두리가 있다.

    살(조직)은 탄력이 있고 연한 황갈색이다. 유연한 젤리 같은 질감으로 익히면 부드럽다.

꽃귀버섯 송이과 Plicaturopsis crispa

발생 여름~초겨울 **장소** 참나무, 물박달나무 등 활엽수의 고사목 또는 그루터기 **채취 인공 재배** 불가능

| **식용** | 볶음 | **약용** | 면역력 증강 | **사용 범위** | 치유되면 중단한다 | **배당체** | 알려진 것이 없다 | **약리 작용** | 항암 | **성미** | 알려진 것이 없다 | **독성** | 없다 | **금기** | 생식을 금한다

꽃귀버섯은 참나무, 물박달나무 등 활엽수의 고사목 또는 그루터기 등에 겹쳐 난다.

갓은 크기가 1~2cm 정도이고, 주름살은 여러 개체가 붙어서 화사한 문양을 나타내는 부채 모양 또는 조개껍질 모양이다. 표면은 미세한 털로 덮여 있으며 희미한 고리 무늬가 있다. 어릴 때는 옅은 황색으로 성장하면서 옅은 적갈색이 된다. 가장자리는 물결 모양 또는 무딘 톱니 모양이다. 주름살은 물결 모양으로 굴곡져 있다. 포자의 무늬는 백색이다.

식용

당귀젖버섯 무당버섯과 Lactarius subzonarius

| **발생** 여름~가을 | **장소** 활엽수림 내의 땅 위 | **채취** 여름~가을 | **유사종** 향기젖버섯 | **인공 재배** 불가능 |

| **식용** | 볶음, 데침 | **약용** | 면역력 증강 | **사용 범위** | 치유되면 중단한다 | **배당체** | 알려진 것이 없다 | **약리 작용** | 불분명하다 | **성미** | 향이 좋고 맛은 평하다 | **독성** | 없다 | **금기** | 생식을 금한다

당귀젖버섯은 활엽수림 내의 땅 위에 무리를 이루어 난다.

갓의 지름은 2.5~5cm 정도이고, 어릴 때는 반원 모양이다가 평편해지고 나중에는 깔때기 모양으로 된다. 표면은 연한 갈색 바탕에 갈색의 테 무늬가 있다.

살(조직)은 건조하면 강한 왜당귀의 냄새가 나고 연한 갈색이다. 자루에서 내려붙은 주름살의 간격은 촘촘하다. 상처가 난 부분은 차츰 갈색으로 변한다. 자루의 길이는 2.5~4cm 정도로 원통 모양이고 표면은 적갈색으로 흰 가루 모양이고 세로로 주름이 있고 기부에는 털이 있고 속은 비어 있다. 포자의 무늬는 크림색이다.

갈색먹물버섯(갈색쥐눈물버섯) 눈물버섯과 Coprinellus micaceus

발생 봄~가을 **장소** 활엽수의 그루터기나 땅에 묻힌 나무 위 **채취** 봄~가을 **인공 재배** 불가능

| **식용** | 볶음, 무침 | **약용** | 면역력 증강 | **사용 범위** | 술과 함께 먹으면 중독된다 | **배당체** | 알려진 것이 없다 | **약리 작용** | 불분명하다 | **성미** | 맛이 평하다 | **독성** | 약간 독성 | **금기** | 생식을 금한다

    갈색먹물버섯은 활엽수의 그루터기나 땅에 묻힌 나무 위에 무리를 이루어 나거나 다발로 난다.

    갓은 지름이 1~4cm 정도이고, 어릴 때는 달걀 모양이다가 성장하면서 종 모양 또는 원뿔 모양으로 된다. 펴지면 가장자리는 말려올라가며 검게 녹슨다. 표면은 옅은 황갈색, 가운데는 짙은 색을 띠는 바탕 위에 어릴 때는 백색의 인편으로 덮여 있다가 나중에 매끄러워지며 방사상으로 길게 홈이 패인 선이 나타난다.

    살(조직)은 녹갈색이다. 자루 끝에 붙은 주름살의 간격은 촘촘하다. 가장자리부터 액화 현상이 일어난다. 자루의 길이는 3~8cm 정도로 표면은 백색이고 속은 비어 있다. 포자의 무늬는 흑색이다.

금빛비늘버섯 독청버섯과 Pholiota aurivella

발생 봄~가을 **장소** 활엽수의 그루터기 또는 죽은 나뭇가지 위 **채취** 봄~가을 **인공 재배** 불가능

| 식용 | 볶음 | 약용 | 면역력 증강 | 사용 범위 | 위장 장애를 일으킬 수 있다 | 배당체 | 알려진 것이 없다 | 약리 작용 | 불분명하다 | 성미 | 알려진 것이 없다 | 독성 | 약간 독성 | 금기 | 생식을 금한다

    금빛비늘버섯은 활엽수의 그루터기 또는 죽은 나뭇가지 위에 무리를 이루어 나거나 다발로 난다.

    갓은 지름이 4~15cm 정도이고, 어릴 때는 둥근 산 모양으로 성장하면서 평편하게 되면서 가운데가 볼록해진다. 표면이 습할 때는 끈적거리고 황색에서 황갈색으로 변해 간다. 위에 큰 삼각형 인편으로 덮여 있다.

    살(조직)은 두껍고 황색이다. 자루는 바르게 붙은 주름살의 간격은 촘촘하고 폭이 넓다. 자루의 길이는 5~10cm 정도로 위아래의 굵기가 같다. 표면은 턱받이 위쪽은 황색이고, 아래쪽은 황갈색 바탕 위에 갈색의 섬유 모양의 인편으로 덮인다. 포자의 무늬는 옅은 황갈색이다.

제4장

식용이 가능한 이색 버섯

약용 식용

검은비늘버섯 독청버섯과 Pholiota adiposa

나무에 무리 지어 자생하는 버섯

발생 봄, 가을 **장소** 활엽수림의 그루터기, 죽은 나뭇가지의 위 **채취** 9월 말~10월 초 **인공 재배** 가능

| **식용** | 볶음, 요리(탕·전골·찌개) | **약용** | 면역력 증강·고혈압·동맥 경화·혈액 순환·소화 불량 | **사용 범위** | 치유되면 중단한다 | **배당체** | 알려진 것이 없다 | **약리 작용** | 혈압 강하·콜레스테롤 저하·혈전 용해 | **성미** | 맛이 담백하다 | **독성** | 없다 | **금기** | 생식을 금한다

검은비늘버섯은 활엽수림의 그루터기, 죽은 나뭇가지의 위에 다발로 난다.

갓은 지름이 3~8cm 정도이고, 어릴 때는 반원 모양으로 성장하면서 낮은 산 모양으로 평편하게 된다. 표면이 습할 때는 강한 끈기가 있다. 어릴 때는 적갈색이다가 성장하면서 황색으로 된다. 가장자리는 백색의 떨어지기 쉬운 인편으로 덮여 있다.

살(조직)은 백황색이다. 자루에 바르게 붙은 주름살의 간격은 촘촘하다. 관공은 자루에 내려붙고 황색에서 녹황색을 거쳐 황토색으로 변한다. 자루의 길이는 4~12cm 정도로 위아래의 굵기가 같거나 아래쪽으로 약간 가늘어진다. 표면의 턱받이 위쪽은 황색, 아래쪽은 갓과 같다. 턱받이는 연한 황색의 얇은 막질로 탈락하기 쉽다. 포자의 무늬는 녹슨 갈색이다.

갈색먹물버섯(갈색쥐눈물버섯) 눈물버섯과 Coprinellus micaceus

발생 봄~가을 **장소** 활엽수림의 그루터기나 땅에 묻힌 나무 위 **채취 인공 재배** 불가능

| **식용** | 볶음 | **약용** | 면역력 증강 | **사용 범위** | 술과 함께 먹으면 중독된다 | **배당체** | 알려진 것이 없다 | **약리 작용** | 분분명하다 | **성미** | 알려진 것이 없다 | **독성** | 약간 독성 | **금기** | 생식을 금한다

갈색먹물버섯은 활엽수림의 그루터기나 땅에 묻힌 나무 위에 무리를 이루어 난다.

갓은 지름이 1~4cm 정도이고, 어릴 때는 달걀 모양이다가 성장하면서 종 모양 또는 원뿔 모양으로 된다. 표면이 매끄럽고 방사상으로 길게 홈이 패인 선이 있고 가장자리는 말려 올라가며 검게 녹슨다. 옅은 황갈색, 가운데는 짙은 색을 띠는 바탕 위에 어릴 때는 가는 인편으로 덮여 있다.

살(조직)은 녹갈색이다. 자루 끝에 붙은 주름살의 간격은 촘촘하다. 가장자리는 액화 현상이 일어난다. 자루의 표면은 백색이고 길이는 3~8cm 정도로 백색의 미세한 가루로 덮여 있고 속은 비어 있다. 포자의 무늬는 흑색이다.

식용

풍선끈적버섯 _{끈적버섯과} Cortinarius purpurascens

| **발생** 여름~가을 | **장소** 활엽수림, 침엽수림 내의 땅 위 | **채취** 여름~가을 | **한약명** 없다 | **인공 재배** 불가능 |

| **식용** | 볶음 | **약용** | 면역력 증강 | **사용 범위** | 치유되면 중단한다 | **배당체** | 알려진 것이 없다 | **약리 작용** | 불분명하다 | **성미** | 맛과 냄새는 없다 | **독성** | 없다 | **금기** | 생식을 금한다 |

풍선끈적버섯은 활엽수림, 침엽수림 내의 땅 위에 흩어져 무리를 이루어 난다.

갓은 지름이 3~10cm 정도이고, 어릴 때는 반원 모양으로 성장하면서 편평한 모양이 된다. 표면이 습할 때는 끈적거리고 미세한 방사상의 섬유 모양이다. 연한 자주색이 가미된 옅은 갈색에서 갈색이고 주변 부위는 연한 자주색을 띤다.

살(조직)은 옅은 자주색이다. 자루에서 올려붙은 주름살의 간격은 촘촘하다. 가장자리는 액화 현상이 일어난다. 자루의 표면은 자주색이고 세로로 된 섬유 모양이다. 길이는 3~10cm 정도로 기부는 크게 부풀어 있다. 포자의 무늬는 적갈색이다.

황소비단그물버섯 비단그물버섯과 Suillus bovinus

약용 식용

발생 늦여름~가을 **장소** 침엽수림(소나무) 내의 땅 위 **채취** 늦여름~가을 **인공 재배** 불가능

| 식용 | 볶음·무침·조림·요리(탕·전골·찌개) | 약용 | 면역력 증강 | 사용 범위 | 치유되면 중단한다 | 배당체 | 알려진 것이 없다 | 약리 작용 | 항산화 | 성미 | 맛이 부드럽다 | 독성 | 없다 | 금기 | 생식을 금한다

    황소비단그물버섯은 침엽수림(소나무) 내의 땅 위에 홀로 나거나 무리를 이루어 난다. 못버섯과 큰마개버섯과 공생하며 소나무에 균근을 만든다. 비단그물버섯과 중에서 맛이 가장 좋은 것으로 알려져 있다.

    갓은 크기가 3~10cm 정도이고, 어릴 때는 낮은 반원 모양으로 성장하면서 산 모양을 거쳐 편평하게 된다. 표면이 습할 때는 끈적거리고 마르면 약간 광택이 난다. 어릴 때는 적갈색으로 성장하면서 황갈색으로 된다.

    살(조직)은 백색 또는 크림색이다. 자루에서 내려붙은 주름살 구멍의 밀도는 엉성하다. 상처가 나도 변색이 안 된다. 자루의 표면은 매끄럽고 갓과 같은 황갈색이고 속은 차 있다. 길이는 3~6cm 정도로 위아래의 굵기가 같다. 기부에는 백색의 균사가 있다. 포자의 무늬는 황록 갈색이다.

식용

다발방패버섯 <small>방패버섯과 Albatrellus confluens</small>

발생 가을 **장소** 침엽수림(소나무) 내의 땅 위 **채취** 가을 **인공 재배** 불가능

| **식용** | 볶음, 무침 | **약용** | 면역력 증강 | **사용 범위** | 치유되면 중단한다 | **배당체** | 알려진 것이 없다 | **약리 작용** | 불분명하다 | **성미** | 맛이 쓰다 | **독성** | 없다 | **금기** | 생식을 금한다

　다발방패버섯은 침엽수림(소나무) 내의 땅 위에 무리를 이루어 난다.

　자실체는 육질이고 하나의 줄기에서 여러 개가 자라나 지름은 30cm, 높이는 15cm 정도의 다발로 난다.

　갓은 부채 모양 또는 주걱 모양으로 서로 붙어 있다. 표면이 매끄럽고 신선할 때는 백황색 내지는 살색이지만 건조할 때는 밝은 주황색이다. 가장자리는 물결 모양으로 얇다.

　살(조직)은 두꺼운 육질로 백색에서 성장하면서 크림색이다. 자루에서 내려붙은 주름살의 구멍은 원형 또는 다각형이고 미세하다. 자루의 길이는 3~10cm 정도로 굵고 편심형 또는 측생한다.

다형콩꼬투리버섯 다형콩꼬투리버섯과 Xylaria polymorpha

발생 가을 **장소** 활엽수림 내 지하에 있는 Elaphomyces에 기생 **채취** 늦가을 **한약명** 동충하초 · 冬蟲夏草 **인공 재배** 불가능

| **식용** | 볶음, 데침 | **약용** | 면역력 증강 | **사용 범위** | 치유되면 중단한다 | **배당체** | 알려진 것이 없다 | **약리 작용** | 불분명하다 | **성미** | 향이 좋고 맛은 평하다 | **독성** | 없다 | **금기** | 생식을 금한다

다형콩꼬투리버섯은 활엽수림 내의 땅 위에 무리를 이루어 난다.

갓은 지름이 2.5~5cm 정도이고, 어릴 때는 반원 모양이다가 평편해지고 나중에는 깔때기의 모양으로 된다. 표면은 연한 갈색 바탕에 갈색의 테 무늬가 있다.

살(조직)은 건조하면 강한 왜당귀의 냄새가 나고 연한 갈색이다. 자루에서 내려붙은 주름살의 간격은 촘촘하다. 상처가 난 부분은 차츰 갈색으로 변한다. 자루의 길이는 2.5~4cm 정도로 원통 모양이고 표면은 적갈색으로 흰 가루 모양이며 세로로 주름이 있고 기부에는 털이 있고 속은 비어 있다. 포자의 무늬는 크림색이다.

당귀젖버섯 무당버섯과 Lactarius subzonarius

발생 봄~가을 **장소** 활엽수의 썩은 나무 위 **채취 인공 재배** 불가능

| **식용** | 볶음 | **약용** | 진균 치료 | **사용 범위** | 치유되면 중단한다 | **배당체** | 알려진 것이 없다
| **약리 작용** | 향진균 | **성미** | 알려진 것이 없다 | **독성** | 없다 | **금기** | 생식을 금한다

    당귀젖버섯은 활엽수의 썩은 나무 위에 무리를 이루어 난다. 나무의 백색 부패를 일으킨다.
    자실체는 높이가 3~7cm, 굵기는 1~3cm 정도이고, 가운데가 풍풍한 불규칙한 곤봉 모양 또는 짧은 방망이 모양으로 때로는 끝이 뾰쪽하거나 평편한 모양 등 다양한 형태를 이룬다. 표면이 어릴 때는 위쪽은 연한 갈색이고 아래쪽은 회백색의 기부로 덮이고 자낭이 형성되는 시기가 되면 전체가 흑색이 된다. 성숙하면 구멍을 통해 포자를 내보낸다. 자루의 부분은 매우 짧고 질기다.
    살(조직)은 백색이다. 표면이 흑색으로 미세한 털로 덮여 있다. 포자의 무늬는 갈색이다.

등색가시비녀버섯 뽕나무버섯과 Cyptotrama asprata

발생 여름 **장소** 숲속 활엽수의 넘어진 나무나 떨어진 나뭇가지 **채취** **인공 재배** 불가능

| **식용** | 볶음 | **약용** | 알려진 것이 없다 | **사용 범위** | 치유되면 중단한다 | **배당체** | 알려진 것이 없다 | **약리 작용** | 알려진 것이 없다 | **성미** | 알려진 것이 없다 | **독성** | 없다 | **금기** | 생식을 금한다

등색가시비녀버섯은 숲속 활엽수의 넘어진 나무나 떨어진 나뭇가지에 몇 개씩 난다.

갓은 지름이 1~3cm 정도이고, 어릴 때는 반원 모양으로 성장하면서 둥근 산 모양으로 거쳐 평편하게 된다. 표면은 등황색 바탕에서 가시 모양의 오렌지색 인편이 전면에 덮여 있다.

살(조직)은 단단한 백색이다. 자루에서 올려붙은 주름살은 엉성하다. 자루의 길이는 1.5~5cm 정도로 보통은 굽어 있고 속이 차 있다. 표면은 황색 또는 오렌지 황색의 솜털 모양의 인편으로 덮여 있다. 기부는 부풀어 있고 갓과 같은 인편으로 덮여 있다. 포자의 무늬는 백색이다.

아교좀목이 목이과 Exidia, uvapassa

발생 초봄~초겨울　**장소** 활엽수의 말라 죽은 나뭇가지　**채취** 초봄~초겨울　**인공 재배** 불가능

| **식용** | 식용이지만 거의 먹지 않는다 | **약용** | 알려진 것이 없다 | **사용 범위** | 치유되면 중단한다 | **배당체** | 알려진 것이 없다 | **약리 작용** | 알려진 것이 없다 | **성미** | 알려진 것이 없다 | **독성** | 없다 | **금기** | 생식을 금한다

아교좀목이는 활엽수의 말라 죽은 나뭇가지에 무리를 이루어 난다.

지름이 2~3cm 정도의 찌그러진 원 모양 또는 길쭉한 원 모양이다. 습기가 마르기 전에는 토실토실한 젤리와 같다. 신선할 때는 매끄럽고 살색이지만 햇빛에 노출되면 연한 적갈색이 되면서 표면에 요철이 심하다. 습기가 완전히 빠져 나가면 흑갈색이 된다. 표면에는 잔주름이 많다.

살(조직)은 젤라틴질 살색이다. 표면에 자실층이 발달한다.

식용

주름고약버섯 송이과 Plicaturopsis crispa

발생 여름~초겨울 **장소** 참나무, 물박달나무 등 활엽수의 고사목 또는 그루터기 **채취** **인공 재배** 불가능

| **식용** | 볶음 | **약용** | 면역력 증강 | **사용 범위** | 치유되면 중단한다 | **배당체** | 알려진 것이 없다 | **약리 작용** | 항암 | **성미** | 알려진 것이 없다 | **독성** | 없다 | **금기** | 생식을 금한다

주름고약버섯은 참나무, 물박달나무 등 활엽수의 고사목 또는 그루터기 등에 겹쳐 난다.

갓은 크기가 1~2cm 정도이고, 주름살은 여러 개체가 붙어서 화사한 문양을 나타내는 부채 모양 또는 조개껍질 모양이다. 표면은 미세한 털로 덮여 있으며 희미한 고리 무늬가 있다. 어릴 때는 옅은 황색에서 성장하면서 옅은 적갈색이 된다. 가장자리는 물결 모양 또는 무딘 톱니 모양이다. 주름살은 물결 모양으로 굴곡져 있다. 포자의 무늬는 백색이다.

약용 **식용**

폐 질환, 편도선염에 효능이 있는 말불버섯 주름버섯과 Lycoperdon perlatum

땅 위에 무리 지어 자생하는 버섯

| **발생** 여름~가을　**장소** 숲 속의 부엽토, 썩은 나무 위, 풀밭 땅 위　**채취** 여름~가을　**인공 재배** 불가 등

| **식용** | 어릴 때 식용(볶음, 무침)　| **약용** | 면역력 증강, 감기, 기침, 폐질환, 출혈　| **사용 범위** | 치유되면 중단한다　| **배당체** | 알려진 것이 없다　| **약리 작용** | 항균　| **성미** | 알려진 것이 없다 | **독성** | 없다　| **금기** | 생식을 금한다

　말불버섯은 숲속의 부엽토, 썩은 나무 위, 풀밭 땅 위에 무리를 이루어 난다. 포자가 만들어지는 머리의 유성 부분과 포자를 만들지 않는 자루로 나뉜다.
　자실체는 높이가 2~5cm, 너비는 2~6cm 정도로 머리 부분은 둥글게 부푼 속에 포자가 생긴다. 어릴 때에는 백황색이고 성장하면 회갈색 또는 황갈색이 된다. 작고 뾰족한 알맹이 모양의 돌기가 전면에 붙어 있다.
　살(조직)은 백색이다. 머리 부분 끝이 찢어져 열린 작은 구멍을 통해 포자를 연기처럼 내뿜는다. 자실체의 아랫부분은 원기둥 또는 원뿔 모양으로 자란 자루가 된다. 표면은 매끈하고 주름져 있고 내부는 갯솜 모양이다.

연기색만가닥버섯 만가닥버섯과 Lyophyllum fumosum

식용

| **발생** 가을 | **장소** 활엽수(졸참나무) 또는 침엽수(소나무), 혼합림 내의 땅 위 | **채취** 가을 | **인공 재배** 불가능

| **식용** | 볶음 · 장국 · 요리(탕, 전골) | **약용** | 면역력 증강 | **사용 범위** | 치유되면 중단한다 |
| **배당체** | 알려진 것이 없다 | **약리 작용** | 불분명하다 | **성미** | 맛이 담백하고 좋다 | **독성** | 없다 |
| **금기** | 생식을 금한다

　연기색만가닥버섯은 활엽수(졸참나무) 또는 침엽수(소나무), 혼합림 내의 땅 위에 큰 다발로 난다. 균근성이다.

　갓은 크기가 2~5cm 어릴 때에는 반원 모양으로 성장하면서 둥근 산 모양을 거쳐 평편하게 된 후 가장자리는 반전하여 위로 치켜올라간다. 표면은 회갈색이고 반점이 생기기도 한다.

　살(조직)은 백색이다. 자루에서 바르게 붙은 주름살은 간격이 촘촘하다. 자루의 길이는 3~6cm 정도로 위치에 따라 다르다. 표면은 백색에서 옅은 회색을 띠며 섬유 모양이다. 포자의 무늬는 백색이다.

노랑끈적버섯 끈적버섯과 Cortinarius tenuipes

발생 가을 **장소** 활엽수림 내의 땅 위 **채취** 가을 **인공 재배** 불가능

| **식용** | 볶음, 데침, 요리(탕, 전골) | **약용** | 면역력 증강 | **사용 범위** | 치유되면 중단한다 | **배당체** | 알려진 것이 없다 | **약리 작용** | 불분명하다 | **성미** | 맛이 편하다 | **독성** | 없다 | **금기** | 생식을 금한다

노랑끈적버섯은 활엽수림 내의 땅 위에 무리를 이루어 난다.

갓은 지름이 4~9cm 어릴 때에는 납작한 반원 모양으로 성장하면서 가운데가 불록하고 평편한 모양이 된다. 표면이 습할 때는 끈적거리고 어릴 때는 백색의 비단 같은 피막으로 덮여 있다가 없어진다.

살(조직)은 백색이다. 자루에서 바르게 붙은 주름살의 간격은 매우 촘촘하다. 자루의 길이는 6~10cm 정도로 아래가 가늘다. 표면은 백색에서 점차 진흙색을 띤다. 턱받이는 솜털 모양이다. 포자의 무늬는 적갈색이다.

약용 식용

호흡기에 효능이 있는 애기꾀꼬리버섯 꾀꼬리버섯과 Cantharellus minor

발생 여름~가을 **장소** 숲 속의 땅 위 **채취** 여름~가을 **인공 재배** 불가능

| **식용** | 볶음 | **약용** | 면역력 증강 | **사용 범위** | 치유되면 중단한다 | **배당체** | 알려진 것이 없다 | **약리 작용** | 불분명하다 | **성미** | 맛이 온화하다 | **독성** | 없다 | **금기** | 생식을 금한다

애기꾀꼬리버섯은 숲속의 땅 위에 무리를 이루어 난다. 살아 있는 식물체의 공생 관계에 있는 균근성 버섯이다.

갓은 지름이 0.5~2cm 어릴 때에는 낮은 반원 모양으로 성장하면서 평편한 모양이 되면서 가운데가 약간 오목한 깔때기의 모양이 된다. 표면이 매끄럽고 황색이다. 가장자리는 안쪽으로 말려 있으나 오래되면 물결 모양으로 굴곡진다.

살(조직)은 육질이고 황색이다. 주름살은 자루에서 바르게 붙은 모양이다. 자루의 길이는 2~3cm 정도로 굽어 있다. 표면은 매끄럽고 황색이다. 포자의 무늬는 연한 황색이다.

식용

가지색끈적버섯아재비 (푸른끈적버섯아재비) 끈적버섯과 Cortinarius pseudosalor J

발생 가을 **장소** 활엽수림, 침엽수림의 혼합림 내의 땅 **채취 인공 재배** 불가능

| **식용** | 볶음 | **약용** | 면역력 증강 | **사용 범위** | 치유되면 중단한다 | **배당체** | 알려진 것이 없다 | **약리 작용** | 불분명하다 | **성미** | 맛이 평하다 | **독성** | 없다 | **금기** | 생식을 금한다

    가지색끈적버섯아재비는 활엽수림, 침엽수림의 혼합림 내의 땅에 무리를 이루어 난다.
    갓은 지름이 3~8cm 어릴 때에는 반원 모양으로 성장하면서 둥근 산 모양을 거쳐 평편하게 된다. 표면이 습할 때는 점액으로 덮이고 건조할 때는 윤기가 있다. 황토 갈색에서 황갈색이 된다. 가장자리는 연한 청자색이다.
    살(조직)은 탁한 백색이다. 자루에 바르게 붙은 주름살의 폭은 넓고 간격은 약간 촘촘하다. 자루의 길이는 6~10cm 정도로 원기둥 모양이고 표면은 연한 청자색이고 위쪽에는 끈기가 있는 거미줄 모양의 피막의 흔적이 있고 아래쪽은 점액으로 덮여 있다. 포자의 무늬는 녹슨 갈색이다.

관절약의 원료가 되는 **갓그물버섯** (분말그물버섯) 노란분말그물버섯과

발생 여름~가을 **장소** 활엽수림 내의 땅 **채취** 여름~가을 **인공 재배** 불가능

| **식용** | 식용 버섯이라는 견해도 있지만 먹지 않는다 | **약용** | 면역력 증강·관절염·외상 출혈
| **사용 범위** | 독버섯으로 구토 및 위장 장애를 일으킨다 | **배당체** | 알려진 것이 없다 | **약리 작용** | 항염 | **성미** | 알려진 것이 없다 | **독성** | 일반 독성 | **금기** | 생식을 금한다

갓그물버섯은 활엽수림 내의 땅에 홀로 나거나 무리를 이루어 난다.

갓은 크기가 4~10cm 정도로 어릴 때에는 낮은 반원 모양으로 성장하면서 평편하게 된다. 표면은 어릴 때 자루의 위쪽의 전체가 레몬 황색의 거미집 모양의 내피막으로 덮여 있다가 분리된다. 레몬 황색에서 오래되면 가운데가 적갈색 또는 갈색을 띤다.

살(조직)은 백색에서 백황색이다. 상처가 나면 청색으로 변한다. 자루에 바르게 붙은 주름살은 촘촘하다. 자루의 길이는 4~10cm 정도로 갓과 같은 색이고 가늘어진다. 포자의 무늬는 황록 갈색이다.

식용

고깔갈색먹물버섯(고깔쥐눈물버섯) 눈물버섯과 Coprinellus disseminatus

발생 봄~가을 **장소** 활엽수의 썩은 그루터기, 나뭇줄기, 땅에 묻힌 나무, 짚더미 **채취** 봄~가을 **인공 재배** 불가능

| **식용** | 볶음 | **약용** | 면역력 증강 | **사용 범위** | 치유되면 중단한다 | **배당체** | 알려진 것이 없다 | **약리 작용** | 불분명하다 | **성미** | 연약하다 | **독성** | 없다 | **금기** | 생식을 금한다

    고깔갈색먹물버섯은 활엽수의 썩은 그루터기, 나뭇줄기, 땅에 묻힌 나무, 짚더미 등에 무리를 이루어 나거나 다발로 난다.

    갓은 지름이 1.5~2cm 어릴 때에는 달걀 모양으로 성장하면서 종 모양을 거쳐 고깔 모양이 된다. 가장자리가 치켜올라간다. 표면은 어릴 때 백황색에서 회색으로 변하고 방사상의 홈이 패인 선이 있다.

    살(조직)은 백색이고 가운데는 황갈색이다. 자루에 떨어져 붙은 주름살의 간격은 엉성하다. 자루의 길이는 2~5cm 정도로 표면은 백색의 섬유 모양이며 속은 비어 있다. 포자의 무늬는 흑색이다.

그늘버섯 외대버섯과 Clitopilus prunulus

발생 여름~가을 **장소** 활엽수림 내의 땅 위 **채취** 여름~가을 **인공 재배** 불가능

| **식용** | 볶음 | **약용** | 면역력 증강 | **사용 범위** | 치유되면 중단한다 | **배당체** | 알려진 것이 없다 | **약리 작용** | 불분명하다 | **성미** | 밀가루 맛과 냄새가 난다 | **독성** | 없다 | **금기** | 생식을 금한다

그늘버섯은 활엽수림 내의 땅 위에 홀로 나거나 적은 수의 무리로 난다.

갓은 지름이 3~9cm 어릴 때에는 낮은 반원 모양으로 성장하면서 가운데가 오목한 접시 모양이 된다. 가장자리는 안으로 말려 있다. 표면이 습하면 끈기가 있다. 회백색이고 미세한 가루 모양으로 손으로 지문이 남을 정도로 연한 찰흙색에서 회색으로 변하고 방사상의 홈이 패인 선이 있다.

살(조직)은 백색이다. 자루에 길게 내려붙은 주름살의 간격은 엉성하다. 자루의 길이는 2~5cm 정도로 아래쪽으로 가늘다. 표면은 백색에서 회백색이고 속이 꽉 차 있다. 포자의 무늬는 분홍색이다.

식용

그물버섯아재비 그물버섯과

발생 여름~가을 **장소** 7월 중순~9월 초 **채취** 활엽수림, 혼합림 내의 땅 위 **인공 재배** 불가능

| **식용** | 볶음·무침·요리(탕·전골·찌개) | **약용** | 면역력 증강 | **사용 범위** | 치유되면 중단한다 | **배당체** | 알려진 것이 없다 | **약리 작용** | 불분명하다 | **성미** | 맛이 담백하고 향이 좋다 | **독성** | 없다 | **금기** | 생식을 금한다

    그물버섯아재비는 활엽수림, 혼합림 내의 땅 위에 홀로 나거나 무리를 이루어 난다. 큰 균환을 만든다.

    갓은 지름이 5~20cm 어릴 때에는 반원 모양으로 성장하면서 평편하게 된다. 가장자리는 안으로 말려 있다. 표면이 처음에는 매끈하다가 습할 때는 점성이 있다. 어릴 때는 흑갈색에서 점차 갈색-녹갈색-암황갈색-황갈색으로 변한다.

    살(조직)은 백색이다. 자루에 끝에 붙은 모양이다가 떨어진 모양으로 된다. 구멍은 작고 주름살의 간격은 매우 촘촘하다. 자루의 길이는 8~14cm, 굵기는 2.5~5cm 정도로 굵은 곤봉 모양이다. 포자의 무늬는 황록 갈색이다.

금빛송이 (금애송이, 금송이) 송이과 Tricholoma equestre

발생 가을 **장소** 침엽수림, 활엽수림 내의 땅 위 **채취** 가을 **인공 재배** 불가능

| **식용** | 물에 담근 후 쓴맛을 제거한 후에 먹는다(볶음, 무침) | **약용** | 항종양, 면역력 증강 | **사용 범위** | 유럽에서는 근육 이상, 심부전 등의 심한 중독을 일으켰다는 보고가 있다. | **배당체** | 베타글루칸 | **약리 작용** | 항암 | **성미** | 약간 쓰다 | **독성** | 약간 독성 | **금기** | 생식을 금한다

금빛송이는 침엽수림, 활엽수림 내의 땅 위에 홀로 나거나 무리를 이루어 난다.

갓은 지름이 5~10cm 어릴 때에는 반원 모양으로 성장하면서 볼록하고 평편한 모양이 된다. 표면이 습할 때는 끈적거리고 황색의 바탕에 올리브 갈색 또는 갈색의 인편 및 섬유가 있다.

살(조직)은 백황색이다. 자루에서 홈이 패여 붙은 주름살의 간격은 약간 촘촘하다. 자루의 길이는 5~10cm, 위아래의 굵기가 같거나 아래쪽이 굵다. 속이 차 있다. 표면은 매끄럽거나 미세한 섬유 모양이다. 포자의 무늬는 백색이다.

식용

기와무당버섯 무당버섯과 Russula crustosa

발생 여름~가을 **장소** 활엽수림 내의 땅 위 **채취** 여름~가을 **인공 재배** 불가능

| **식용** | 볶음 | **약용** | 면역력 증강 | **사용 범위** | 치유되면 중단한다 | **배당체** | 알려진 것이 없다 | **약리 작용** | 불분명하다 | **성미** | 맛은 온화하다 | **독성** | 없다 | **금기** | 생식을 금한다

기와무당버섯은 활엽수림 내의 땅 위에 홀로 나거나 흩어져 난다.

갓은 지름이 5~11cm 정도이고, 어릴 때에는 반원 모양으로 성장하면서 낮은 산 모양을 거쳐 가운데가 오목하고 편평하게 된다. 표면이 습할 때는 끈적거리고, 황토색·황갈색·회색기가 있는 녹황색 또는 회갈색 등으로 다양하다. 가장자리는 알맹이 모양의 선이 있고 조각으로 갈라진다.

살(조직)은 단단한 백색이다. 자루에서 바르게 붙은 주름살의 간격은 촘촘하다. 자루의 길이는 4~7cm 정도로 기부 쪽으로 가늘다. 속은 차 있다. 포자의 무늬는 연한 백황색이다.

꼬마주름버섯 주름버섯과 Agaricus diminutivus

발생 여름~가을 장소 숲속의 부엽토 위 채취 여름~가을 인공 재배 불가능

| 식용 | 볶음 | 약용 | 면역력 증강 | 사용 범위 | 치유되면 중단한다 | 배당체 | 알려진 것이 없다 | 약리 작용 | 불분명하다 | 성미 | 맛이 평하다 | 독성 | 없다 | 금기 | 생식을 금한다

 꼬마주름버섯은 숲속의 부엽토 위에 홀로 나거나 몇 개 난다.
 갓은 크기가 1~4cm 정도이고, 어릴 때에는 반원 모양 또는 둥근 산 모양으로 성장하면서 가운데가 돌출되거나 편평하게 된다. 표면은 백색 바탕에 들러붙은 적갈색 또는 흑갈색으로 변한다. 비단 같은 인편으로 덮여 있다.
 살(조직)은 얇은 백색이다. 자루에서 떨어져 붙은 주름살의 간격은 촘촘하다. 자루의 길이는 3~5cm 정도로 위쪽은 굵고 아래쪽은 가늘다. 표면은 백색에서 연한 황색으로 변한다. 백색의 섬유로 덮여 있다.

식용

끈적비단그물버섯(노른자비단그물버섯) 그물버섯과 Suillus americanus

발생 여름~가을 **장소** 침엽수림(잣나무, 스트로브잣나무) 내의 땅 위 **채취** 름~가을 **인공 재배** 불가능

| **식용** | 볶음 | **약용** | 면역력 증강 | **사용 범위** | 치유되면 중단한다 | **배당체** | 알려진 것이 없다 | **약리 작용** | 불분명하다 | **성미** | 맛이 평하다 | **독성** | 없다 | **금기** | 생식을 금한다

끈적비단그물버섯은 침엽수림(잣나무, 스트로브잣나무) 내의 땅 위에 흩어져 나거나 무리를 이루어 난다.

갓은 크기가 3~10cm 정도이고, 어릴 때에는 원뿔 모양으로 성장하면서 둥근 산 모양으로 거쳐 평편하게 된다. 표면이 습할 때는 끈적거리고, 황색 바탕 위에 갈색의 섬유 인편으로 덮여 있고 가장자리에는 내피막의 조각이 붙어 있다.

살(조직)은 밝은 황색이다. 자루에서 내려져 붙은 주름살의 간격은 엉성하다. 상처가 나면 약간 갈색으로 변한다. 자루의 길이는 3~9cm 정도로 원기둥의 모양이고 턱받이는 황색의 막질로 어린 자루 위쪽은 불분명하다. 표면은 연한 황색 바탕 위에 연한 갈색의 작은 점 모양의 인편으로 덮여 있다. 포자의 무늬는 황갈색이다.

노란길민그물버섯(청변민그물버섯) 그물버섯과 Phylloporus bellus

발생 여름~가을 **장소** 활엽수림, 공원 등의 땅 위 **채취** 여름~가을 **인공 재배** 불가능

| **식용** | 볶음 | **약용** | 면역력 증강 | **사용 범위** | 치유되면 중단한다 | **배당체** | 알려진 것이 없다 | **약리 작용** | 불분명하다 | **성미** | 맛이 평하다 | **독성** | 약간 독성 | **금기** | 생식을 금한다

　노란길민그물버섯은 활엽수림, 공원 등의 땅 위에 홀로 나거나 무리를 이루어 난다.

　갓은 크기가 3~6cm 정도이고, 어릴 때에는 낮은 반원 모양으로 성장하면서 평편하게 된 후 가장자리가 치켜올라가 팽이의 모양이 된다. 표면은 어릴 때는 벨벳과 같은 질감이다가 점차 균열되어 납작한 인편이 된다. 상처가 나면 흑갈색으로 변한다. 어릴 때 흑갈색에서 적갈색으로 변한다.

　살(조직)은 백색에서 연한 황색이다. 상처가 나도 변색되지 않는다. 자루에서 길게 내려붙은 주름살의 간격은 엉성하다. 상처가 나면 청색으로 변한다. 자루의 길이는 3~7cm 정도로 위아래의 굵기가 같거나 아래쪽으로 가늘다. 표면은 매끄럽고 황갈색이다. 포자의 무늬는 황록 갈색이다.

다람쥐눈물버섯 <small>눈물버섯과 Psathyrella piluliformis</small>

| **발생** 봄~초겨울 | **장소** 활엽수의 썩은 나무나 그 부근의 땅 위 | **채취** 늦가을 | **인공 재배** 불가능 |

| **식용** | 볶음 | **약용** | 면역력 증강 | **사용 범위** | 치유되면 중단한다 | **배당체** | 알려진 것이 없다 | **약리 작용** | 불분명하다 | **성미** | 맛이 평하다 | **독성** | 약간 독성 | **금기** | 생식을 금한다

다람쥐눈물버섯은 활엽수의 썩은 나무나 그 부근의 땅 위에 무리를 이루어 다발로 난다.

갓은 지름이 3~6cm 정도이고, 어릴 때에는 낮은 반원 모양으로 성장하면서 둥근 산 모양을 거쳐 평편하게 된다. 표면이 습할 때는 줄 무늬선이 나타나고 방사상의 주름이 있다. 암갈색 또는 적갈색이지만 마르면 황토색이다.

살(조직)은 탁한 백색이다. 상처가 나도 변색되지 않는다. 자루에서 바르게 붙은 주름살의 간격은 폭은 넓고 약간 촘촘하다. 자루의 길이는 3~7cm 정도로 위아래의 굵기가 같다. 표면은 백색이다가 윤기 있는 세로로 된 섬유 모양이고 속은 비어 있다. 포자의 무늬는 암갈색이다.

다색벚꽃버섯 벚꽃버섯과 Hygrophorus russula

식용

발생 여름~가을　**장소** 혼합림 내의 땅 위　**채취**　**인공 재배** 불가능

| **식용** | 볶음 · 무침 · 요리(탕, 전골) | **약용** | 면역력 증강　| **사용 범위** | 치유되면 중단한다
| **배당체** | 알려진 것이 없다 | **약리 작용** | 불분명하다 | **성미** | 맛이 담백하다 | **독성** | 없다
| **금기** | 생식을 금한다

　다색벚꽃버섯은 혼합림 내의 땅 위에 무리를 이루어 난다. 흔히 밤버섯이라 부른다.
　갓은 지름이 5~12cm 정도이고, 어릴 때에는 반원 모양으로 성장하면서 낮은 산 모양을 거쳐 가운데가 높고 평편하게 된다. 표면에 끈기가 있으나 곧 마른다. 가운데는 얼룩진 포도주 적색 또는 진한 적색이다. 가장자리 쪽으로 색이 옅어지면서 백색에 가깝다.
　살(조직)은 백색에서 연한 홍색으로 얼룩진 진한 적색의 얼룩이 있다. 자루에서 바르게 붙은 주름살의 간격은 촘촘하고 갓과 같은 얼룩이 있다. 자루의 길이는 3~8cm 정도로 표면은 백색이다가 점차 갓과 같은 홍색이 가미되고 섬유 모양이고 속은 차 있다. 포자의 무늬는 백색이다.

식용

독송이 송이과 Tricholoma muscarium Kawam.

발생 가을 **장소** 활엽수림 내의 땅 위 **채취** 가을 **인공 재배** 불가능

| **식용** | 볶음·데침·요리(탕, 전골) | **약용** | 면역력 증강 | **사용 범위** | 한 번에 다량을 섭취하면 만취 상태, 일시적인 의식 불명을 일으킬 수 있다. | **배당체** | 알려진 것이 없다 | **약리 작용** | 불분명하다 | **성미** | 맛이 독특하다 | **독성** | 일반 독성(살충 성분인 트리콜롬산(tricholomic acid)이 함유되어 있다) | **금기** | 생식을 금한다

   독송이는 활엽수림 내의 땅 위에 홀로 나거나 무리를 이루어 난다.
   갓은 지름이 4~6cm 정도이고, 어릴 때에는 원뿔 모양으로 성장하면서 가운데가 돌출되고 평편하게 된다. 표면의 가운데는 진한 색이고 옅은 황색 바탕에 갈색 톤의 올리브색 섬유 무늬로 덮여 있다.
   살(조직)은 백색이다. 자루에서 올려붙은 주름살의 간격은 촘촘하고 홈이 패여 있다. 자루의 길이는 6~8cm 정도로 방추형이다. 표면은 백색에서 옅은 황색이다. 세로로 된 섬유 모양이고 속은 차 있다.

들주발버섯 주발버섯과 Aleuria aurantia

발생 가을 장소 숲속·길가·인도 등의 모래땅 위 채취 10월 인공 재배 불가능

| **식용** | 볶음 | **약용** | 면역력 증강 | **사용 범위** | 치유되면 중단한다 | **배당체** | 알려진 것이 없다 | **약리 작용** | 불분명하다 | **성미** | 알려진 것이 없다 | **독성** | 없다 | **금기** | 생식을 금한다

들주발버섯은 숲속·길가·인도 등의 모래땅 위에 홀로 나거나 무리를 이루어 난다.

갓은 지름이 2~6cm 정도이고, 어릴 때에는 주발 모양으로 성장하면서 접시 모양이 된 후 평편해지거나 물결 모양으로 된다. 자루가 없다.

표면은 매끄럽고 주황색이다. 바깥면은 주황색 바탕에 미세한 백색의 가루 같은 털로 덮여 있다.

살(조직)은 얇고 부서지기 쉬운 주황색이다.

제4장 식용이 가능한 이색 버섯

식용

맛광대버섯(흰조각광대버섯) 광대버섯과 Amanita asculenta

발생 여름~가을　**장소** 침엽수림, 활엽수림 내의 땅 위　**채취** 인공 재배 불가능

| **식용** | 볶음 | **약용** | 면역력 증강 | **사용 범위** | 생식하면 중독된다 | **배당체** | 알려진 것이 없다 | **약리 작용** | 불분명하다 | **성미** | 알려진 것이 없다 | **독성** | 약간 독성 | **금기** | 생식을 금한다

맛광대버섯은 침엽수림, 활엽수림 내의 땅 위에 홀로 나거나 소수로 무리를 이루어 난다.

갓은 크기가 4~12cm 정도이고, 어릴 때에는 반원 모양으로 성장하면서 둥근 산 모양을 거쳐 평편하게 된다. 표면은 회갈색에서 암갈색이고, 매끈하고 외피막에 백색의 인편이 붙어 있고 가장자리에 방사상의 홈이 패인 선이 있다.

살(조직)은 백색이다. 자루에서 떨어져 붙은 주름살의 간격은 약간 촘촘하다. 자루의 길이는 6~13cm 정도로 표면은 회색이고 섬유 모양의 인편으로 촘촘히 덮여 얼룩덜룩한 모양이다. 턱받이는 회색의 막질이다. 포자의 무늬는 백색이다.

식용

망그물버섯(밤색갓그물버섯) 그물버섯과 Reticuloletus ornatipes

발생 여름~가을　**장소** 활엽수림 내의 땅 위　**채취** 여름~가을　**인공 재배** 불가능

| **식용** | 볶음, 요리(탕·전골·찌개)　| **약용** | 항종양, 면역력 증강　| **사용 범위** | 치유되면 중단한다　| **배당체** | 베타글루칸　| **약리 작용** | 항암　| **성미** | 독특한 향이 있고 맛이 약간 쓰다　| **독성** | 없다　| **금기** | 생식을 금한다

　망그물버섯은 활엽수림 내의 땅 위에 홀로 나거나 무리를 이루어 난다.
　갓은 크기가 4~8cm 정도이고, 어릴 때에는 반원 모양으로 성장하면서 둥근 산 모양을 거쳐 평편하게 된다. 표면은 건조하면 벨벳과 같은 질감이고 어릴 때는 암녹 갈색에서 황록 갈색 또는 황갈색이다. 상처가 나면 약간 진한 황색을 띤다.
　살(조직)은 황색이다. 자루에서 올려붙은 주름살의 간격은 촘촘하다. 상처가 나면 진한 황색으로 변한다. 자루의 길이는 5~11cm 정도로 위아래의 굵기가 같고 단단하지만 쉽게 부러진다. 표면은 황색이고 전면이 그물 무늬로 덮여 있다. 기부에는 백색의 균사가 있다. 포자의 무늬는 황록 갈색이다.

목련무당버섯 (흰꽃무당버섯) 무당버섯과 Russula allboareolata

| 발생 초여름~늦가을 | 장소 활엽수림 내의 땅 위 | 채취 초여름~늦가을 | 인공 재배 불가능

| 식용 | 볶음 | 약용 | 면역력 증강 | 사용 범위 | 치유되면 중단한다 | 배당체 | 알려진 것이 없다 | 약리 작용 | 항균 | 성미 | 맛이 평하다 | 독성 | 없다 | 금기 | 생식을 금한다

    목련무당버섯은 활엽수림 내의 땅 위에 홀로 나거나 무리를 이루어 난다.
    갓은 크기가 5~8cm 정도이고, 어릴 때에는 원 모양 또는 반원 모양으로 성장하면서 둥근 산 모양으로 가운데가 오목한 깔때기의 모양이 된다. 표면이 습할 때는 끈적거리고 어릴 때는 백황색의 가루로 덮여 있다가 가운데를 중심으로 황갈색의 얼룩이 있다. 가장자리에는 방사상의 홈 선이 있다.
    살(조직)은 연약한 백색이다. 자루에서 떨어져 붙은 주름살의 간격은 약간 촘촘하다. 상처가 나면 진한 황색으로 변한다. 자루의 길이는 2~5.5cm 정도로 속이 차 있기도 하지만 거의 비어 있다. 표면에 주름 모양의 세로로 된 홈선이 있다. 포자의 무늬는 백색이다.

밀졸각버섯 졸각버섯과 Laccaria tortilis

식용

발생 봄~가을 **장소** 풀밭의 이끼 사이, 숲속 이끼 위, 습한 땅 위 **채취** 봄~가을 **인공 재배** 불가능

| **식용** | 볶음 · 데침 · 요리(탕, 전골) | **약용** | 항종양, 면역력 증강 | **사용 범위** | 치유되면 중단한다 | **배당체** | 알려진 것이 없다 | **약리 작용** | 항암 | **성미** | 알려진 것이 없다 | **독성** | | **금기** | 생식을 금한다

밀졸각버섯은 풀밭의 이끼 사이, 숲속 이끼 위, 습한 땅 위에 홀로 나거나 무리를 이루어 난다.

갓은 크기가 0.6~1.5cm 정도이고, 어릴 때에는 반원 모양으로 성장하면서 가운데가 오목하고 평편하게 된다. 가장자리는 물결 모양이다. 표면이 습할 때는 줄 무늬선을 나타내고 주황 살색이고 가운데는 진하다.

살(조직)은 연한 주홍 갈색이다. 자루에서 바르게 붙은 주름살의 간격은 매우 엉성하다. 자루의 길이는 1~2.5cm 정도로 가늘고 연약하다. 표면은 갓과 같은 색이다. 포자의 무늬는 백색이다.

식용

버터철쭉버섯(애기버터버섯) 낙엽버섯과 Rhodocollybio butyracea

발생 여름~가을 **장소** 침엽수림, 활엽수림, 혼합림 내의 낙엽이나 부엽토 위 **채취** 여름~가을 **인공재배** 불가능

| **식용** | 볶음, 무침 | **약용** | 면역력 증강 | **사용 범위** | 치유되면 중단한다 | **배당체** | 베타글루칸 | **약리 작용** | 알려진 것이 없다 | **성미** | 맛이 평하다 | **독성** | 없다 | **금기** | 생식을 금한다

　　버터철쭉버섯은 침엽수림·활엽수림·혼합림 내의 낙엽이나 부엽토 위에 몇 개씩 흩어져 난다.
　　갓은 크기가 3~6cm 정도이고, 어릴 때에는 둥근 산 모양으로 성장하면서 평편하게 된다. 가장자리는 물결 모양이다. 표면이 매끄러우며 습할 때는 적갈색 또는 황토갈색이고 방사상의 선이 짧게 나타나고, 건조하면 크림색 또는 베이지색이다.
　　살(조직)은 백색이다. 자루에서 떨어져 붙은 주름살의 간격은 촘촘하다. 자루의 길이는 2~8cm 정도로 위쪽으로 가늘어지고 아래쪽으로 굵다. 표면은 매끄럽고 갓과 같은 색이거나 옅은 색이다. 기부는 부풀어 있고 백색의 균사로 덮여 있다. 포자의 무늬는 백색이다.

붉은꾀꼬리버섯 꾀꼬리버섯과 Cantharellus cinnabarinus

발생 여름~가을 **장소** 활엽수림, 혼합림 내의 땅 위 **채취** 여름~가을 **인공 재배** 불가능

| **식용** | 볶음, 데침 | **약용** | 면역력 증강 | **사용 범위** | 치유되면 중단한다 | **배당체** | 알려진 것이 없다 | **약리 작용** | 불분명하다 | **성미** | 맛이 담백하다 | **독성** | 없다 | **금기** | 생식을 금한다

붉은꾀꼬리버섯은 활엽수림, 혼합림 내의 땅 위에 홀로 나거나 무리를 이루어 난다.

갓은 지름이 2~4cm 정도이고, 어릴 때에는 낮은 반원 모양으로 성장하면서 가운데가 주저앉듯 평편해져 오목한 깔때기의 모양 또는 불규칙한 모양이 된다. 가장자리는 안쪽으로 말려 있다가 물결 모양이 되거나 얇게 갈라진다. 표면은 매끄럽고 붉은 주황색이다.

살(조직)은 육질로 백색이다. 자실층 아랫면은 자루에서 내려붙은 모양이고 연한 주황색이다. 자루의 길이는 2~5cm 정도로 아래쪽으로 가늘다. 표면은 갓과 같은 색이거나 옅은 색으로 줄 무늬선이 있다. 속은 차 있다. 포자의 무늬는 연한 홍색기가 있는 황색이다.

식용

새주둥이버섯 말뚝버섯과 Lysurus mokusin

발생 여름~가을 **장소** 활엽수림, 침엽수림 내의 땅 위 **채취 인공 재배 불가능**

| **식용** | 알 모양이 어린 버섯(볶음, 무침) | **약용** | 항종양, 면역력 증강 | **사용 범위** | 치유되면 중단한다 | **배당체** | 알려진 것이 없다 | **약리 작용** | 항암 | **성미** | 알려진 것이 없다 | **독성** | | **금기** | 생식을 금한다

새주둥이버섯은 활엽수림, 침엽수림 내의 땅 위에 홀로 나거나 무리를 이루어 난다.

어릴 때 달걀 모양으로 성장하면서 긴 달걀 모양이 된다. 표면이 매끄럽고 백색이다. 성숙하면서 외피가 찢어지면서 사각 또는 육각형의 자루로 성장한다. 자루의 위쪽 부분에 4~6개의 팔이 있고 꼭대기에서 서로 접합하여 뾰족한 탑 모양을 이룬다. 팔은 높이가 0.8~2cm 정도로 적색 또는 적갈색이다. 안쪽 면은 가로로 된 주름이 있고 흑갈색의 점액 물질이 붙어 있어 악취가 난다.

자루의 길이는 4~9cm 정도로 속은 비어 있다. 표면에는 스펀지 같은 홈이 있다. 연한 홍색에서 적색으로 되고 기부 쪽은 백색이다.

솔버섯 송이과 Tricholomopsis rutilans

발생 여름~가을 **장소** 침엽수의 그루터기, 썩은 나무 위나 주변 부엽토 위 **채취** 여름~가을 **인공 재배** 불가능

| **식용** | 볶음 | **약용** | 면역력 증강 | **사용 범위** | 체질에 따라 설사 등 중독을 일으킨다 | **배당체** | 알려진 것이 없다 | **약리 작용** | 항산화 | **성미** | 맛이 없다 | **독성** | 약간 독성 | **금기** | 생식을 금한다

    솔버섯은 침엽수의 그루터기, 썩은 나무 위나 주변 부엽토 위에 홀로 나거나 다발로 난다.

    갓은 지름이 4~15cm 정도이고, 어릴 때에는 낮은 종 모양으로 성장하면서 둥근 산 모양을 거쳐 점차 평편하게 된다. 표면은 황색 바탕에 진한 적갈색 또는 진한 적색의 가는 인편이 붙어 있다.

    살(조직)은 크림색에서 연한 황색으로 된다. 자루에서 바로 붙은 주름살이다가 홈이 패여 붙은 폭은 좁고 간격은 매우 촘촘하다. 자루의 길이는 4~10cm 정도로 위아래의 굵기가 같거나 아래쪽으로 조금 굵다. 표면은 갓과 같은 색이다. 포자의 무늬는 백색이다.

수원그물버섯 그물버섯과 B0letus auripes

| 발생 여름 | 장소 활엽수림 내의 땅 위 | 채취 여름 | 인공 재배 불가능

| **식용** | 볶음 | **약용** | 면역력 증강 | **사용 범위** | 치유되면 중단한다 | **배당체** | 알려진 것이 없다 | **약리 작용** | 항균 | **성미** | 알려진 것이 없다 | **독성** | 없다 | **금기** | 생식을 금한다

    수원그물버섯은 활엽수림 내의 땅 위에 홀로 나거나 무리를 이루어 난다.

    갓은 지름이 6~15cm 정도이고, 어릴 때에는 반원 모양으로 성장하면서 점차 평편하게 된다. 표면이 매끄럽고 건조하고 미세한 벨벳 모양이다. 어릴 때는 밝은 갈색에서 황갈색으로 되고 성숙하면 황토색 또는 암황색이 된다. 상처를 받아도 변색되지 않는다.

    살(조직)은 연한 황색이다. 자루에서 바르게 붙은 주름살의 간격은 매우 촘촘하다. 자루의 길이는 7~12cm 정도로 위아래가 같은 굵기이거나 아래쪽으로 굵다. 표면은 황색으로 위쪽은 그물눈 모양이다. 기부는 백황색의 균사로 덮여 있다. 포자의 무늬는 황록 갈색이다.

혈전을 용해하는 앵두낙엽버섯(종이꽃낙엽버섯) 낙엽버섯과 Marasmius pulcherripes

약용

발생 여름 **장소** 침엽수림, 활엽수림 내의 낙엽 위 **채취** 여름 **인공 재배** 불가능

| **식용** | 볶음 | **약용** | 면역력 증강 | **사용 범위** | 치유되면 중단한다 | **배당체** | 알려진 것이 없다 | **약리 작용** | 불분명하다 | **성미** | 맛이 평하다 | **독성** | 알려진 것이 없다 | **금기** | 생식을 금한다

앵두낙엽버섯은 침엽수림, 활엽수림 내의 낙엽 위에 홀로 나거나 무리를 이루어 난다.

갓은 지름이 5~15cm 정도이고, 어릴 때에는 종 모양으로 성장할 때까지 점차 펴지지 않는다. 표면이 매끄럽고 분홍색 또는 자홍색이다. 주름과 방사상의 홈선이 있다.

살(조직)은 얇고 가죽질로 분홍색이다. 자루에서 바르게 붙은 주름살의 간격은 그 수가 16~19개로 매우 엉성하다. 자루의 길이는 3~6cm 정도로 철사 모양으로 표면은 매끄럽고 흑갈색이다. 포자의 무늬는 백색이다.

식용

적색신그물버섯 그물버섯과 Aureoboletus thibetanus

발생 여름~가을　**장소** 활엽수림, 혼합림 내의 땅 위　**채취** 여름~가을　**인공 재배** 불가능

| **식용** | 볶음 | **약용** | 면역력 증강 | **사용 범위** | 치유되면 중단한다 | **배당체** | 알려진 것이 없다 | **약리 작용** | 불분명하다 | **성미** | 맛이 시다 | **독성** | 없다 | **금기** | 생식을 금한다

　　적색신그물버섯은 활엽수림, 혼합림 내의 땅 위에 홀로 나거나 무리를 이루어 난다.

　　갓은 크기가 2.5~6cm 정도이고, 어릴 때에는 낮은 모양으로 성장하면서 점차 평편하게 된다. 표면이 신선할 때는 적갈색에서 살색으로 변해 가고, 습할 때는 끈적거리고, 오래되면 밝은 갈색 또는 오렌지 갈색이 된다.

　　살(조직)은 연한 육질로 백색이다. 상처가 나도 변색되지 않는다. 자루에서 바르게 붙은 주름살은 홈이 패어 있는 모습이 된다. 구멍의 밀도와 간격은 촘촘하다. 자루의 길이는 4~8cm 정도로 굽어 있고 아래쪽으로 굵다. 표면은 매끄럽고 갓보다 옅은색 바탕에 세로로 갓과 같은 색의 줄 무늬가 있다. 기부에는 백색의 균사가 있다.

조각무당버섯 무당버섯과 Russula vesca

약용 식용

발생 여름~가을 **장소** 활엽수림, 침엽수림 내의 땅 위 **채취 인공 재배** 불가능

| **식용** | 볶음 · 데침 · 요리(탕, 전골) | **약용** | 항종양, 면역력 증강 | **사용 범위** | 치유되면 중단한다 | **배당체** | 베타글루칸 | **약리 작용** | 항암 | **성미** | 맛과 냄새는 없다 | **독성** | 없다 | **금기** | 생식을 금한다

    조각무당버섯은 활엽수림, 침엽수림 내의 땅 위에 홀로 나거나 몇 개씩 흩어져 나기도 하며, 무리를 이루어 나기도 한다.

    갓은 크기가 4~10cm 정도이고, 어릴 때에는 원 모양 또는 반원 모양으로 성장하면서 점차 평편하게 되며 가운데는 오목하다. 표면이 습할 때는 약간 끈적거리고, 살색 · 자주색 · 보라색 · 황색 등이 혼합된 색으로 가운데가 밝다. 가장자리는 짙은 색이며, 알갱이 모양의 선이 짧게 나타난다.

    살(조직)은 치밀한 백색이다. 상처가 나도 변색되지 않는다. 자루에서 바르게 붙은 주름살의 간격은 촘촘하다. 자루의 길이는 3~9cm 정도로 아래쪽으로 가늘어진다. 표면은 백색의 옅은 자주색이고 가늘게 새로로 홈선이 있다. 포자의 무늬는 백황색이다.

식용

좀노랑창싸리버섯 국수버섯과 Clavulinopsis helvola

| **발생** 여름~가을 | **장소** 혼합림, 숲 속의 낙엽, 이끼 사이의 땅 위 | **채취** 여름~가을 | **인공 재배** 불가능

| **식용** | 볶음 | **약용** | 면역력 증강 | **사용 범위** | 치유되면 중단한다 | **배당체** | 알려진 것이 없다 | **약리 작용** | 불분명하다 | **성미** | 알려진 것이 없다 | **독성** | 없다 | **금기** | 생식을 금한다

좀노랑창싸리버섯은 혼합림, 숲속의 낙엽, 이끼 사이의 땅 위에 홀로 나거나 무리를 이루어 난다.

자실체의 높이는 2~7cm 정도이고, 가는 곤봉 모양 또는 편평한 막대 모양으로 보통 굽어 있거나 뒤틀려 있다. 표면은 전체가 등황색이고 오래되면 끝이 마르면서 탁한 갈색으로 된다.

살(조직)은 잘 부서지지 않는 육질로 황색이다. 보통 한 개씩 발생할 때도 있지만 여러 개가 다발로 발생하는 경우도 있다. 자루와 구분이 없으며, 기부 쪽으로 가늘어지고 표면은 옅은 황색이다.

할미송이 송이과 Tricholoma saponaceum

발생 가을 **장소** 침엽수림, 활엽수림, 혼합림 내의 땅 위 **채취** 가을 **인공 재배** 불가능

| **식용** | 볶음, 무침 | **약용** | 항종양, 면역력 증강 | **사용 범위** | 치유되면 중단한다 | **배당체** | 알려진 것이 없다 | **약리 작용** | 항암 | **성미** | 풀잎 맛이다 | **독성** | 약간 독성 | **금기** | 생식을 금한다

    할미송이는 침엽수림 · 활엽수림 · 혼합림 내의 땅 위에 흩어져 나거나 무리를 이루어 난다. 다양하고 색의 변화가 심하다.

    갓의 지름은 3.5~7cm 정도이고, 어릴 때는 반원 모양으로 성장하면서 가운데가 평편한 모양으로 된다. 표면은 올리브색 · 갈색 · 회백색 등이 있고, 가운데는 그을음 같은 인편으로 덮인다.

    살(조직)은 백색이다. 상처를 입으면 갈색으로 변한다. 자루에서 홈이 패어 붙은 주름살로 간격이 엉성하다. 자루의 길이는 2.5~8cm 정도로 아래쪽이 부풀거나 가늘고 보통 구부러진다. 표면은 백색에서 그을음같이 보이는 올리브색의 섬유 무늬로 덮인다. 포자의 무늬는 백색이다.

황금비단그물버섯 비단그물버섯과 Suillus cavipes

| 발생 가을 | 장소 침엽수림(소나무), 혼합림 내의 땅 위 | 채취 가을 | 인공 재배 불가능 |

| 식용 | 볶음·데침·요리(탕, 전골) | 약용 | 면역력 증강 | 사용 범위 | 치유되면 중단한다
| 배당체 | 알려진 것이 없다 | 약리 작용 | 불분명하다 | 성미 | 맛이 평하다 | 독성 | 없다 | 금기 | 생식을 금한다

황금비단그물버섯은 침엽수림(소나무), 혼합림 내의 땅 위에 무리를 이루어 난다.

갓의 크기는 3~8cm 정도이고, 어릴 때는 낮은 원뿔 모양으로 성장하면서 둥근 산 모양을 거쳐 평편하게 된다. 표면은 어릴 때 밤껍질색에서 적갈색으로 된다. 섬유질은 가는 인편으로 덮여 있고 가장자리에는 내피막의 조직이 오랫동안 붙어 있다.

살(조직)은 연한 황색이다. 자실층인 관공은 자루에서 내려붙은 주름살의 간격은 엉성하다. 상처가 나도 변색되지 않는다. 자루의 길이는 5~8cm 정도로 위아래가 같은 굵기이다. 턱받이 아래쪽은 갓과 같은 색이고 가는 섬유질 인편으로 덮여 있고 속은 비어 있다. 포자의 무늬는 연한 황록 갈색이다.

회갈색눈물버섯 눈물버섯과 Psathyrella spadiceogrisea

식용

| 발생 봄 | 장소 활엽수의 썩은 나무, 부엽토, 썩은 그루터기 위 | 채취 봄 | 인공 재배 불가능

| 식용 | 볶음, 무침 | 약용 | 면역력 증강 | 사용 범위 | 치유되면 중단한다 | 배당체 | 알려진 것이 없다 | 약리 작용 | 불분명하다 | 성미 | 맛이 평하다 | 독성 | 없다 | 금기 | 생식을 금한다

회갈색눈물버섯은 활엽수의 썩은 나무, 부엽토, 썩은 그루터기 위에 무리를 이루어 난다.

갓의 지름은 2.5~5cm 정도이고, 어릴 때는 종 모양으로 성장하면서 점차 평편해져 둥근 산 모양을 이루다가 가운데가 볼록한 편평한 모양이 된다. 표면이 건조하면 옅은 짚색이지만, 습할 때는 줄 무늬선을 나타낸다. 어릴 때는 암갈색 또는 황갈색이다. 방사상의 얕은 주름이 있다.

살(조직)은 옅은 갈색이다. 자실층인 관공은 자루에서 바르게 붙은 주름살의 간격은 약간 촘촘하다. 자루의 길이는 4~8cm 정도로 아래로 약간 굵다. 자루의 표면은 백색의 미세한 솜털로 덮여 있고 속은 비어 있다. 포자의 무늬는 흑자 갈색이다.

흰둘레그물버섯 둘레그물버섯과 Gyroporus castaneus

| 발생 | 여름~가을 | 장소 | 침엽수림, 활엽수림 내의 절개지 땅 위 | 채취 | 여름~가을 | 인공 재배 | 불가능 |

| 식용 | 볶음, 무침 | 약용 | 면역력 증강 | 사용 범위 | 치유되면 중단한다 | 배당체 | 알려진 것이 없다 | 약리 작용 | 불분명하다 | 성미 | 맛이 평하다 | 독성 | 없다 | 금기 | 생식을 금한다 |

    흰둘레그물버섯은 침엽수림, 활엽수림 내의 절개지 땅 위에 홀로 난다.
    갓의 지름은 3~7cm 정도이고, 어릴 때는 반원 모양으로 성장하면서 점차 평편해져 가운데가 오목하게 된다. 표면은 부드러운 벨벳 모양이고, 적갈색, 짙은 황갈색, 밤색 등을 거쳐 색이 옅어져서 황색이 된다.
    살(조직)은 유연한 백색이다. 자실층인 관공은 원형으로 자루에서 떨어져 붙은 주름살의 간격은 약간 촘촘하다. 자루의 길이는 3~7cm 정도로 아래쪽으로 굵어진다. 자루의 표면은 갓과 같은 색이다. 포자의 무늬는 담황색이다.

꼬막버섯(꽃잎꼬막버섯) 느타리과 Hohenbuehelia petaloides

식용

발생 여름 **장소** 땅 속에 묻혀 있는 나무, 썩은 톱밥 더미 위 **채취** 여름 **인공 재배** 불가능

| **식용** | 볶음·데침·요리(탕, 전골) | **약용** | 면역력 증강 | **사용 범위** | 치유되면 중단한다 | **배당체** | 알려진 것이 없다 | **약리 작용** | 불분명하다 | **성미** | 맛이 담백하다 | **독성** | 없다 | **금기** | 생식을 금한다

꼬막버섯은 땅 속에 묻혀 있는 나무, 썩은 톱밥 더미 위에 다발로 난다.

갓의 지름은 3~8cm 정도이고, 어릴 때 돋아날 때는 깔때기 모양이다가 곧 한쪽으로 치우쳐 자라면서 주걱 모양이 된다. 가장자리는 말려 있고 물결 모양이다. 표면은 갈색에서 회갈색으로 변해 가며 짧지만 백색의 매우 강한 털로 덮여 있다.

살(조직)은 얇은 백색이다. 자실층인 관공은 원형으로 자루에서 내려붙은 주름살의 간격은 매우 촘촘하고 주름살의 날은 톱니 모양이다.

식용

흰주름만가닥버섯 (밀만가닥버섯) 만가닥버섯과 Lyophyllum connatum

| **발생** 가을 **장소** 침엽수림, 활엽수림 내의 절개지 땅 위 **채취** 가을 **인공 재배** 불가능

| **식용** | 볶음 | **약용** | 면역력 증강 | **사용 범위** | 위장 장애를 일으킬 수 있다 | **배당체** | 알려진 것이 없다 | **약리 작용** | 불분명하다 | **성미** | 맛이 온화하고 밀가루 냄새가 난다 | **독성** | 약간 독성(유럽에서는 독버섯으로 분류한다) | **금기** | 생식을 금한다

    흰주름만가닥버섯은 침엽수림, 활엽수림 내의 절개지 땅 위에 10 정도의 다발로 나거나 무리를 이루어 난다.

    갓의 지름은 4~8cm 정도이고, 어릴 때 둥근 산 모양에서 점차 평편하게 되면서 가운데가 오목하게 된다. 가장자리는 말려 있다가 오래되면 물결 모양이 된다. 표면은 어릴 때는 가운데가 회백색이고 주변으로는 백색을 띠면서 비단 가루 같은 털이 돋아 있다가 오래되면 사라진다.

    살(조직)은 연한 백색이다. 자실층인 관공은 원형으로 자루에서 바르게 붙은 주름살의 폭은 좁고 간격은 촘촘하다. 자루의 길이는 3~10cm 정도로 원기둥의 모양으로 아래쪽으로 굵어지기도 하고 가늘어지기도 한다. 표면은 백색 섬유 모양이고 기부에는 백색 솜털이 있고 속은 차 있다. 포자의 무늬는 백색이다.

약용 식용

잎새버섯 왕잎새버섯과 Grifola frondosa

발생 가을 **장소** 활엽수(밤나무, 물참나무, 후박나무, 서어나무)의 살아 있는 나무의 밑동, 그루터기 위 **채취** 가을 **인공 재배** 불가능

| **식용** | 볶음·데침·요리(탕, 전골) | **약용** | 항종양·면역력 증강·고혈압·당뇨병·자양, 강장 | **사용 범위** | 치유되면 중단한다 | **배당체** | 알려진 것이 없다 | **약리 작용** | 항산화·혈압 강하·혈당 강하 | **성미** | 맛이 담백하다 | **독성** | 없다 | **금기** | 생식을 금한다

 잎새버섯은 활엽수(밤나무, 물참나무, 후박나무, 서어나무)의 살아 있는 나무의 밑동, 그루터기 위에 발생하며, 목재의 부패를 일으킨다. 자실체의 너비는 15~30cm 정도의 큰 다발 또는 자루의 분지된 여러 개의 가지 위에 갓이 중첩되어 발생한다.
 갓은 지름이 2~5cm 정도이고, 반원 모양·부채 모양·혀 모양이 있다. 표면은 어릴 때는 흑색을 거쳐 회갈색으로 변하고 오래되면 거의 백색에 가깝다. 방사상의 섬유 무늬와 불분명한 테두리가 있다.
 살(조직)은 얇고 유연한 육질의 백색이다. 자실층인 갓 아랫면은 관공으로 되어 있다. 구멍은 원형이며 간격은 약간 촘촘하다. 포자의 무늬는 백색이다.

제5장

식용·약용·맹독성이 알려지지 않은 버섯

가는털컵버섯 거미줄종지버섯과 Lavhnum tenuissimum

발생 봄~가을   **장소** 초본식물의 죽은 나뭇가지   **독성** 식용·약용·독성 여부는 불분명하다

    가는털컵버섯은 초본식물의 죽은 나뭇가지에 무리를 지어 난다. 머리 부분과 자루로 구분한다. 머리는 0.6~1mm 정도이고, 어릴 때는 얕은 컵 모양으로 성장하면서 접시 모양 또는 평편한 모양이 된다.
    포자가 만들어지는 자실층의 안(위)쪽의 표면은 매끄럽고 백색에서 크림색으로 변한다. 바깥 면과 안쪽 면의 색이 같고 쌀겨 모양의 짧은 털이 있다. 자루의 길이는 0.3~0.5mm 정도이고 표면은 백색의 털로 덮여 있다.

가마애주름버섯 <small>애주름버섯과 Mycena filopes</small>

발생 가을 **장소** 숲속의 이끼 사이, 습한 낙엽, 고목, 나뭇가지 위 **독성** 식용·약용·독성 여부는 불분명하다

　가마애주름버섯은 숲속의 이끼 사이, 습한 낙엽, 고목, 나뭇가지 위에 홀로 나거나 흩어져 난다.

　갓은 지름이 0.5~1.5cm 정도이고, 원뿔 모양의 종 모양이다. 표면이 습할 때는 줄무늬선이 가운데까지 길게 나타나고 옅은 회갈색에서 베이지색으로 변한다. 물기를 머금은 것 같고 가장자리는 점점 색이 연해지고 가운데는 돌출되어 있다.

　살(조직)은 약한 암모니아 냄새가 나고 얇은 막질이다. 자루 끝에 붙은 주름살의 간격은 엉성하다. 자루는 3~10cm 정도로 가늘고 길다. 표면은 미세한 털로 덮여 있고 기부의 속은 비어 있다. 포자의 무늬는 백색이다.

노란송곳버섯 아교버섯과 Mycoacia aurea

발생 봄~가을 **장소** 활엽수의 죽은 나뭇가지 위 **독성** 식용·약용·독성 여부는 불분명하다

노란송곳버섯은 갓이 없는 배착생으로 기주 위에 밀착하여 활엽수의 죽은 나뭇가지 위에 발생한다.

표면은 얇고 작은 침이 많이 돋아 있으며 어릴 때는 크림색에서 연한 노란색을 거쳐 성장하면서 황토색으로 변한다.

침의 길이는 1~2mm 정도로 부착면과 같이 크림색에서 노란색을 거쳐 황토색으로 변한다. 가장자리는 백색의 깃털로 번진다. 침의 끝 부분은 2~3개로 미세하고 갈라진다.

녹색쓴맛그물버섯(임시명) 그물버섯과 Tylopilus alkalixanthus

발생 여름~가을 **장소** 활엽수림, 혼합림 내의 땅 위 **독성** 식용·약용·독성 여부는 불분명하다

녹색쓴맛그물버섯은 활엽수림, 혼합림 내의 땅 위에 홀로 나거나 무리를 이루어 난다.

갓은 크기가 4~9cm 정도이고, 어릴 때는 반원 모양으로 성장하면서 둥근 산 모양을 거쳐 평편하게 된다. 표면은 매끄럽고 건조한 편이고 어릴 때 벨벳 같은 질감이다. 어릴 때 흑갈색에서 점차 회갈색으로 변한다.

살(조직)은 쓴맛과 단맛이 있고 백색이다. 상처가 나면 홍색으로 변한다. 자루 끝에 붙은 주름살의 간격은 촘촘하고 홈이 패인 모양이다. 자루의 길이는 5~10cm 정도로 아래쪽으로 굵다. 표면은 매끄럽고 녹슨 색의 얼룩이 생긴다. 기부에는 백황색의 균사가 있다.

받침애주름버섯 애주름버섯과 Mycena chlorophos

발생 여름~가을 **장소** 활엽수의 죽은 나뭇가지·쓰러진 나무·대나무·야자나무·종려나무 **독성** 식용·약용·독성 여부는 불분명하다

받침애주름버섯은 활엽수의 죽은 나뭇가지·쓰러진 나무·대나무·야자나무·종려나무 등에 무리를 이루어 난다.

갓은 크기가 0.7~2.5cm 정도이고, 어릴 때는 공 모양으로 성장하면서 둥근 산 모양을 거쳐 평편하게 된다. 표면이 습할 때는 젤라틴질을 함유해서 끈적거리고, 방사상의 줄 무늬가 있다. 백색에 가까운 옅은 회색이다.

살(조직)은 백색이다. 자루에서 떨어져 붙은 주름살의 간격은 엉성하다. 자루의 길이는 1~2cm 정도로 굵기는 위아래가 같다. 표면은 백색으로 속이 비어 있다. 기부에는 원형의 빨판 같은 받침이 있다.

붉은말뚝버섯 말뚝버섯과 Phallus rugulosus

발생 여름~가을 **장소** 숲속 · 밭 · 길가의 땅 **독성** 식용 · 약용 · 독성 여부는 불분명하다

붉은말뚝버섯은 숲속 · 밭 · 길가의 땅에 홀로 나거나 무리를 이루어 난다.

갓은 지름이 2.5~3cm, 높이는 10~15cm 정도이고, 성숙하면 확실한 갓 모양을 형성한다. 표면이 백색 또는 연한 자주색의 달걀 모양이다가 외피가 찢어지면서 자루와 갓의 표면이 솟아오른다. 갓은 종 모양이고 꼭대기는 녹갈색의 점액으로 덮여 있고 작은 구멍을 통해 고약한 냄새로 포자를 퍼뜨리고 유인한다.

자루의 표면은 스펀지 같은 질감으로 면이 고르지 않고 구멍이 패여 있다. 위쪽은 연한 홍색에서 아래쪽으로 옅은 색으로 되어 기부 쪽은 백색이다.

자주색줄낙엽버섯 낙엽버섯과 Marasmius purpureostriatus

발생 여름~가을 **장소** 활엽수림 내의 낙엽이나 나뭇가지 **독성** 식용·약용·독성 여부는 불분명하다

자주색줄낙엽버섯은 활엽수림 내의 낙엽이나 나뭇가지에 홀로 나거나 무리를 이루어 난다.

갓은 지름이 1~2.5cm 정도이고, 어릴 때는 종 모양으로 성장하면서 평편하게 펴져 낮은 산 모양이 된다. 표면에 방사상의 홈이 뚜렷하고 가운데는 그물 무늬 같은 미세한 주름이 있다. 옅은 황색 바탕 위에 뚜렷한 홈선은 자갈색이다.

살(조직)은 얇고 질기다. 자루 끝에 붙은 주름살의 간격은 매우 엉성하다. 자루의 길이는 3.5~11cm 정도의 철사 모양이다. 표면이 매끄럽고 갈색기가 있는 오렌지 황색이고 미세한 털로 덮여 있다. 기부는 뿌리 모양이고 거친 털로 덮여 있다.

접시버섯 털접시버섯과 Scutellinia scutellata

발생 늦은 봄~가을 **장소** 촉촉한 땅, 부엽토, 활엽수의 썩은 나무 위 **독성** 식용·약용·독성 여부는 불분명하다

접시버섯은 촉촉한 땅, 부엽토, 활엽수의 썩은 나무 위에 무리를 이루어 난다.

갓은 지름이 3~12cm 정도이고, 어릴 때는 얕은 컵 모양 또는 접시 모양으로 성장하면서 평편하게 된다. 자실층인 안(위)쪽 표면이 매끄럽고 주황색이다. 바깥 면은 안(위)쪽 면과 같은 색이고 갈색의 털로 덮여 있고 가장자리의 털은 1mm 정도이고 자루는 없다.

좀벌집구멍장이버섯 구멍장이버섯과 Polyporus arcularius

발생 봄~초여름 **장소** 활엽수의 죽은 나뭇가지 또는 그루터기 위 **독성** 식용 · 약용 · 독성 여부는 불분명하다

    좀벌집구멍장이버섯은 활엽수의 죽은 나뭇가지 또는 그루터기 위에 발생한다. 목재의 부패를 일으킨다.

    갓은 지름이 2~5cm 정도이고, 가운데가 오목한 깔때기의 모양이다. 표면은 연한 황갈색의 바탕에 흑갈색의 섬유 모양의 인편으로 덮여 있다. 가장자리는 아래로 말려 있다.

    살(조직)은 유연한 가죽 같은 질감이고 백색이다. 갓 아랫면은 관공으로 되어 있다. 구멍은 타원형이고 간격은 매우 엉성하다. 자루의 길이는 1.5~4cm 정도로 중심생 또는 측심생이다. 표면은 갈색으로 미세한 인편이 붙어 있다. 포자의 무늬는 백색이다.

코털버섯 코털버섯과 Vibrissea truncorum

발생 4월~6월 중순 **장소** 맑은 계곡의 배수가 잘 되는 얕은 물가(속)에 떨어진 나뭇가지 위 **독성** 식용·약용·독성 여부는 불분명하다

코털버섯은 맑은 계곡의 배수가 잘 되는 얕은 물가(속)에 쓰러진 나뭇가지 위에 무리를 지어 난다. 머리 부분과 자루 부분으로 구분한다.

포자가 생기는 자실층의 머리 부분은 매끄러워 마치 모자를 쓰고 있는 모습이고 지름은 약 4mm 정도이고, 연한 노란색에서 오렌지색으로 변한다. 가장자리는 굴곡이 있고 아래로 약간 말려 있다. 물에 잠겨 있을 때는 백색 또는 백황색이다.

살(조직)은 연약하지 않고 불투명한 색이다.

화병꽃버섯 벚꽃버섯과 Hygrocybe cantharellus

발생 여름~가을 **장소** 침엽수림, 혼합림 내의 땅 위, 이끼 사이 **독성** 식용·약용·독성 여부는 불분명하다

화병꽃버섯은 침엽수림, 혼합림 내의 땅 위, 이끼 사이에 무리를 이룬다.

갓은 크기가 1~3.5cm 정도이고, 어릴 때는 둥근 산 모양으로 성장하면서 점차 가운데가 오목하고 평편하게 된다. 표면이 건조하고 비늘로 덮여 있고 가장자리는 무딘 톱 모양이다. 진한 적색에서 오렌지 적색 후에 황적색 또는 황색으로 변한다.

살(조직)은 연한 황색이고 표피의 밑은 오렌지 황색이다. 자루에서 내려붙은 주름살의 간격은 엉성하다. 자루의 길이는 3~5cm 정도로 가늘고 길다. 표면은 옅은 색이다. 포자의 무늬는 백색이다.

흰거스러미광대버섯(붉은껍질광대버섯) 광대버섯과 Amanita eijii

발생 여름~가을 **장소** 침엽수림, 활엽수림 내의 땅 위 **독성** 식용 · 약용 · 독성 여부는 불분명하다

흰거스러미광대버섯은 침엽수림, 활엽수림 내의 땅 위에 홀로 나거나 몇 개씩 모여 난다.

갓은 크기가 4~8cm 정도이고, 어릴 때는 반원 모양으로 성장하면서 둥근 산 모양을 거쳐 점차 평편하게 된다. 표면은 어릴 때는 백색이고 성장하면서 가운데부터 옅은 갈색이 된다. 전면이 피라미드 형태의 사마귀로 덮여 있다.

살(조직)은 단단하고 백색이다. 주름살의 간격은 폭이 넓고 촘촘하고 날은 가루 모양이다. 자루의 길이는 11~15cm 정도로 기부 쪽으로 굵어진다. 기부는 부풀어 있고 속은 차 있다. 표면은 백색 바탕에 옅은 갈색기가 있다. 포자의 무늬는 백색이다.

흰꼭지땀버섯 땀버섯과 Lnocybe acutata

발생 여름~가을 **장소** 풀밭, 잔디밭, 활엽수림 내의 땅 위 **독성** 식용 · 약용 · 독성 여부는 불분명하다

흰꼭지땀버섯은 풀밭 · 잔디밭 · 활엽수림 내의 땅 위에 무리를 이루어 난다.

갓은 크기가 0.5~1.5cm 정도이고, 어릴 때는 종 모양으로 성장하면서 가운데가 볼록하게 솟은 흰 돌기가 있는 낮은 반원 모양이 된다. 표면이 습할 때 줄 무늬선이 나타나고 어두운 갈색이고 가운데의 돌기는 백색이다.

살(조직)은 황갈색이다. 자루 끝에 붙은 주름살의 간격은 약간 엉성하다. 자루의 길이는 4~8cm 정도로 가늘고 길다. 기부는 약간 둥근 모양이다. 표면에 백색의 인편이 덮여 있다. 포자의 무늬는 황갈색이다.

짧은대꽃잎버섯 물두건버섯과 Ascocoryne cylichnium

발생 가을 **장소** 활엽수의 썩은 나무 위 **독성** 식용·약용·독성 여부는 불분명하다

짧은대꽃잎버섯은 활엽수의 썩은 나무 위에 홀로 나거나 다발로 난다.

갓은 지름이 0.5~2cm 정도이고, 어릴 때는 둥근 모양으로 성장하면서 가운데가 점차적으로 벌어지며 접시 모양 또는 사발 모양이 된 후에 가운데가 오목하고 평편하게 물결 모양이 된다. 표면은 매끄럽고 연한 적자색에서 오래되면 짙어진다. 가장자리는 가운데보다 짙은 색을 띠어 테두리가 있는 것처럼 보인다. 바깥 면은 안쪽 면과 같은 색이고 매끄럽지만 오래되고 건조하면 가루 모양이 된다.

살(조직)은 젤리 같은 질감이고 진한 적자색이다.

황금넓적콩나물버섯 투구버섯과 Spathularia flavida

발생 여름~가을 **장소** 침엽수림 내의 낙엽이 덮인 땅 위 **독성** 식용·약용·독성 여부는 불분명하다

    황금넓적콩나물버섯은 침엽수림 내의 낙엽이 덮인 땅 위에 홀로 나거나 무리를 이루어 난다. 머리 부분과 자루 부분으로 구분한다.
    머리는 1~3cm 정도이고 자루의 위쪽을 감싸고 붙어 있는 둥근 부채 모양 또는 나뭇잎과 비슷한 주걱 모양이다. 표면은 연한 황색이고 주름져 있다.
    자루의 길이는 3~4cm 정도로 약간 납작하고 아래쪽은 굵다. 자루의 표면은 매끄럽고 머리 부분과 같은 색이고 미세한 인편이 붙어 있다.

줄버섯 아교버섯과 Bjerkandera adusta

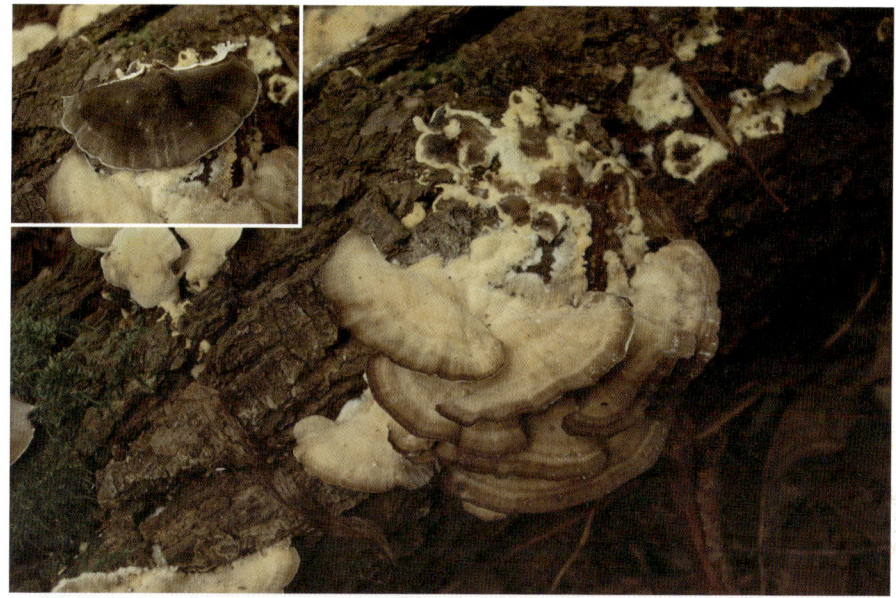

발생 봄~가을 **장소** 활엽수의 죽은 나무, 나뭇가지, 그루터기 위 **독성** 식용·약용·독성 여부는 불분명하다

줄버섯은 활엽수의 죽은 나무, 나뭇가지, 그루터기 위에 무리를 이루어 나거나 겹쳐서 난다. 목재의 백색 부패를 일으킨다.

갓은 지름이 2~5cm 정도이고, 어릴 때는 반원 모양으로 성장하면서 선반 모양이 된다. 여러 개체가 기와 모양의 층을 이루거나 줄지어 겹쳐 나기도 한다. 표면은 짧은 털로 덮여 있다가 점차 없어지고 물결 모양이고 불분명한 테 무늬가 있다. 어릴 때는 백색이지만 오래되면 흑색으로 변한다.

살(조직)은 질기고 백색이다. 자실층인 갓의 아랫면은 관공으로 되어 있고, 회색에서 흑색으로 변해 간다. 구멍은 미세하고 원형에 가깝고 밀도의 간격은 매우 촘촘하다. 포자의 무늬는 백색이다.

노루털귀버섯 (노루귀버섯) 땀버섯과 Crepidotus badiofloccosus

발생 여름~가을 **장소** 활엽수의 죽은 나뭇가지 위 **독성** 식용·약용·독성 여부는 불분명하다

노루털귀버섯은 활엽수의 죽은 나뭇가지 위에 무리를 이루어 난다.

갓은 좌우의 폭이 1~5cm, 전후의 폭이 1~3cm 정도이고, 조개껍질 또는 콩팥 모양이다. 가장자리는 아래로 말려 있다. 간혹 둥근 모양 또는 혀 모양도 있다. 표면은 옅은 백황색의 바탕에 갈색의 털로 덮여 있다.

살(조직)은 얇고 백색이다. 주름살의 폭은 넓고 간격은 촘촘하다. 기부는 연한 털로 덮여 있다. 포자의 무늬는 황토 갈색이다.

방패외대버섯 외대버섯과 Entoloma clypeatum

발생 봄~초여름 **장소** 숲속 · 길가 · 정원 · 과실나무 아래 **독성** 식용 · 약용 · 독성 여부는 불분명하다 **사용 범위** 지역에 따라 일부 식용하기도 하지만 중독을 일으킨 사례는 없다

방패외대버섯은 숲속 · 길가 · 정원 · 과실나무 아래에 무리를 이루어 난다.

갓은 크기가 3~8cm 정도이고, 어릴 때는 종 모양으로 성장하면서 둥근 산 모양을 거쳐 가운데가 낮게 돌출되어 평편하게 된다. 표면이 매끄럽고 가장자리가 말려 있고 물결 모양이다. 회갈색 또는 쥐색으로 미세한 섬유 모양의 줄 무늬가 있다.

살(조직)은 건조하면 백색이다. 자루에 바르게 붙은 주름살의 간격은 폭이 넓고 약간 엉성하다. 자루의 길이는 4~8cm 정도로 위아래의 굵기가 같거나 아래쪽이 다소 굵다. 포자의 무늬는 갈색기가 있는 분홍색이다.

이끼오렌지버섯 송이버섯과 Loreleia postii

발생 여름~가을 **장소** 이끼 사이 **독성** 식용·약용·독성 여부는 불분명하다

이끼오렌지버섯은 활엽수림 이끼 사이에서 발생한다.

갓은 지름이 2~5cm 정도이고 중앙이 오목한 깔때기 반구형의 모양이다. 가장자리는 안으로 말려 있고 주변에 방사상의 선이 있다. 표면은 오렌지색이다.

살(조직)은 얇고 오렌지색이다. 자루의 길이는 2~8cm 정도로 담황색이고 가로로 반투명한 선이 있다.

흰애주름버섯 애주름버섯과 Mycena alphitophora

발생 여름 **장소** 침엽수의 낙엽, 부러진 나뭇가지 위 **독성** 식용·약용·독성 여부는 불분명하다

흰애주름버섯은 침엽수의 낙엽, 부러진 나뭇가지 위에 발생한다.

갓은 지름이 2~8cm 정도이고, 어릴 때는 원뿔 모양으로 성장하면서 종 모양을 거쳐 반원 모양으로 된다. 표면은 백색 또는 연한 회색기를 띤다. 갓 전면에 백색의 가루가 덮여 있고 방사상의 패인 선이 있다.

살(조직)은 백색이다. 자루 끝에 붙은 주름살의 간격은 엉성하다. 자루의 길이는 1~3cm 정도로 표면은 반투명이고 기부는 약간 부풀어 있다. 포자의 무늬는 백색이다.

단발머리땀버섯 땀버섯과 Lnocybe cookei

발생 여름~가을 **장소** 침엽수림, 활엽수림 내의 땅 위 **독성** 식용 · 약용 · 독성 여부는 불분명하고 독버섯이다

    단발머리땀버섯은 침엽수림, 활엽수림 내의 땅 위에 홀로 나거나 무리를 이루어 난다.

    갓은 크기가 2~4.5cm 정도이고, 어릴 때는 원뿔 모양으로 성장하면서 거의 평편하게 되고 가운데가 높게 돌출된다. 표면은 연한 황갈색, 황토색에서 황토 갈색으로 변한다. 가장자리를 향해서 섬유상으로 갈라진다.

    살(조직)은 약간 냄새가 나고 얇고 백색에서 백황색이다. 자루에서 올려붙은 주름살에서 떨어져 붙은 모양이 된다. 폭은 보통이고 간격은 촘촘하다. 자루의 길이는 2~6cm 정도로 표면은 백색에서 옅은 황갈색이다. 자루 속은 차 있고, 미세한 섬유 모양이다. 포자의 무늬는 녹갈색이다.

겨나팔버섯 땀버섯과 Tubaria furfuracea

발생 초봄~초겨울 **장소** 땅에 묻힌 나무나 떨어진 나뭇가지 **독성** 식용·약용·독성 여부는 불분명하다

　겨나팔버섯은 땅에 묻힌 나무나 떨어진 나뭇가지에 적은 수의 무리를 이루어 난다. 국내에 1속 1종인 귀한 버섯이다.
　갓은 크기가 1~4cm 정도이고, 어릴 때는 가운데가 볼록한 반원 모양으로 성장하면서 평편하게 된다. 표면이 습할 때는 방사상의 선명한 선이 있고, 솜털 모양의 인편이 표면에 남는다. 연한 갈색에서 점점 밝은색이 된다.
　살(조직)은 부서지기 쉽고 탁한 크림색에 연한 갈색이다. 자루에서 바르게 붙은 주름살의 간격은 엉성하다. 자루의 길이는 2~5cm 정도로 표면은 갓과 같은 색이고 매끄럽거나 털이 붙어 있고 속은 비어 있다. 기부에는 솜털 모양의 균사가 있다. 포자의 무늬는 연한 오렌지 갈색이다.

흰찐빵버섯 (찐빵버섯) 말뚝버섯과 Kobayasia nipponica

발생 초여름~가을 **장소** 주로 소나무 숲의 땅 속이나 반쯤 묻힌 곳 **독성** 식용·약용·독성 여부는 불분명하다

흰찐빵버섯은 주로 소나무숲의 땅 속이나 반쯤 묻힌 곳에 발생한다.

지름은 3~7cm 정도이고, 찌그러진 공 모양 또는 감자 모양이다. 표면은 매끄럽고 균열이 있고 백색 또는 옅은 황갈색의 얇은 외피로 덮여 있다. 기부의 한쪽 끝에 뿌리 모양의 균사속이 있다.

사람의 뇌 모양과 닮은 내부의 기본체는 중심부터 방사상으로 늘어선 혀 모양의 작은 구획으로 갈라지고 내부에는 녹색에서 갈색이 되는 연골질의 방이 들어 있고 방의 내벽에 자실층이 형성된다.

새둥지버섯 주름버섯과 Nidula niveotomentosa

발생 여름~가을　**장소** 침엽수의 썩은 나무, 죽은 나뭇가지의 위　**독성** 식용·약용·독성 여부는 불분명하다

　새둥지버섯은 침엽수의 썩은 나무, 죽은 나뭇가지 등의 위에 무리를 이루어 난다.
　자실체의 외형은 어릴 때는 위쪽이 덮개를 덮어 놓은 것처럼 컵 모양이다. 바깥 면은 백색의 작은 털로 덮여 있다가 성장하면서 위의 덮개(입)를 열어 밑바닥이 넓고 견고한 컵 모양이 된다. 높이는 1cm, 지름은 5cm 정도로 내부 안쪽 면은 매끈하고 광택이 나고 바닥에 포자를 가지고 있는 소피자가 있다.

노란말뚝버섯 말뚝버섯과 Phallus flavocostatus

발생 여름~가을 **장소** 활엽수의 썩은 나무 위 **독성** 식용 · 약용 · 독성 여부는 불분명하다

노란말뚝버섯은 활엽수의 썩은 나무 위에 홀로 난다.

갓은 높이가 8~10cm, 굵기는 1.5~2cm 정도이고, 표면이 불규칙한 망복상의 융기이며 암녹색의 점액화되는 성질을 가지고 있어 악취가 난다. 유균은 달걀형의 백색이고 갓은 황색이고 대는 원통형이고 담황색이다.

가랑잎꽃애기버섯 (가랑잎밀버섯) 낙엽버섯과 Gymnopus peronatus

발생 여름~가을 **장소** 숲속 · 공원 풀밭 · 길가 · 숲 가장자리 등의 낙엽 또는 부엽토 위 **독성** 식용 · 약용 · 독성 여부는 불분명하다

　가랑잎꽃애기버섯은 숲속 · 공원 풀밭 · 길가 · 숲 가장자리 등의 낙엽 또는 부엽토 위에 무리를 이루어 난다.
　갓은 크기가 1.5~3.5cm 정도이고, 어릴 때는 반원 모양으로 성장하면서 둥근 산 모양을 거쳐 평편하게 된 후 가운데가 조금 낮아진다. 표면이 습할 때는 황갈색 또는 옅은 갈색으로 방사상의 주름진 선이 나타나지만 건조해지면 선은 사라지고 쭈글쭈글해 보인다. 백색의 비듬 모양의 인편으로 덮여 있다.
　살(조직)은 쓴맛과 매운맛으로 얇고 질기다. 자루에서 내려붙은 주름살의 간격은 엉성하다. 자루의 길이는 2~5cm 정도로 표면은 갓과 같은 색이고 속은 차 있다. 아래 쪽에는 옅은 황색의 털이 무수히 덮여 있다. 기부에는 황색의 균사가 있다. 포자의 무늬는 연한 백황색이다.

가루주발버섯 주발버섯과 Peziza praetervisa

발생 봄~가을 **장소** 활엽수의 썩은 나무 또는 불탄 자리·길가·정원 내의 땅 위 **독성** 식용·약용·독성 여부는 불분명하다

    가루주발버섯은 활엽수의 썩은 나무 또는 불탄 자리·길가·정원 내의 땅 위에 홀로 나거나 무리를 무리를 이루어 난다.
    갓의 지름은 1~6cm 정도이고, 어릴 때는 둥근 요강 또는 주발 모양으로 성장하면서 접시 모양이 된 후에 가장자리는 물결 모양으로 굴곡한다.
    가루주발버섯은 자루가 없고 표면은 연한 보라색 또는 자갈색이고 매끄럽고 바깥면은 비듬 같은 인편이 붙어 있다.

검은빵팥버섯 콩꼬투리버섯과 Annulohypoxyon truncatum

발생 봄~가을 **장소** 활엽수의 죽은 나뭇가지 위 **독성** 식용·약용·독성 여부는 불분명하다

검은빵팥버섯은 활엽수의 죽은 나뭇가지 위에 균사덩어리인 자좌가 무리를 이루어 발생한다.

가좌의 표면에 5~30여 개의 지낭각이 발달한다. 자좌는 1cm 미만으로 표면은 흑갈색에서 흑색으로 변한다. 중심에 점 모양의 포자 방출구가 있다. 자낭각의 내부(조직)는 백색이다.

살(조직)은 목탄질로 깨어지기 쉽고 흑색이다.

검은외대버섯 외대버섯과 Entoloma ater

발생 초여름 **장소** 잔디밭 위 **독성** 식용·약용·독성 여부는 불분명하다

   검은외대버섯은 잔디밭 위에 무리를 지어 적은 수의 다발로 난다.
   갓은 크기가 1~4cm 정도이고, 어릴 때는 낮은 반원 모양으로 성장하면서 가운데가 오목한 평편한 모양이 된다. 표면이 습할 때는 방사상의 패인 선이 있다. 흑색에서 어두운 자갈색이다.
   살(조직)은 매우 얇고 연한 회청색이다. 자루에서 바르게 붙은 주름살의 간격은 엉성하다. 자루의 길이는 2~5cm 정도로 원통 모양으로 종종 입착되어 있거나 뒤틀려 있다. 표면은 회갈색으로 섬유 모양이고 속은 비어 있다. 기부에는 백색의 균사가 있다. 포자의 무늬는 옅은 홍색이다.

고슴도치버섯 눈물버섯과 Cystoagaricus strobilomyces

발생 여름~가을 **장소** 활엽수림(참나무)의 고사목 위 **독성** 식용·약용·독성 여부는 불분명하다

    고슴도치버섯은 활엽수림(참나무)의 고사목 위에 홀로 나거나 무리를 이루어 난다.
    갓은 지름이 1.2~3cm 정도이고, 어릴 때는 반원 모양으로 성장하면서 둥근 산 모양을 거쳐 평편한 모양이 된다. 표면은 암회색 바탕에 전면에 가시가 있다.
    살(조직)은 암회색이다. 자루에서 떨어져 붙은 주름살의 간격은 촘촘하고 자루의 날은 가루 모양이다. 자루의 길이는 1.5~4cm 정도로 위아래의 굵기는 같다. 원통 모양으로 종종 뒤틀려 있다. 표면은 갈색을 띤 회색이고 가시로 덮여 있다. 주름살 바로 아래는 가루 모양이다.

광양주름버섯 주름버섯과 Agaricus purpurrellus

발생 여름~가을 **장소** 침엽수림, 숲속의 부엽토 위 **독성** 식용·약용·독성 여부는 불분명하다

광양주름버섯은 침엽수림, 숲속의 부엽토 위에 홀로 나거나 무리를 이루어 난다.

갓은 지름이 1.5~4.5cm 정도이고, 어릴 때는 달걀 모양으로 성장하면서 둥근 산 모양을 거쳐 평편한 모양이 된다. 표면의 색은 백색 바탕에 분홍색·적자색·적갈색·흑갈색 등이고, 가운데가 밀집되고 인편이 있다.

살(조직)은 백색으로 후에 황색으로 된다. 자루에서 떨어져 붙은 주름살의 간격은 촘촘하고 자루의 날은 가루 모양이다. 자루의 길이는 3~6cm 정도로 아래쪽으로 굵어진다. 속은 차이 있다. 턱받이는 매끄럽고 막질이며 아래쪽에는 가는 인편이 있다.

구멍빗장버섯 낙엽버섯과 Favolaschia fujisanensis

발생 초여름　**장소** 조릿대 등 썩은 대나무 종류나 떨어진 나뭇가지　**독성** 식용·약용·독성 여부는 불분명하다

　구멍빗장버섯은 조릿대 등 썩은 대나무 종류나 떨어진 나뭇가지 위에 무리를 이룬다. 벌집 같은 모양이다.
　갓은 크기가 1~2cm 정도이고, 어릴 때는 컵 모양으로 성장하면서 원반 모양이 된다. 표면은 백색이고 가루로 덮여 있다.
　살(조직)은 백색이다. 자실층인 아랫면은 관공으로 되어 있고 벽은 두껍고 그 수는 약 10~30 정도이다. 자루는 어릴 때는 짧게 나 있다가 점차 없어지고 등면에 기주가 있다.

귀느타리(노란귀느타리) 송이과 Phyllotopsis nidulans

발생 가을 **장소** 침엽수, 활엽수의 썩은 그루터기나 나뭇가지 **독성** 식용·약용·독성 여부는 불분명하다

귀느타리는 침엽수, 활엽수의 썩은 그루터기나 나뭇가지에 겹쳐서 발생한다.

갓은 크기가 2~7cm 정도이고, 어릴 때는 반원 모양 또는 부채 모양으로 기주 위에 붙어 있다. 표면은 어릴 때는 백황색이다가 성숙하면서 밝은 황색 또는 황색으로 된다. 가장자리는 안으로 말려 있고 긴 털로 덮여 있다.

살(조직)에서는 고약한 냄새가 나고 단단한 연한 황색이다. 자루에서 내려붙은 주름살의 간격은 약간 촘촘하다. 자루 없이 갓의 일부가 기주에 붙어 있다. 포자의 무늬는 연한 홍색이다.

균핵꼬리버섯 살갗버섯과 Scleromitrula shiraiana

발생 봄 **장소** 땅 위에 떨어진 뽕나무 열매(오디) 또는 버드나무 종류의 꽃 이삭 **독성** 식용·약용·독성 여부는 불분명하다

균핵꼬리버섯은 땅 위에 떨어진 뽕나무 열매(오디) 또는 버드나무 종류의 꽃 이삭에 균핵이 생기고 그 위에 발생한다. 자실체는 찌그러진 방추형의 머리와 살의 자루로 구분된다.

머리의 크기는 1~2cm 정도이고, 찌그러진 방추형 또는 대추씨 모양이고 끝이 뾰족하다. 포자가 형성되는 자실층은 머리 전체의 표면에 발달하고 갈색이다. 여러 줄의 세로로 된 홈이 있다. 자루의 길이는 3~6cm 정도로 가늘고 길고 휘어져 있다. 표면은 머리와 같은 색이다.

그믈코버섯 소혀버섯과 Porodisculus pendulus

발생 봄, 가을 **장소** 활엽수(참나무)의 죽은 나뭇가지 **독성** 식용·약용·독성 여부는 불분명하다

그믈코버섯은 활엽수(참나무)의 죽은 나뭇가지 위에 발생한다. 사람의 코를 닮았다.

갓은 지름이 0.2~0.5cm 정도이고, 표면은 어릴 때는 양갈색이다가 성숙하면서 회갈색 또는 회백색으로 된다. 가루 같은 털로 덮여 있다.

살(조직)은 유연한 가죽질의 회백색이다. 자실층인 아랫면은 회백색으로 오목하고 작은 관공은 1mm 사이에 5~6개가 있다. 자루는 갓과 구분 없이 갓 위쪽에 가주와 연결되어 있다. 표면은 갓과 같은 색이다.

긴꼬리자갈버섯 독청버섯과 Hebeloma spoliatum

발생 봄~가을 **장소** 숲속의 동물의 배설물이나 시체가 묻힌 땅 **독성** 식용·약용·독성 여부는 불분명하다

긴꼬리자갈버섯은 숲속의 동물의 배설물이나 사체가 묻힌 땅에서 발생한다.

갓은 크기가 2~7cm 정도이고, 어릴 때는 반원 모양으로 성장하면서 둥근 산 모양을 거쳐 가운데가 볼록하고 평편하게 된다. 표면이 매끄럽고 습할 때는 끈적거리고 황토 갈색에서 밤갈색으로 된다.

살(조직)은 연한 갈색이다. 자루 끝에 붙은 주름살에서 바르게 붙은 모양이고 간격은 촘촘하다. 자루의 길이는 5~6cm 정도로 위아래의 굵기가 같고 기부 쪽으로 가늘다. 표면은 백색에서 갈색이 되고 섬유 모양이고 가루가 붙어 있다. 포자의 무늬는 갈색이다.

긴대말불버섯(긴목말불버섯) 주름버섯과 Lycoperdon apadiceum

발생 여름~가을 **장소** 숲속의 풀밭 · 모래땅 · 많이 썩은 나무 위 **독성** 식용 · 약용 · 독성 여부는 불분명하다

 긴대말불버섯은 숲속의 풀밭 · 모래땅 · 많이 썩은 나무 위에 홀로 나거나 소수로 무리를 이루어 난다.
 갓은 높이가 4~7cm, 너비는 1~2.5cm 정도이고, 머리 부분은 가운데가 불룩한 찌그러진 공 모양이고, 자루는 거꾸로 선 길다란 원뿔 모양이다. 표면에는 어릴 때 백색의 가루가 붙어 있지만 성장하면서 떨어지면서 매끈해진다.
 살(조직)에서는 얇은 백색에서 누런 갈색이 되고 가루 모양으로 포자가 만들어져 구멍이 생긴 부분을 통해 포자를 내보낸다.

긴뿌리광대버섯 광대버섯과 Amanita longistiriata

발생 여름~가을 **장소** 혼합림 내의 땅 위 **독성** 식용·약용·독성 여부는 불분명하다

긴뿌리광대버섯은 혼합림 내의 땅 위에 홀로 나거나 소수로 무리를 이루어 난다.

갓은 높이가 4~8cm, 너비는 1~2.5cm 정도이고, 어릴 때는 공 모양으로 성장하면서 반원 모양을 거쳐 둥근 산 모양이 된다. 표면이 거북이의 등처럼 갈라지며 피라미드 모양의 돌기로 덮여 있고 회백색이다.

살(조직)은 백색이다. 자루에서 떨어져 붙은 주름살의 간격은 촘촘하고 날은 가루 모양이다. 자루의 길이는 5~8cm 정도로 갓 부분부터 아래로 곧게 뻗어 내려오다가 기부는 부풀고 땅 속으로 길게 뻗으며 긴 뿌리 모양을 나타낸다. 표면은 매끈한 백색이다. 포자의 무늬는 백색이다.

긴안장버섯(긴대주발버섯) 안장버섯과 Helvella macropus

발생 여름~가을 **장소** 활엽수림, 침엽수림 내의 땅 위 또는 활엽수의 썩은 나무 위 **독성** 식용·약용·독성 여부는 불분명하다

긴안장버섯은 활엽수림, 침엽수림 내의 땅 위 또는 활엽수의 썩은 나무 위에 홀로 난다. 크게 머리 부분과 자루 부분으로 구분한다.

머리는 1.5~3cm 정도이고 오목한 주발 모양 또는 접시 모양이고 오래되면 드물게 바깥 쪽으로 뒤집히며 약간 안장 모양이 되기도 한다.

포자가 형성되는 자실층인 안(위)쪽은 매끄럽고 연한 회색에서 회갈색으로 변하고, 바깥(아래) 면은 융단 같은 털로 촘촘히 덮여 있고, 가장자리는 털이 돌출되어 있다. 자루의 길이는 2~5cm 정도로 아래쪽을 약간 굵고 표면이 융단 같은 털로 덮여 있고 회색이다.

긴자루술잔고무버섯 물두건버섯과 Hymenoscyphus scutula

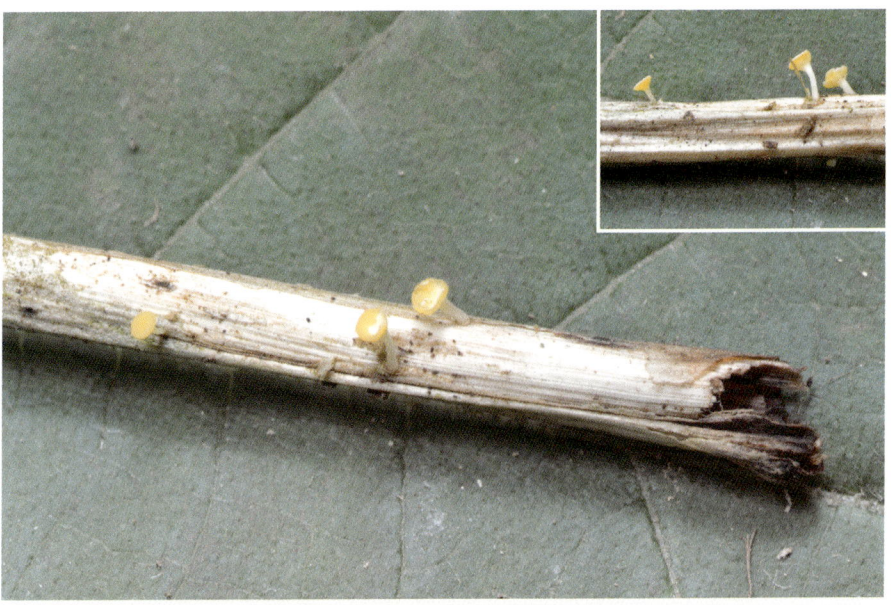

발생 여름~가을 **장소** 초본식물의 죽은 나뭇가지 **독성** 식용 · 약용 · 독성 여부는 불분명하다

  긴자루술잔고무버섯은 초본식물의 죽은 나뭇가지 위에 홀로 나거나 무리를 이루어 난다. 크게 머리 부분과 자루 부분으로 구분한다.
  갓의 머리는 1~4mm 정도이고 못대가리 모양 또는 역삼각형, 평편한 모양이다. 표면이 매끄럽고 약간 오목해지거나 평평하고 황토색에서 크림색으로 변한다.
  살(조직)은 젤리 같은 질감으로 연한 크림색이다. 자루의 길이는 1~7mm 정도로 머리에 비해 길다. 표면은 머리보다 연한 색이다.

식용

껄껄이그물버섯(등색껄껄이그물버섯) 그물버섯과 Leccinum aurantiacum

| 발생 여름~가을 | 장소 활엽수림 내의 땅 위 | 채취 여름~가을 | 인공 재배 불가능

| **식용** | 볶음, 무침 | **약용** | 면역력 증강 | **사용 범위** | 치유되면 중단한다 | **배당체** | 알려진 것이 없다 | **약리 작용** | 불분명하다 | **성미** | 맛이 평하다 | **독성** | 없다 | **금기** | 생식을 금한다

껄껄이그물버섯은 활엽수림 내의 땅 위에 홀로 나거나 무리를 이루어 난다.

갓은 크기가 5~15cm 정도이고, 어릴 때에는 반원 모양으로 성장하면서 둥근 산 모양을 거쳐 평편하게 된다. 표면은 건조하고 미세한 털로 덮여 있고 오렌지 갈색에서 적갈색 또는 황갈색으로 변한다.

살(조직)은 백색이다. 상처를 내면 흑자색으로 변한다. 자루 끝에 붙은 주름살의 간격은 매우 촘촘하다. 자루의 길이는 6~12cm 정도로 아래쪽으로 굵다. 속은 차 있다. 표면은 백색으로 녹슨 색 또는 흑색의 거친 인편으로 덮여 있다.

꼬리버섯(요버섯) 마른버짐버섯과 Diatrype disciformis

발생 연 중 내내 **장소** 활엽수(참나무, 너도밤나무)의 죽은 나뭇가지 위 **독성** 식용·약용·독성 여부는 불분명하다

꼬리버섯은 활엽수(참나무, 너도밤나무)의 죽은 나뭇가지 위에 무리를 이루어 난다. 활엽수의 껍질 속에 탁한 백색의 균사덩어리인 자좌가 무리를 이루어 묻혀 있다.

자좌는 2~4mm 정도로 껍질 위에 발색하고 방석 모양이고 나무 조직과 경계가 뚜렷하고 때로는 몇 개의 자좌가 합쳐지기도 한다. 자좌의 내부에는 1~2층으로 10~30여 개의 자낭각이 있다. 성숙하면 방출 구멍을 통해 포자를 내보낸다.

꼬마두엄먹물버섯(꼬마흙물버섯) 눈물버섯과 Coprinopsis friesii

발생 여름 **장소** 벼과 식물·풀 더미·옥수숫대·수숫대 위 **독성** 식용·약용·독성 여부는 불분명하다

꼬마두엄먹물버섯은 벼과 식물·풀더미·옥수숫대·수숫대 위에 무리를 이루어 난다.

갓은 지름이 0.5~1cm 정도이고, 어릴 때에는 긴 달걀 모양으로 성장하면서 종 모양을 거쳐 평편하게 된다. 가장자리는 뒤집힌다. 표면은 어릴 때는 백색에서 점차 암갈색이 된다. 인편이 탈락하고 가장자리는 줄 무늬선을 나타낸다.

살(조직)은 암자 갈색이다. 자루에서 떨어져 붙은 주름살의 간격은 엉성하다. 자루의 길이는 1~3cm 정도로 아래쪽으로 굵다. 표면은 매끈한 백색이다. 기부는 부풀고 흰털이 있다. 포자의 무늬는 흑갈색이다.

꼬마배꽃젖버섯 무당버섯과 Lactarius omphaliiormis

발생 여름~가을 **장소** 오리나무 밑의 이끼가 많은 습한 땅 위 **독성** 식용·약용·독성 여부는 불분명하다

꼬마배꽃젖버섯은 오리나무 밑의 이끼가 많은 습한 땅 위에 무리를 지어 난다.

갓은 크기가 1~2cm 정도이고, 어릴 때에는 낮은 반원 모양으로 성장하면서 가운데가 작고 뾰족한 돌기가 있는 종양이 오목한 평편한 모양이 된다. 표면이 어릴 때는 매끈하다가 차츰 작은 인편으로 덮이고 가장자리에는 방사상의 선이 있고 황갈색이다.

살(조직)은 연한 갈색이다. 젖(유액)은 백색이다. 자루에서 바르게 붙은 주름살의 간격은 엉성하다. 자루의 길이는 1.5~3cm 정도로 원통 모양으로 구부러진다. 표면은 매끈하고 갓과 같은 색인데 백색이다.

꼬마안장버섯 안장버섯과 Helvella atra

발생 여름~가을 **장소** 활엽수림, 침엽수림 내의 땅 위 또는 이끼가 자라는 습한 땅 위 **독성** 식용 · 약용 · 독성 여부는 불분명하다

꼬마안장버섯은 활엽수림, 침엽수림 내의 땅 위 또는 이끼가 자라는 습한 땅 위에 흩어져 나거나 무리를 이루어 난다. 크게 머리 부분과 자루 부분으로 구분한다.

머리는 1~3cm 정도로 어릴 때는 접시 모양이다가 성장하면서 뒤집히기 시작해 안장 모양이 된다. 표면은 회흑색에서 흑갈색으로 변한다.

살(조직)은 쉽게 부서진다. 자루의 길이는 1~7cm 정도로 아래쪽으로 굵고 표면은 미세한 털로 덮여 있고 회색 또는 회갈색이다. 오목한 홈이 2~3개 생긴다.

꽃접시버섯 _{털접시버섯과} Melastiza chateri

발생 여름~가을 **장소** 숲속의 촉촉한 땅 위 **독성** 식용·약용·독성 여부는 불분명하다

　꽃접시버섯은 숲속의 촉촉한 땅 위에 무리를 이루어 난다.
　갓의 지름은 0.5~2cm 정도이고, 어릴 때에는 주발 모양으로 성장하면서 접시 모양을 거쳐 평편하게 된다. 표면이 매끄럽고 적색 또는 주홍색이다. 자루가 없고 바깥면은 주홍색으로, 가장자리에 흑갈색의 들러붙은 털이 있다.

노란종버섯 소똥버섯과 Conocybe apala

발생 초여름~가을 **장소** 길가·목초지·보리밭·잔디밭 **독성** 식용·약용·독성 여부는 불분명하다

노란종버섯은 길가·목초지·보리밭·잔디밭 등에 흩어져 난다.

갓은 지름이 3~4.5cm 정도이고, 어릴 때에는 원뿔 모양으로 성장하면서 가장자리가 치켜올라가는 종 모양이 된다. 표면이 어릴 때는 매끈하고 습할 때는 줄 무늬선이 나타나고 가운데가 황토색이고 가장자리는 백색 또는 크림색이다.

살(조직)은 얇고 부서지기 쉬운 백색이다. 자루에서 바르게 붙은 주름살의 폭은 좁고 간격은 촘촘하다. 자루의 길이는 8~13cm 정도로 길고 속은 비어 있다. 표면은 백색이고 가는 털로 덮여 있다. 기부는 둥글고 부풀어 있다. 포자의 무늬는 적갈색이다.

노란주걱혀버섯(주황혀버섯) 붉은목이과 Dacryopinax spathularia

발생 봄~가을 **장소** 침엽수나 활엽수의 고사목 **독성** 식용·약용·독성 여부는 불분명하다

노란주걱혀버섯은 침엽수나 활엽수의 고사목에 발생한다.

갓은 높이가 1~1.5cm 정도로 어릴 때는 머리가 둥근 주걱 모양으로 성장하면서 혀 모양이 된다. 가운데가 낮게 양갈래로 갈라지며 가장자리는 단조로운 물결 모양이다.

살(조직)은 연골 같은 젤라틴질이다. 건조하면 짧은 털이 있는 쪽은 백색이고, 반대쪽은 매끈한 등황색 면에 포자를 형성하는 자실층이 발달한다.

노란주발목이 붉은목이과 Ditiola peziziformis

발생 여름~가을 **장소** 활엽수의 고사목 또는 떨어진 나뭇가지 위 **독성** 식용·약용·독성 여부는 불분명하다

노란주발목이버섯은 활엽수의 고사목 또는 떨어진 나뭇가지 위에 무리를 이루어 난다.

갓의 지름은 0.3~1cm 정도로 어릴 때는 팽이 모양으로 성장하면서 컵 모양으로 움푹해지며 가장자리는 날카롭고 물결 모양이다. 포자가 형성되는 윗면은 연한 황색으로 평활하지만 굴곡이 있다. 아랫면에는 미세한 솜털이 있다. 자루는 없다.

살(조직)은 반투명한 젤라틴질이다.

노랑무당버섯 무당버섯과 Russula flavida

발생 여름~가을 **장소** 혼합림 내의 땅 위 **독성** 식용·약용·독성 여부는 불분명하다

　노랑무당버섯은 혼합림 내의 땅 위에 홀로 나거나 흩어져 난다.
　갓은 지름이 3~8.5cm 정도이고, 어릴 때에는 원 모양과 가까운 반원 모양이다가 성장하면서 가운데가 오목하고 평편한 모양이 된다. 표면은 어릴 때는 진한 노란색이지만 차츰 밝은 노란색이 된다. 건조하면 벨벳과 같은 모양 또는 가루 같은 것이 있고 껍질은 벗겨지지 않는다.
　살(조직)은 백색이고 냄새가 고약하다. 자루에서 조금 떨어져 붙거나 붙은 주름살의 간격은 촘촘하다. 자루의 길이는 6~9cm 정도로 둔탁한 방망이 모양이다. 표면은 노란색이다. 포자의 무늬는 백색이다.

노루털귀버섯(노루귀버섯) 땀버섯과 Crepidotus badiofloccosus

발생 여름~가을 **장소** 활엽수의 죽은 나뭇가지 위 **독성** 식용·약용·독성 여부는 불분명하다

노루털귀버섯은 활엽수의 죽은 나뭇가지 위에 무리를 이루어 난다.
 갓은 좌우의 폭이 1~5cm, 전후는 1~3cm 정도이고, 조개껍질 모양·콩팥 모양·혀 모양·둥근 모양이 된다. 가장자리는 어릴 때는 심하게 아래로 말려 있다. 표면은 옅은 백황색의 바탕에 갈색의 털로 덮여 있다가 성장하면서 탈락한다. 자루는 없거나 흔적만 있다.
 살(조직)은 얇은 백색이다. 주름살의 폭은 넓고 간격은 촘촘하다. 기부는 연한 털로 덮여 있다. 포자의 무늬는 황토 갈색이다.

다형빵팥버섯 콩꼬투리버섯과 Annulohypoxylon multiforme

발생 봄~가을 **장소** 활엽수의 죽은 나뭇가지 위 **독성** 식용·약용·독성 여부는 불분명하다

　다형빵팥버섯은 활엽수의 죽은 나뭇가지 위에 균사덩어리인 자좌가 무리를 이루어 난다. 자좌의 내부에 포자의 자낭각이 발달한다.
　자좌는 크기가 1~3cm, 높이는 2~7mm 정도로 모양이 일정하지 않은 둔덕 모양으로 서로 합치며 넓혀 발생한다. 표면이 흑갈색에서 흑색으로 변하고 울퉁불퉁하게 거칠며 수많은 작은 점 모양을 이룬다. 성숙하면 구멍을 통해 포자를 내보낸다.
　자낭각의 내부(조직)은 백색이다. 자실체의 전체의 살(조직)은 목탄질이어서 깨어지기 쉬운 흑색이다.

단풍사마귀버섯 사마귀버섯과 Thelephora palmata

발생 여름~가을 **장소** 숲속의 땅 위 **독성** 식용·약용·독성 여부는 불분명하다

단풍사마귀버섯은 숲속의 땅 위에 홀로 나거나 무리를 이루어 난다.

갓은 높이가 2~5cm, 너비는 2~7cm 정도이고 산호 모양이다. 가지의 끝은 혀 모양 또는 주걱 모양으로 뭉뚝한 백색털 모양이다. 기부에서 올라온 하나의 가지가 불규칙하게 분지하면서 여러 개의 가지로 나눠지지만 뭉쳐져 있다. 표면이 건조하면 밤갈색으로 되고 자실층은 전면에 형성되고 등과 구별이 없다.

살(조직)은 악취가 나고 질기다. 포자의 무늬는 적갈색이다.

담갈색무당버섯 무당버섯과 Russula compacta

발생 여름~가을 **장소** 활엽수림 내의 땅 위 **독성** 식용·약용·독성 여부는 불분명하다

담갈색무당버섯은 활엽수림 내의 땅 위에 흩어져 나거나 무리를 이루어 난다.

갓은 지름이 7~10cm 정도이고, 어릴 때에는 반원 모양으로 평편해지면서 깔때기의 모양이 된다. 표면이 거칠고 투박하며 미세한 균열이 있는 옅은 갈색 또는 적갈색이다.

살(조직)은 비린내가 나고 단단한 백색이다. 상처가 나면 갈색으로 변한다. 자루에서 바르게 붙어 있거나 약간 내려붙은 주름살의 간격은 매우 촘촘하다. 자루의 길이는 4~6cm 정도로 표면에 주름 모양의 새로 선이 있다. 포자의 무늬는 연한 갈색이다.

당귀야자버섯(땅콩버섯) 땅콩버섯과 Glaziella splendens

발생 여름~가을 **장소** 활엽수의 썩은 나무 위 **독성** 식용·약용·독성 여부는 불분명하다

당귀야자버섯은 활엽수의 썩은 나무 위에 홀로 나거나 겹쳐 나기도 하고 무리를 이루어 난다.

포자가 형성되는 자낭각이 자실체의 내부에 형성되는 자좌(子坐)로 이루어져 있다. 자좌는 지름이 2~4cm 정도이고 유동적인 공 모양 또는 불규칙한 공 모양이다. 신선할 때는 제 모양을 유지하다가 건조해지면 찌그러지고 단단해진다. 표면은 어릴 때는 밝은 황색에서 황토 갈색으로 변한다. 상처가 나면 적색으로 변한다. 오래되면 외피에 검은 점이 생기는 구멍을 통해 포자를 내보낸다. 내부에는 오렌지 황색의 물기 많은 젤라틴질이 들어 있고 내용물이 마르면 빈 공간이 생겨 찌그러진다.

동심바늘버섯 아교버섯과 Steccherinum murashkinskyi

발생 봄~늦가을 **장소** 활엽수의 고사목 또는 나뭇가지 위 **독성** 식용·약용·독성 여부는 불분명하다

동심바늘버섯은 활엽수의 고사목 또는 나뭇가지 위에 발생한다.

갓은 크기가 2~4cm 정도이고, 반원 모양 또는 선반 모양이다. 표면이 매끄럽고 미세한 벨벳 같은 질감으로 연한 오렌지 갈색에서 적갈색으로 변한다. 마르면 탁한 황갈색으로 퇴색하면서 진하고 뚜렷한 테 무늬가 생긴다. 가장자리는 백색이다.

살(조직)은 가죽 같은 질감이다. 상처가 나면 갈색으로 변한다. 포자가 형성되는 갓의 아랫면 자실층의 점의 길이는 0.5~1.5mm 정도이다. 연한 황갈색에서 진한 갈색이 된다.

물두건버섯(산골물두건버섯) 물두건버섯과 Cudoniella clavus

발생 봄~초여름 **장소** 흐르는 계곡의 물이나 물웅덩이 등에 잠긴 나뭇가지나 풀의 줄기 **독성** 식용·약용·독성 여부는 불분명하다

   물두건버섯은 흐르는 계곡의 물이나 물웅덩이 등에 잠긴 나뭇가지나 풀의 줄기 등에 흩어져 나거나 무리를 이루어 난다. 머리 부분과 자루 부분으로 구분한다.
   갓은 크기가 2~4cm, 머리는 0.5~1.2cm 정도이고, 어릴 때는 반원 모양으로 성장하면서 평편해진다. 표면이 매끄럽고 회백색에서 연한 갈색으로 변한다. 머리의 아랫면은 유연한 곡선을 만들면서 자루와 연결되고 길이는 1~3cm 정도로 위아래의 굵기가 같다. 표면의 색은 머리와 같다.

백조각시버섯(흰주름각시버섯, 백조갓버섯) 주름버섯과 Leucocoprinus cygneus

발생 여름~가을 **장소** 혼합림 내의 부엽토 위 **독성** 식용·약용·독성 여부는 불분명하다

백조각시버섯은 혼합림 내의 부엽토 위에 홀로 나거나 소수로 무리를 이루어 난다.

갓은 지름이 1.5~2.5cm 정도이고, 어릴 때는 낮은 반원 모양으로 성장하면서 평편하게 된다. 표면에서 비단 같은 광택이 나고 백색의 섬유 또는 솜털 모양이다. 가장자리에는 줄 무늬의 홈선이 있고 가운데는 황갈색이다.

살(조직)은 얇고 백색이다. 자루에서 떨어져 붙은 주름살의 간격은 촘촘하다. 자루의 길이는 2.5~4.5cm 정도로 턱받이가 중간에 붙어 있고 기부 쪽으로 굵어지고 속은 비어 있고 표면은 백색이다. 무늬의 포자는 백색이다.

백황색광대버섯 <small>광대버섯과 Amanita alboflavescens</small>

발생 여름~가을 **장소** 활엽수림의 땅 위 **독성** 식용 · 약용 · 독성 여부는 불분명하다

    백황색광대버섯은 활엽수림의 땅 위에 홀로 나거나 무리를 이루어 난다.
    갓은 크기가 4~10cm 정도이고, 어릴 때는 반원 모양으로 성장하면서 둥근 산 모양을 거쳐 평편하게 된다. 표면이 건조할 때는 거북이의 등처럼 갈라지고 가루로 덮여 있고 처음에는 백색이지만 성숙하면서 연한 황색이 된다. 작은 인편이 있고, 가장자리에는 턱받이의 일부가 있다.
    살(조직)은 백색이다. 상처를 받으면 오렌지색으로 변한다. 자루에서 떨어져 붙은 주름살의 간격은 촘촘하다. 가장자리는 가루 모양이다. 자루의 길이는 5~12cm 정도로 자루 꼭대기는 가루 모양이고 속은 차 있다. 표면은 갓과 같은 색이고 솜털 같은 인편이 붙어 있다.

벌레송편버섯 구멍장이버섯과 Trametes kusanoana

발생 여름~가을 **장소** 활엽수의 나뭇가지 또는 그루터기 위 **독성** 식용·약용·독성 여부는 불분명하다

벌레송편버섯은 활엽수의 나뭇가지 또는 그루터기 위에 홀로 나거나 몇 개씩 난다.

갓은 지름이 4~8cm 정도이고, 반원 모양 또는 말굽 모양이다. 표면에는 짧은 털 또는 거친 털로 덮여 있고 불분명한 테 무늬가 있다. 어릴 때는 황록 살색에서 백황색으로 변한다.

살(조직)은 가죽 같은 질감으로 백색 또는 백황색이다. 자실층인 갓의 아랫면은 관공으로 되어 있다. 자루는 없다. 구멍은 다각형이고 간격은 매우 엉성하다.

붉은머리뱀버섯(붉은머리말뚝버섯) 말뚝버섯과 Mutinus bomeensis

발생 여름 **장소** 혼합림 내의 땅 위지 **독성** 식용 · 약용 · 독성 여부는 불분명하다

    붉은머리뱀버섯은 어릴 때 백색의 알 모양으로 땅에 반쯤 묻혀 있다가 성장하면서 외피가 찢어지면서 자루와 머리 부분이 솟아 혼합림 내의 땅 위에 홀로 나거나 몇 개씩 난다. 성숙하면 자루와 머리 부분으로 구분한다.
    갓은 높이가 5~7cm 정도이고 머리 부분은 2중의 두꺼운 조직이고, 색은 오렌지색 · 선홍색 · 적갈색 등이 있다. 그물 모양으로 융기되어 있고, 끝 부분에는 작은 구멍이 열려 있다. 머리의 표면은 녹갈색의 점액에서 고약한 냄새가 난다. 자루는 원기둥 모양으로 아래쪽으로 약간 굵다. 스펀지 같은 질감으로 구멍이 많고 속은 비어 있다. 기부에는 뿌리 모양의 균사속이 달려 있다.

붉은애주름버섯 애주름버섯과 Mycena erubscens

발생 여름~가을 **장소** 살아 있는 활엽수의 이끼 낀 나뭇가지 위 **독성** 식용·약용·독성 여부는 불분명하다

붉은애주름버섯은 살아 있는 활엽수의 이끼 낀 나뭇가지 위에 무리를 이루어 난다.

갓은 크기가 0.5~1.5cm 정도이고, 어릴 때는 반원 모양으로 성장하면서 종 모양을 거쳐 가운데가 유두 모양의 돌출이 있는 낮은 산 모양이 된다. 표면이 매끄럽고 긴 방사상의 줄 무늬선이 있다. 옅은 황갈색에서 옅은 홍색기가 있는 갈색이다. 가운데는 색이 짙고 가장자리는 옅다.

살(조직)은 매우 쓰고 갈색기가 있는 백색이다. 자루 끝에 붙은 주름살의 간격은 엉성하다. 자루의 길이는 1.5~4cm 정도로 굽어 있고 표면의 위쪽은 백색이고 아래쪽은 점차 갈색으로 짙어진다. 포자의 무늬는 백색이다.

비단외대버섯 (흰머리외대버섯) 외대버섯과 Entoloma sericellum

발생 여름~가을 장소 숲속의 부엽토 또는 풀밭 위 독성 식용·약용·독성 여부는 불분명하다

　비단외대버섯은 숲속의 부엽토 또는 풀밭 위에 홀로 나거나 수수로 무리를 이루어 난다.
　갓은 크기가 1~2.5cm 정도이고, 어릴 때는 반원 모양으로 성장하면서 둥근 산 모양이 된다. 표면은 백색으로 미세한 비단 모양의 섬유로 덮여 있다. 포자가 날려 약간 살구색을 띤다.
　살(조직)은 백색이다. 자루에 바르게 붙은 주름살의 폭은 넓고 간격은 엉성하다. 자루의 길이는 2~4.5cm 정도로 가늘고 길고 속은 차 있거나 때로는 비어 있다. 표면은 백색 또는 연한 황색이다. 포자의 무늬는 분홍 황토색이다.

세로줄애주름버섯 애주름버섯과 Mycena polygramma

발생 여름~가을　**장소** 활엽수의 그루터기, 낙엽, 나뭇가지　**독성** 식용·약용·독성 여부는 불분명하다

　세로줄애주름버섯은 활엽수의 그루터기, 낙엽, 나뭇가지 등에 홀로 나거나 소수로 뭉쳐 난다.
　갓은 지름이 2~3.5cm 정도이고, 어릴 때는 긴 종 모양으로 성장하면서 원뿔 모양을 거쳐 가운데가 평편한 모양이 된다. 표면이 물기를 머금은 섬유 모양이고 방사상의 선이 있고 회백색 또는 회갈색이다.
　살(조직)은 연한 회색이다. 자루에 살짝 붙은 주름살의 간격은 엉성하다. 자루의 길이는 4~10cm 정도로 어릴 때는 선명하다가 점점 희미해지는 선이 있고 세로 선이 있다. 자루의 표면은 회색이다. 기부는 뿌리 모양의 백색의 털이 있다. 포자의 무늬는 백색이다.

세발버섯 말뚝버섯과 Pseudocolus schellenbergiae

발생 봄~가을 **장소** 숲속의 부엽토·썩은 나무·낙엽 더미 위 **독성** 식용·약용·독성 여부는 불분명하다

   세발버섯은 숲속의 부엽토·썩은 나무·낙엽 더미 위에 홀로 나거나 무리를 이루어 알 형태로 난다.
   갓은 크기가 1.5~2cm 정도이고 달걀 모양으로 외피가 찢어져 팔과 자루가 성장하면서 자실체가 만들어진다. 자실체는 높이가 4~8cm 정도로 기부는 1개이지만 위에서 3~4개의 쇠뿔처럼 구부러져 팔로 갈라져 그 끝이 다시 결합한다. 팔의 안쪽은 홍색, 그 외는 크림색 또는 연한 홍색이다.
   포자는 안쪽에 있고 고약한 냄새가 난다. 자루는 짧고 팔보다 얕은 색이고 기부 쪽으로는 백색이다.

손바닥붉은목이 붉은목이과 Dacrymyces chrysospermus

발생 여름~가을　**장소** 침엽수의 죽은 나뭇가지　**독성** 식용·약용·독성 여부는 불분명하다

　손바닥붉은목이는 침엽수의 죽은 나뭇가지 위에 다발로 난다.
　갓의 지름은 2~6cm, 높이는 0.5~2.5cm 정도이고, 처음에는 단단한 아교질로 뿔 모양에서 주름진 모양이 곧추서고 성장하면서 부채 모양이거나 불규칙한 물결 모양이 된다. 표면이 매끄럽고 주름이 있다. 기부는 털이 있고 포자가 형성되는 자실층은 등황색이다.

수원까마귀버섯 (털개암버섯) 밤버섯과 Flammulaster erinaceellus

발생 봄~가을   **장소** 활엽수의 썩은 나무 위   **독성** 식용·약용·독성 여부는 불분명하다

    수원까마귀버섯은 활엽수의 썩은 나무 위에 무리를 이루어 난다.
    갓은 지름이 1~4cm 정도이고, 어릴 때는 반원 모양으로 성장하면서 둥근 산 모양이 된다. 표면은 어릴 때는 녹슨 갈색에서 진한 오렌지색을 거쳐 황토 갈색이 된다.
    살(조직)은 연한 황색이다. 자루에 바르게 붙은 주름살의 폭은 좁고 간격은 촘촘하다. 자루의 길이는 2.5~6cm 정도로 위아래의 굵기가 거의 같고 처음에 자루 속은 차 있다가 나중에 빈다. 자루의 살(조직)은 섬유질로 되어 있다.

수원무당버섯 무당버섯과 Russula bella Hongo

발생 여름~가을 **장소** 활엽수 · 침엽수림 · 혼합림 내의 땅 위 **독성** 식용 · 약용 · 독성 여부는 불분명하다

  수원무당버섯은 활엽수 · 침엽수림 · 혼합림 내의 땅 위에 홀로 나거나 무리를 이루어 난다.

  갓은 지름이 2~2.5cm 정도이고, 어릴 때는 반원 모양으로 성장하면서 평편한 모양을 거쳐 깔때기의 모양이 된다. 표면이 비를 맞으면 얕은 색으로 퇴색하고 붉은기가 씻겨 나간다. 분말로 덮여 있고 선홍색에서 분홍색으로 변한다.

  살(조직)은 부서지기 쉽고 달콤하고 향기로운 냄새가 나는 백색이다. 자루에 바르게 붙은 주름살의 간격은 촘촘하다. 자루의 길이는 2~5cm 정도로 표면은 백색에서 성숙하면서 갓보다 진한 분홍색이다.

술병방귀버섯 방귀버섯과 Geastrum lageniforme Vittad

발생 여름~가을 **장소** 숲속의 낙엽 사이의 땅 위 **독성** 식용·약용·독성 여부는 불분명하다

술병방귀버섯은 숲속의 낙엽 사이의 땅 위에 무리를 이루어 난다.
수원무당버섯은 활엽수·침엽수림·혼합림 내의 땅 위에 홀로 나거나 무리를 이루어 난다.
갓은 지름이 1~4cm 정도이고, 윗부분에 원뿔형의 돌기가 있는 공 모양이다. 표면은 연한 갈색이고 성장하면 외피가 6~10개로 갈라져 열리면서 벨 모양의 포자이다. 정공부를 통해 포자를 방출한다. 갈라진 안쪽 면은 매끈하고 연한 황색이다.

술잔버섯 술잔버섯과 Sarcoscypha coccinea

발생 여름~늦가을　**장소** 고산 지대 활엽수의 썩은 나무 또는 떨어진 나뭇가지 위　**독성** 식용·약용·독성 여부는 불분명하다

　술잔버섯은 고산 지대 활엽수의 썩은 나무 또는 떨어진 나뭇가지 위에 홀로 난다. 갓의 지름은 1~5cm 정도이고 어릴 때는 둥근 술잔 모양 또는 찻잔 모양에서 접시 모양으로 된다. 포자가 형성되는 자실층 안(위) 쪽 표면이 매끄럽고 주홍색에서 적색 또는 오렌지색으로 변한다. 가장자리는 안쪽으로 굽어 있다. 바탕 면은 황갈색의 바탕 위에 백색의 알갱이 모양의 인편과 솜털로 덮여 있다. 자루는 매우 짧거나 없다.

습지등불버섯 균핵버섯과 Mitrula paludosa

발생 4월 말~6월 중순 **장소** 맑은 계곡의 얕은 물 속에 떨어진 식물의 낙엽, 나뭇가지 위 **독성** 식용·약용·독성 여부는 불분명하다

    습지등불버섯은 맑은 계곡의 얕은 물 속에 떨어진 식물의 낙엽, 나뭇가지 위에 무리를 지어 난다. 외형은 머리 부분과 자루 부분으로 구분한다.

    머리의 크기는 0.5~1.5cm 정도이고 원형 또는 일그러진 방추형의 모양이다. 표면은 어릴 때는 밝은 노란색으로 성장하면서 주황색이 된다.

    자루의 길이는 1.5~3.5cm 정도로 연약하고 속은 비어 있고 반투명한 백색의 원통형으로 작은 곡선을 만들며 머리를 떠받들고 있다.

알보리수버섯 알보리수버섯과 Nectria cinnabarrina

발생 연중 내내 **장소** 활엽수의 죽은 나뭇가지 위 **독성** 식용·약용·독성 여부는 불분명하다

알보리수버섯은 활엽수의 죽은 나뭇가지 위에 홀로 나거나 무리를 이루어 난다.
처음에는 크기가 약 1mm 정도의 반원 모양 또는 일그러진 공 모양, 방석 모양으로 껍질 표면에 부착하여 자낭각을 만들기 위해 자좌를 형성한다. 자좌의 표면은 어릴 때는 매끄럽지 않고 연한 오렌지색에서 연한 분홍색을 거쳐 오래되면 갈색 또는 흑갈색으로 변한다. 자좌 속(안)에서 수많은 알갱이가 점 모양의 약간 오목한 구멍을 통해 포자를 내보낸다.

얇은갓젖버섯 무당버섯과 Lavtarius subplinthogalus

발생 여름~가을 **장소** 활엽수림, 혼합림 내의 땅 위 **독성** 식용·약용·독성 여부는 불분명하다

　얇은갓젖버섯은 활엽수림, 혼합림 내의 땅 위에 홀로 나거나 흩어져 난다.
　갓의 지름은 3~5.5cm 정도이고, 어릴 때는 낮은 반원 모양으로 성장하면서 가운데가 평편한 모양이 된다. 굴곡이 있고 주름져 있으며 가장자리에는 방사상의 패인 선이 있다. 표면의 색은 짚색·황토색·회흑갈색 등이 있다.
　살(조직)은 연한 백색이다. 상처를 입으면 연한 적색으로 변한다. 자루에 바르게 붙은 주름살의 간격은 엉성하다. 자루의 길이는 2.5~4cm 정도로 갓보다 옅은 색이고 속은 차 있다가 빈다.

양산버섯(좀일먹물버섯) 눈물버섯과 Parasola plicatilis

발생 봄~가을 **장소** 잔디밭·풀밭·길가·숲 가장자리 등의 땅 위 **독성** 식용·약용·독성 여부는 불분명하다

    양산버섯은 잔디밭·풀밭·길가·숲 가장자리 등의 땅 위에 홀로 나거나 다발로 난다.

    갓은 지름이 1~2.5cm 정도이고, 어릴 때는 긴 달걀 모양으로 성장하면서 점차 우산이 펴지듯 평편하게 펴지는 오목한 모양이 된다. 가장자리에는 방사상의 패인 선이 있다. 표면은 회색이다.

    살(조직)은 얇고 연한 회갈색이다. 자루의 끝에 내려붙은 주름살의 간격은 엉성하다. 자루의 길이는 4~7cm 정도로 가늘고 위아래의 굵기가 같다. 표면이 매끄럽고 자루 속은 비어 있다. 기부는 백색의 균사로 덮여 있다.

여우꽃각시버섯 주름버섯과 Leucocoprinus fragilissimus

발생 여름~가을 **장소** 혼합림·정원·온실 내의 땅 위 **독성** 식용·약용·독성 여부는 불분명하다

여우꽃각시버섯은 혼합림·정원·온실 내의 땅 위에 흩어져 난다.

갓은 지름이 2~4cm 정도이고, 어릴 때는 긴 종 모양으로 성장하면서 둥그런 모양을 거쳐 편평하게 된 후에 오목한 접시 모양이 된다. 표면이 어릴 때는 가루 같은 녹황색 인편으로 덮여 있다가 자라면서 갈라져 방사상으로 흰 바탕색과 노란 표면이 교대로 교차되는 홈선이 만들어진다.

살(조직)은 백색이다. 자루에 끝에 떨어져 붙은 주름살의 간격은 엉성하다. 자루의 길이는 4~8cm 정도로 황색이고 굵기는 얇고 자루 속은 비어 있다. 턱받이 아래에는 황색의 미세한 털이 있다.

연보라무당버섯 무당버섯과 Russlia lilacea

발생 여름~가을　**장소** 활엽수림 내의 땅 위　**독성** 식용 · 약용 · 독성 여부는 불분명하다

연보라무당버섯은 활엽수림 내의 땅 위에 홀로 나거나 소수의 무리로 난다.

갓의 지름은 3~8cm 정도이고, 어릴 때는 반원 모양으로 성장하면서 가운데가 오목하고 평편하게 된다. 표면이 습할 때는 끈적거리고 건조할 때는 분말 모양이 된다. 표면의 색은 붉은 포도색 · 자주 적색 · 살색을 띤 홍색 등이 있다.

살(조직)은 맛이 온화하고 황갈색이다. 자루에 바르게 붙은 주름살의 간격은 약간 촘촘하다. 자루의 길이는 3~6cm 정도로 원뿔 모양이고 표면은 백색 또는 연한 홍색이다.

연지버섯 연지버섯과 Calostoma japonicum

발생 여름~가을 **장소** 산 속의 맨 땅, 비탈진 땅 또는 이끼류 위 **독성** 식용·약용·독성 여부는 불분명하다

연지버섯은 산 속의 맨 땅, 비탈진 땅 또는 이끼류에 무리를 이루어 난다

자실체는 높이가 1~2cm 정도로 공 모양을 한 머리와 자루로 이루어져 있다. 머리 부분의 꼭대기에는 붉은 별 모양의 포자 방출구가 있다. 표면은 흰색 가루로 덮여 있다가 나중에 탈락한다.

자루는 2~3cm 정도로 표면의 색과 같고 젤라틴질의 미세한 뿌리 모양의 균사속 10여 개로 이루어져 있다.

열매콩꼬투리버섯 콩꼬투리버섯과 Xylaria oxyacanthae

발생 봄~여름 **장소** 후박나무 또는 산사나무 땅에 묻힌 열매나 떨어진 나뭇가지 위 **독성** 식용·약용·독성 여부는 불분명하다

  열매콩꼬투리버섯은 후박나무 또는 산사나무 땅에 묻힌 열매나 떨어진 나뭇가지 위에 홀로 나거나 무리를 이루어 난다.
  자실체의 높이는 2~9cm, 두께는 1~3cm 정도로 얇고 긴 원뿔 모양 또는 구부러진 송곳 모양이다. 표면이 불규칙하게 압착되어 있고 약간 구불구불하며 땅 위에 노출된 부분은 분생자 시기에는 백색이지만 땅에 묻힌 부분은 흑갈색이다. 자낭각은 절반 위쪽에 작은 요철을 이루며 묻혀 있다.
  살(조직)은 오줌 냄새가 나고 연한 분홍색이다. 포자는 암갈색이다.

오디균핵접시버섯 (오디양주잔버섯) 균핵버섯과 Ciboria shiraiana

발생 봄 **장소** 뽕나무의 열매(오디)가 땅에 떨어져 균핵이 생기고 그 위에 발생 **독성** 식용·약용·독성 여부는 불분명하다

    오디균핵접시버섯은 뽕나무의 열매(오디)가 땅에 떨어져 균핵이 생기고 그 위에 발생한다. 머리 부분과 자루 부분으로 구분한다.

    머리는 크기가 1~3cm 정도이고 양주잔 모양이다. 포자가 만들어지는 자실층인 안(위) 쪽의 표면은 매끄럽고 갈색이다. 가장자리는 오래되면 톱니 모양이 된다. 안과 바깥의 면은 같은 색이고 미세한 가루로 덮여 있다.

    자루의 길이는 1~3.5cm 정도로 휘어져 있고 표면의 색은 머리와 같다.

오렌지대접시버섯 털접시버섯과 Sowerbyella rhenana

발생 여름~가을 **장소** 활엽수림, 침엽수림 내의 땅 위 **독성** 식용·약용·독성 여부는 불분명하다

    오렌지대접시버섯은 활엽수림, 침엽수림 내의 땅 위에 무리를 이루어 난다. 머리 부분과 자루 부분으로 구분한다.

    머리는 1~3cm 정도로 주발 모양 또는 접시 모양이다. 포자가 만들어지는 자실층인 안(위)쪽의 표면은 오렌지 황색에서 밝은색으로 변한다. 가장자리는 약간 골곡이 있다. 바깥 면에는 미세한 짧은 털 또는 인편이 붙어 있다.

    자루의 길이는 1.5~2.5cm 정도로 보통 땅 속에 묻혀 있다.

오목패랭이버섯 (요리솔밭버섯) 낙엽버섯과 Gerronema nemorale

발생 초여름~가을 **장소** 활엽수의 썩은 나무 위 **독성** 식용·약용·독성 여부는 불분명하다

　오목패랭이버섯은 활엽수의 썩은 나무 위에 홀로 나거나 무리를 이루어 난다.
　갓은 크기가 1~1.5cm 정도이고, 어릴 때는 반원 모양으로 성장하면서 가운데가 오목하고 평편한 모양이 된 후 깔때기의 모양이 된다. 표면은 어릴 때는 황록 갈색에서 녹회색 또는 황회색이 된다. 가장자리는 방사상의 홈선이 있다.
　살(조직)은 옅은 황색이다. 자루에 내려붙은 주름살의 간격은 엉성하다. 자루의 길이는 2~4cm 정도로 위아래의 굵기가 같다. 표면은 옅은 황색이고 분말로 덮여 있다. 포자의 무늬는 백색이다.

잔디말똥버섯 눈물버섯과 Panaeolus reticulatus

발생 봄~가을 **장소** 잔디밭, 풀밭, 이끼 사이의 습한 땅 위 **독성** 식용 · 약용 · 독성 여부는 불분명하다

    잔디말똥버섯은 잔디밭 · 풀밭 · 이끼 사이의 습한 땅 위에 홀로 나거나 무리를 이루어 난다.

    갓은 지름이 0.8~2cm 정도이고, 어릴 때는 원뿔형 반원 모양으로 성장하면서 둥근 산 모양으로 거쳐 평편하게 된다. 표면이 어릴 때는 매끄럽지만 성숙하면 주름이 생긴다. 습할 때는 황갈색 또는 적갈색으로 고리 무늬가 있지만 건조할 때는 무늬가 사라진다.

    살(조직)은 옅은 회갈색이다. 자루에 내려붙은 주름살의 폭은 넓고 간격은 엉성하다. 자루의 길이는 5~7cm 정도로 위아래의 굵기가 같고 휘어져 있다. 표면은 옅은 갈색이고 백색의 가루로 덮여 있다. 포자의 무늬는 흑자색이다.

젖은송곳버섯 아교버섯과 Mycoacia uda

발생 봄~늦가을 **장소** 활엽수의 쓰러진 나뭇가지 **독성** 식용·약용·독성 여부는 불분명하다

젖은송곳버섯은 갓이 없다. 활엽수의 쓰러진 나뭇가지, 주로 땅에 맞닿은 부분에 발생한다.

기주 위에서 배착생하며 넓게 펴지며 발생한다. 기주 위에는 아교질 같은 단단한 아교질로 밀착한 면은 두께가 얇고 어릴 때는 레몬 황색 또는 노란색을 띠다가 오래 되면 황토색으로 변한다. 부착한 면은 늘 축축하게 젖어 있다. 포자를 만드는 자실체의 표면은 가는 침으로 덮여 있고, KOH 용액에 닿으면 자주색으로 변한다. 침은 2~3mm 정도로 촘촘하게 붙어 있으며 레몬 황색에서 황토색이 된다. 가장자리는 침으로 덮인다.

조개버섯 조개버섯과 Gloeophyllum sepiarium

발생 여름~가을 **장소** 침엽수의 그루터기, 나무 토막, 야외에 설치한 건축자재나 통나무, 의자 등에 갈라진 부분 **독성** 식용·약용·독성 여부는 불분명하다

조개버섯은 침엽수의 그루터기, 나무 토막, 야외에 설치한 건축자재나 통나무, 의자 등의 갈라진 부분에 발생한다. 나무의 갈색 부패를 일으킨다.

갓은 크기가 2~5cm 정도이고, 어릴 때는 반원 모양으로 성장하면서 점차 선반 모양이 되기도 하지만 평면에서는 접시 모양이 된다. 표면은 미세한 털로 덮여 있고, 희미한 테두리는 황갈색 또는 적갈색이다가 오래되면 회갈색 또는 흑갈색이 된다. 가장자리는 백황색이다.

살(조직)은 가죽 같은 질감으로 갈색이다. 포자가 만들어지는 자실층은 주름살 모양이고 백황색이다. 만지거나 상처가 나면 갈색으로 변한다. 자루가 없고 포자의 무늬는 백색이다.

좀노란밤그물버섯 그물버섯과 Boletellus obscurecoccineus

발생 7~8월 **장소** 활엽수림, 침엽수림 내의 땅 위 **독성** 식용·약용·독성 여부는 불분명하다

    좀노란밤그물버섯은 활엽수림, 침엽수림 내의 땅 위에 홀로 나거나 몇 개씩 모여 난다.
    갓은 지름이 3~6cm 정도이고, 어릴 때는 낮은 반원 모양으로 성장하면서 평편해 진다. 표면은 어릴 때는 포도 주걱색에서 점차 분홍색으로 변한다. 솜털 모양에서 인편 모양으로 가늘게 갈라진다.
    살(조직)은 쓰고 백색 또는 연한 황색이다. 상처가 나면 청색으로 변한다. 자루에서 떨어져 붙은 모양으로 간격이 촘촘하다. 자루의 길이는 3~7cm 정도로 아래쪽으로 굵고 표면은 미세하게 세로로 된 섬유 무늬가 있다. 자루의 꼭대기에는 가는 인편이 있고, 기부에는 백색 균사가 있다. 포자의 무늬는 황록 갈색이다.

종지털컵버섯 거미줄종지버섯과 Lachnum vigineum

발생 봄~가을 **장소** 활엽수의 썩은 나무, 나무딸기의 줄기, 나무 열매 및 열매껍질, 자작나무 열매
독성 식용·약용·독성 여부는 불분명하다

종지털컵버섯은 활엽수의 썩은 나무, 나무딸기의 줄기, 나무 열매 및 열매껍질, 자작나무 열매 등에 무리를 이루어 난다.

갓은 지름이 0.5~2cm 정도로 어릴 때는 종지 모양에서 컵 모양 또는 접시 모양이다. 포자가 만들어지는 자실층인 안(위) 쪽의 표면은 매끄럽고 백색에서 크림색으로 변한다. 바깥 면은 백색의 털로 덮여 있다. 자루는 길이가 0.5~1m 정도로 아래쪽으로 가늘다. 표면은 백색의 털로 덮여 있다.

주홍꼬리버섯 마른꼬리버섯과 Libertella bettulina

발생 봄 **장소** 활엽수의 고사목 위 **독성** 식용·약용·독성 여부는 불분명하다

주홍꼬리버섯은 활엽수의 고사목 위에 무리를 이루어 난다. 자낭포자를 만들지 않고 분생포자로 번식한다. 포자가 만들어지는 자실체는 0.2~2cm 정도로 황색 또는 오렌지색의 젤리 형태의 끈 모양 또는 돼지의 꼬리 모양으로 포자각이 발생한다. 자좌는 기주의 껍질 속에 형성된다.

주황갓그물버섯(주홍분말그물버섯) 그물버섯과 Pulveroboletus aurifammeus

발생 여름~가을 **장소** 활엽수림, 혼합림 내의 땅 위 **독성** 식용·약용·독성 여부는 불분명하다

　주황갓그물버섯은 활엽수림, 혼합림 내의 땅 위에 홀로 나거나 무리를 이루어 난다.

　갓은 지름이 2~5cm 정도이고, 어릴 때는 원 모양으로 성장하면서 반원 모양 또는 둥근 산 모양을 거쳐 평편하게 된다. 표면은 어릴 때는 오렌지 황색 또는 선명한 오렌지색이다. 섬유 모양의 털로 덮여 있고 가루 모양이다.

　살(조직)은 백색 또는 백황색이다. 자루에서 바르게 붙은 모양에서 떨어진 모양이 된다. 구멍은 원형에 가깝고 간격은 엉성하다. 자루의 길이는 3~5cm 정도로 위아래가 같은 굵기이다. 표면은 뿌리 모양으로 가늘다. 표면은 갓과 같은 색으로 세로로 된 홈선과 불분명한 그물 무늬가 있다. 포자의 무늬는 황록색이다.

천가닥애주름버섯 애주름버섯과 Mycena laevigata

발생 가을~초봄 **장소** 활엽수의 침엽수의 썩은 그루터기, 나뭇가지, 땅에 접해 있는 죽은 나뭇가지 위 **독성** 식용·약용·독성 여부는 불분명하다

    천가닥애주름버섯은 활엽수의 침엽수의 썩은 그루터기, 나뭇가지, 땅에 접해 있는 죽은 나뭇가지 위에 큰 무리를 이루어 난다.
    갓은 지름이 1~1.5cm 정도이고, 어릴 때는 반원 모양으로 성장하면서 가운데가 다소 오목한 낮은 반원 모양이 된다. 표면은 연한 회백색 또는 백황색이다. 습할 때는 약간 끈적거리고 방사상의 선이 있고 가는 주름이 있지만, 햇빛을 받으면 화갈색으로 변한다.
    살(조직)은 백색이다. 자루에서 바르게 붙은 모양에서 내려붙은 모양이 된다. 주름살의 간격은 약간 촘촘하다. 자루의 길이는 2~4cm 정도로 아래쪽으로 가늘다. 표면은 매끄럽고 갓과 같은 색이다. 포자의 무늬는 백색이다.

통발진달래버섯(통발네립살버섯) 외대버섯과 Rhodocybe popinalis

발생 여름~가을 **장소** 활엽수림 내의 부엽토, 썩은 낙엽 또는 나무 위 **독성** 식용·약용·독성 여부는 불분명하다

    통발진달래버섯은 활엽수림 내의 부엽토, 썩은 낙엽 또는 나무 위에 흩어져 나거나 무리를 이루어 난다.

    갓은 지름이 2.5~6cm 정도이고, 어릴 때는 반원 모양으로 성장하면서 평편해진 후 가운데는 오목한 깔때기의 모양이 된다. 표면은 매끄럽고 미세한 털로 덮여 있다. 오래되면 동심원상으로 쪼글쪼글해진다. 어릴 때는 하얀색에서 회색을 거쳐 성숙하면 흑색이 된다. 가장자리는 처음에는 안쪽으로 말려 있으나 나중에는 펴지면서 물결 모양이 되고 굴곡된다.

    살(조직)은 쓰고 얇은 백색이다. 자루에서 내려붙은 주름살의 간격의 폭은 넓고 촘촘하다. 자루의 길이는 3~5cm 정도로 위아래의 굵기가 같거나 아래쪽으로 가늘다. 표면은 갓과 같은 색이고 속은 차 있고 기부는 솜털 모양의 균사로 덮여 있다. 포자의 무늬는 분홍색기가 있는 황토색이다.

포도쓴맛그물버섯 그물버섯과 Tylopilus vinosobrunneus

발생 여름~가을 **장소** 활엽수림 내의 땅 위 **독성** 식용 · 약용 · 독성 여부는 불분명하다

  포도쓴맛그물버섯은 활엽수림 내의 땅 위에 홀로 나거나 무리를 이루어 난다.
  갓은 크기가 4~6cm 정도이고, 어릴 때는 반원 모양으로 성장하면서 둥근 산 모양을 거쳐 평편하게 된다. 표면은 어릴 때는 벨벳 같은 질감이고 포도주 갈색 또는 옅은 자주 적색에서 연한 자갈색으로 된다.
  살(조직)은 백색이다. 자루에서 올려붙은 주름살의 간격의 촘촘하다. 상처가 나면 갈색으로 변한다. 자루의 길이는 6~8cm 정도로 아래쪽으로 굵어진다. 표면은 매끄럽고 갓과 같은 색이다. 포자의 무늬는 적갈색이다.

하얀선녀버섯 (하얀대마른가지버섯) 낙엽버섯과 Marasmiellus candidus

발생 여름 **장소** 숲속의 죽은 고사목 또는 나뭇가지 위 **독성** 식용·약용·독성 여부는 불분명하다

하얀선녀버섯은 숲속의 죽은 고사목 또는 나뭇가지 위에 무리를 이루어 난다.

갓은 크기가 0.7~3cm 정도이고, 어릴 때는 반원 모양으로 성장하면서 평편해진다. 가장자리는 약간 치켜올라가면서 물결 모양이 된다. 표면은 어릴 때는 백색이다. 고르지 않고 요철 같은 넓은 홈선이 있다.

살(조직)은 반투명한 막질의 백색이다. 자루에서 바르게 내려붙은 주름살의 간격은 엉성하다. 자루의 길이는 0.8~2cm 정도로 표면은 분말로 덮여 있고 기부는 점차 흑색을 띤다. 포자의 무늬는 백색이다.

향기젖버섯 무당버섯과 Lactarius quietus

발생 초여름~늦가을 **장소** 활엽수림 내의 땅 위 **독성** 식용 · 약용 · 독성 여부는 불분명하다

    향기젖버섯은 활엽수림 내의 땅 위에 홀로 나거나 흩어져 난다.
    갓은 지름이 3~7cm 정도이고, 어릴 때는 낮은 반원 모양으로 성장하면서 평편해진 깔때기의 모양이 된다. 표면은 끈적거리고 테두리가 있고 건조하면 정향 냄새가 난다. 살갗색 또는 연한 적갈색이다. 어릴 때는 백색이다. 고르지 않고 요철 같은 넓은 홈선이 있다.
    살(조직)은 백색이다. 젖(유액)은 백색으로 변색되지 않지만 상처를 내면 밤색을 띤다. 자루에서 바르게 붙은 주름살의 간격은 촘촘하다. 자루의 길이는 3~7cm 정도로 위아래의 굵기가 같거나 아래쪽은 가늘다. 표면은 적갈색이고 기부에는 흰털이 있다. 포자의 무늬는 백색이다.

혈색무당버섯 무당버섯과 Russula sanguinea

발생 초여름~가을 **장소** 침엽수림·혼합림·공원 내의 땅 위 **독성** 식용·약용·독성 여부는 불분명하다

혈색무당버섯은 침엽수림·혼합림·공원 내의 땅 위에 무리를 이루어 난다.

갓은 지름이 4~10cm 정도이고, 어릴 때는 낮은 반원 모양으로 성장하면서 가운데가 평편한 모양이 된다. 표면이 어릴 때 습할 때는 피처럼 진한 색을 띠지만 비를 맞거나 오래되어 건조할 때는 분홍기를 띤다. 가장자리에 희미한 짧은 선이 있다.

살(조직)은 매운맛이고 백색이다. 자루에서 바르게 붙은 주름살의 간격은 촘촘하다. 자루의 길이는 3~7cm 정도로 표면은 백색에서 분홍 적색으로 물든다. 포자의 무늬는 연한 황색이다.

홍옥애주름버섯 <small>애주름버섯과 Mycena viscidocruenta</small>

발생 여름~가을 **장소** 활엽수의 죽은 잔가지 또는 낙엽 위 **독성** 식용·약용·독성 여부는 불분명하다

홍옥애주름버섯은 활엽수의 죽은 잔가지 또는 낙엽 위에 홀로 나거나 흩어져 몇 개씩 다발로 난다.

갓은 크기가 0.5~1.5cm 정도이고, 어릴 때는 원뿔 모양으로 성장하면서 둥근 산 모양을 거쳐 평편하게 된 후 가운데는 약간 오목한 모양이 된다. 표면이 습할 때는 끈적거리고 건조할 때는 윤기가 있고 가장자리부터 갓 중심까지 방사상의 패인 선이 있다.

살(조직)은 연한 적색이다. 자루에서 바르게 내려붙은 주름살의 간격은 엉성하다. 자루의 길이는 3~7cm 정도로 표면은 갓과 같은 색이고 기부 쪽에 백색의 균사가 있다. 포자의 무늬는 백색이다.

황록청균 살갗버섯과 Chlorosplenium chlora

발생 가을 **장소** 활엽수의 썩은 나무 위 **독성** 식용 · 약용 · 독성 여부는 불분명하다

황록청균은 활엽수의 썩은 나무 위에 무리를 이루어 난다.

갓의 지름은 2~6mm 정도로 어릴 때는 얕은 컵 모양 또는 단지 모양으로 성장하면서 평편해진 후 오래되면 뒤틀린다. 자루는 없다.

포자가 만들어지는 자실층인 안(위)쪽의 표면은 매끄럽고 밝은색에서 황록색으로 변한다. 바깥 면은 미세한 털로 덮여 있다.

황소낙엽버섯 낙엽버섯과 Marasmius aurantioferrugineus

발생 여름~가을　**장소** 활엽수림, 혼합림 내의 낙엽 위　**독성** 식용·약용·독성 여부는 불분명하다

　　황소낙엽버섯은 활엽수림, 혼합림 내의 낙엽 위에 홀로 나거나 무리를 이루어 난다.
　　갓은 크기가 3~6cm 정도이고, 어릴 때는 반원 모양으로 성장하면서 펴지면서 가운데가 불룩한 평편한 모양이 된다. 표면은 오렌지색이고 방사상으로 많은 주름이 있다.
　　살(조직)은 질기고 백색이다. 자루에서 바르게 붙은 주름살의 폭은 넓고 간격은 촘촘하다. 자루의 길이는 4.5~13cm 정도로 원 모양이고 위아래의 굵기가 같다.

황소아교뿔버섯(아교뿔버섯) 붉은목이과 Calocera comea

발생 늦은 봄~여름 **장소** 활엽수, 침엽수의 죽은 나뭇가지 또는 그루터기 **독성** 식용 · 약용 · 독성 여부는 불분명하다

  황소아교뿔버섯은 활엽수, 침엽수의 죽은 나뭇가지 또는 그루터기에 무리를 이루어 난다.
  높이는 1~1.5cm 정도로 어릴 때는 백색의 아교질이지만 뿔 끝부터 점차 연한 황색으로 변색되어 전면이 황색으로 될 때 살(조직)은 연골질이 된다. 한 개 또는 여러 개씩 모여 나고 한두 개씩 가지를 치기도 한다. 포자가 만들어지는 자실층은 뿔의 전면이 발달한다.

흰꼬마외대버섯(삼풀외대버섯) 외대버섯과 Entoloma chamaecyparidis

발생 봄~가을 **장소** 습기가 많은 돌 위·부엽토·썩은 나무·썩은 나뭇잎 위 **독성** 식용·약용·독성 여부는 불분명하다

    흰꼬마외대버섯은 습기가 많은 돌 위·부엽토·썩은 나무·썩은 나뭇잎 위에 겹쳐서 무리를 이루어 난다.
    갓은 지름이 0.3~0.9cm 정도이고, 어릴 때는 둥근 모양으로 성장하면서 점차 평편해지고 부채 모양, 조개 껍질 모양이 된다. 표면이 습할 때는 백황색 또는 살색이고 줄 무늬선이 기부까지 발달한다. 백색의 섬유 모양이고 부드러운 털로 덮여 있다. 살(조직)은 얇고 백색이다. 자루에서 바르게 붙은 주름살의 폭은 좁고 간격은 엉성하다. 자루의 길이는 0.2~0.5cm 정도로 표면이 습할 때는 백황색을 나타내고 위쪽으로 미세한 가루가 붙어 있다.

흰붓버섯(붓버섯) 갓싸리버섯과 Deflexula fascicularis

발생 여름~가을 **장소** 활엽수의 쓰러진 나무 위 **독성** 식용·약용·독성 여부는 불분명하다

흰붓버섯은 활엽수의 쓰러진 나무 위에 발생한다.

포자가 말들어지는 자실체의 길이는 1~2cm 정도로 어릴 때는 부드럽고 유연한 침 모양으로 성장하면서 점차 끝 부분이 갈라지고 넓어져 붓 모양이 된다.

침 모양의 가지는 곧게 자라기도 하지만 아래로 처지고 굽어 있다. 표면은 백색에서 황갈색이 되고 오래되면 탁한 황토 갈색으로 된다. 살(조직)은 유연하고 쉽게 휘어진다.

흰털깔때기버섯 송이과 Clitocybe sp.

발생 여름~가을 **장소** 침엽수림, 활엽수림 내의 낙엽 위 **독성** 식용·약용·독성 여부는 불분명하다

  흰털깔때기버섯은 침엽수림, 활엽수림 내의 낙엽 위에 무리를 이루어 난다. 균환을 만들기도 한다.
  갓은 크기가 4~12cm 정도이고, 어릴 때는 둥근 산 모양으로 성장하면서 점차 평편하게 된 후 가운데는 오목한 모양이 된다. 가장자리는 방사상의 주름이 있는 물결 모양으로 심하게 굴곡진다. 표면은 백색으로 많은 털로 덮여 있다.
  살(조직)은 향이 나고 백색이다. 자루에서 내려붙은 주름살의 간격은 매우 촘촘하다. 자루의 길이는 5~10cm 정도로 불규칙하게 구부러져 있고 표면은 백색이며 세로로 된 섬유 무늬가 있고 기부에는 백색의 균사가 있다.

제6장

맹독성이 강한 독버섯

갈변흰우당버섯 (흰무당버섯아재비) 무당버섯과 Russula japonica

발생 여름~가을　장소 활엽수림 내의 땅 위　응용 독버섯으로 사람에 따라 중독된다　독성 일반 독성

　갈변흰우당버섯은 활엽수림 내의 땅 위에 무리를 이루어 난다.
　갓은 지름이 6~20cm 정도이고, 어릴 때는 반원 모양으로 성장하면서 평편한 모양에서 깔때기의 모양이 된다. 표면은 건조하고 매끄럽다. 백색 뒤에 황갈색의 얼룩이 생긴다.
　살(조직)은 두껍고 단단한 백색이다. 맛은 쓰다. 자루에서 바르게 붙은 주름살의 간격은 매우 촘촘하다. 자루의 길이는 3~6cm 정도로 기부 쪽으로 가늘다. 불규칙하게 주름져 있고, 단단하고 속은 차 있다. 포자의 무늬는 연한 황색 또는 황갈색이다.

바늘땀버섯 땀버섯과 Inocybe

발생 여름~늦가을 **장소** 활엽수림, 혼합림 내의 땅 위 **이용** 독버섯인 애기비늘땀버섯과 매우 비슷하지만, 독버섯으로 먹을 수 없다 **독성** 맹독성

바늘땀버섯은 활엽수림, 혼합림 내의 땅 위에 무리를 지어 난다.

갓은 크기가 1~2cm 정도이고, 어릴 때는 원뿔 모양으로 성장하면서 종 모양을 거쳐 낮은 산 모양이 된다. 표면은 회갈색에서 자갈색으로 되며 어릴 때는 방사상의 섬유로 덮여 있다가 성장하면서 갓 중심에서부터 갈라져 거친 인편이 된다.

살(조직)은 백색이다. 자루 끝에 붙은 주름살의 간격은 매우 엉성하다. 자루의 길이는 2~4cm 정도로 표면은 회갈색에서 적갈색이 되는 바탕에 백색의 섬유가 있다. 포자의 무늬는 적갈색이다.

애기무당버섯 무당버섯과 Russula densifolia

발생 여름~가을 **장소** 혼합림 내의 땅 위 **이용** 독버섯으로 생식하면 위장 계통에 심한 중독을 일으킨다 **독성** 준맹독성

애기무당버섯은 혼합림 내의 땅 위에 무리를 지어 난다.

갓은 지름이 6~10cm 정도이고, 어릴 때는 가운데가 오목한 반원 모양으로 성장하면서 낮은 산 모양을 거쳐 깔때기의 모양이 된다. 표면은 매우 끈적거린다. 백색에서 회갈색을 거쳐 흑갈색으로 변하고 가장자리는 얕은 색이다.

살(조직)은 백색이다. 상처를 받으면 적색을 거쳐 흑색이 된다. 자루에서 바르게 붙은 주름살의 간격은 매우 촘촘하다. 자루의 길이는 3~5cm 정도로 표면은 백색으로 접촉하면 적색을 거쳐 흑색이 된다. 포자의 무늬는 백색이다.

양파광대버섯 <small>광대버섯과 Amanita abrupta</small>

발생 여름 **장소** 혼합림 내의 땅 위 **이용** 맹독성을 가진 독버섯으로 중독을 일으키기 때문에 먹을 수 없다 **독성** 맹독성-아마톡신(amatoxin)

양파광대버섯은 혼합림 내의 땅 위에 홀로 나거나 몇 개씩 흩어져 난다. 균근균이다.

갓은 지름이 3~7cm 정도이고, 어릴 때는 공 모양으로 성장하면서 종 모양·반원 모양·둥근 산 모양을 거쳐 평편한 모양이 된다. 표면은 매끈하고 백색의 뾰족한 사마귀로 덮여 있다.

살(조직)은 백색이다. 자루에서 떨어져 붙은 주름살의 날은 가루 모양이고 간격은 촘촘하다. 자루의 길이는 8~14cm 정도로 표면은 백색이고 속은 비어 있다. 기부는 양파 모양으로 둥글고 섬유 모양의 인편으로 덮여 있다. 포자의 무늬는 백색이다.

연보라무당버섯 무당버섯과 Russula lilacea

발생 여름 **장소** 활엽수림 내의 땅 위 **이용** 맛이 온화한 것으로 생식을 하지 않는다 **독성** 식용·약용·독성 여부는 알려진 것이 없다

    연보라무당버섯은 활엽수림 내의 땅 위에 홀로 나거나 소수로 무리를 이루어 난다.
    갓은 지름이 3~8cm 정도이고, 어릴 때는 반원 모양으로 성장하면서 점차 가운데가 오목하고 편평한 모양이 된다. 표면이 습할 때는 끈적거리고 건조할 때는 분말 모양이 된다. 색은 붉은 포도색·자주 적색·살색 등이 있다. 가운데는 흑색이고 가장자리에는 작은 알갱이 줄 무늬선이 있다.
    살(조직)은 백색에서 황갈색을 거쳐 탁한 회색이 된다. 자루에서 바르게 붙은 주름살의 간격은 촘촘하다. 자루의 길이는 3~6cm 정도로 원통 모양이고, 표면은 백색 또는 연한 홍색이다.

절구무당버섯 무당버섯과 Russula nigricans

발생 초여름~가을 **장소** 활엽수림, 침엽수림 내의 땅 위 **이용** 식용으로 알려져 있으나 생식하면 심한 위장 장애를 일으키는 독버섯이다 **독성** 준맹독성

절구무당버섯은 활엽수림, 침엽수림 내의 땅 위에 몇 개씩 흩어져 나거나 무리를 지어 난다.

갓은 지름이 8~15cm 정도이고, 어릴 때는 중앙이 오목한 낮은 반원 모양으로 성장하면서 얕은 깔때기의 모양이 된다. 표면은 처음에는 탁한 백색에서 차츰 어두운 갈색을 거쳐 흑색이 된다.

살(조직)은 단단한 백색이다. 상처가 나면 흑색으로 변한다. 자루에서 바르게 붙은 주름살의 폭은 넓고 간격은 엉성하다. 자루의 길이는 3~8cm 정도로 굵고 단단하다. 표면은 연한 회색이다. 포자의 무늬는 백색이다.

흰오뚜기광대버섯 광대버섯과 Amanita castonopsidis

발생 여름~가을 **장소** 활엽수림, 혼합림 내의 땅 위 **이용** 독버섯으로 식용할 수 없다 **독성** 맹독성-아마톡신(amatoxin)

흰오뚜기광대버섯은 활엽수림, 혼합림 내의 땅 위에 홀로 나거나 몇 개씩 흩어져 난다.

갓은 지름이 3.5~8cm 정도이고, 어릴 때는 반원 모양으로 성장하면서 둥근 산 모양을 거쳐 점차 평편하게 된다. 표면은 백색이고 1~3mm 정도의 원뿔 모양의 사마귀가 전면에 덮여 있다. 가장자리에는 조각이 붙어 있다.

살(조직)은 백색이다. 자루에서 떨어져 붙은 주름살의 폭은 넓고 간격은 약간 촘촘하다. 자루의 길이는 7~10cm 정도로 솜 모양 또는 가루 같은 물질로 덮여 있고, 기부는 각진 모양의 사마귀로 덮여 있다. 표면은 백색이다. 포자의 무늬는 백색이다.

턱받이광대버섯 <small>광대버섯과 Amanita spreta</small>

발생 여름 **장소** 활엽수림 내의 땅 위 **이용** 생식하면 위장 계통에 중독을 일으키는 독버섯이다 **독성** 준맹독성

턱받이광대버섯은 활엽수림 내의 땅 위에 홀로 나거나 몇 개씩 흩어져 난다.

갓은 지름이 2~6cm 정도이고, 어릴 때는 달걀 모양으로 성장하면서 둥근 종 모양을 거쳐 점차 평편하게 된 후 반전하여 가운데가 조금 오목한 모양이 된다. 표면은 매끄럽고 습할 때는 끈기가 있고 가장자리에는 방사상의 패인 선이 있다. 처음에는 옅은 황갈색에서 차츰 황색기가 있는 회갈색으로 변한다.

살(조직)은 얇고 연한 백황색이다. 자루에서 떨어져 붙은 주름살의 간격은 약간 촘촘하다. 자루의 길이는 4~9cm 정도로 위쪽은 조금 가늘고 표면은 매끄러운 연한 백황색이다. 기부는 약간 부풀어 있고 턱받이는 연한 백황색의 막질이다. 포자의 무늬는 백색이다.

붉은싸리버섯 나팔버섯과 Ramaria formosa

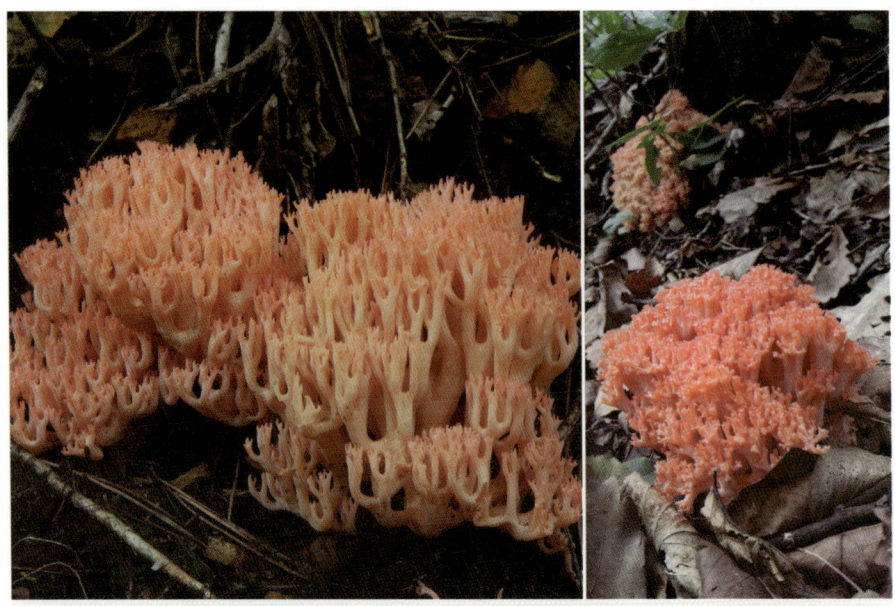

발생 가을 **장소** 활엽수림 내의 땅 위 **이용** 붉은싸리버섯은 식용할 수 있는 싸리버섯과 비슷하고, 항종양 작용이 있어 약용 버섯으로 알려져 있으나, 생식하면 설사와 복통을 일으키는 독버섯이다 **독성** 일반 독성

 붉은싸리버섯은 활엽수림 내의 땅 위에 무리를 지어 나거나 줄지어 난다.
 포자가 만들어지는 자실체의 높이는 5~20cm, 너비는 10~20cm 정도로 기부에서 나온 몇 개의 가지가 'U' 자형으로 거듭 분지하여 전체가 산호 모양이 된다. 끝에서 2~3개의 돌기로 갈라진다. 표면은 어릴 때는 주홍색에서 분홍색으로 거쳐 성숙하면서 점차 황색이 된다. 기부는 짧고 뭉뚝하다.
 살(조직)은 연한 백색이다. 상처를 입으면 자갈색으로 변한다. 포자의 무늬는 황색이다.

황금싸리버섯 나팔버섯과 Ramaria aurea

발생 가을 **장소** 혼합림 내의 땅 **이용** 붉은싸리버섯은 식용할 수 있는 싸리버섯과 비슷하고, 항종양 작용이 있어 약용 버섯으로 알려져 있으나, 생식하면 설사·복통·구토 등을 일으키는 독버섯이다 **독성** 준맹독성

황금싸리버섯은 혼합림 내의 땅 위에 흩어져 발생한다.

포자가 만들어지는 자실체의 지름은 5~12cm, 높이는 5~12cm 정도로 기부에서 가지가 분지하여 나뭇가지형이 된다. 일반적으로 가지 끝 부분은 2개로 분지한다. 뿌리 부근을 제외하고 전체가 황금색 또는 황백색이다. 뿌리 부근은 두껍고 백색이다.

살(조직)은 백색이다. 상처를 입어도 변색이 되지 않는다.

노랑싸리버섯 나팔버섯과 Ramaria stricta

발생 여름~가을 **장소** 활엽수림 내의 고사목 또는 땅에 묻힌 나무 위 **이용** 생식하면 중독을 일으키는 독버섯이다 **독성** 일반 독성

노랑싸리버섯은 활엽수림 내의 고사목 또는 땅에 묻힌 나무 위에 발생한다.

포자가 만들어지는 자실체의 지름은 4~10cm, 높이는 4~1cm 정도로 기부에서 나온 가지가 위로 자라 몇 차례 나뉘어져 산호형이 된다. 가지는 황금색이고 가지 끝은 담황색이다. 상처를 입으면 담적색 또는 적갈색으로 변한다.

살(조직)은 질긴 백색이고 균상균사속이 있다.

변형술잔녹청균 살갗버섯과 Chlorociboria aeruginascens

발생 봄~가을 **장소** 활엽수의 썩은 나무 위 **이용** 식용·약용 여부는 알려진 것이 없다 **독성** 독성 여부는 알려진 것이 없다

 변형술잔녹청균은 활엽수의 썩은 나무 위에 무리를 지어 난다.
 갓의 지름은 0.2~0.4cm 정도로 어릴 때는 접시 모양으로 성장하면서 부채 모양을 닮아 가며, 보통 건조하고 오래되면 뒤틀린다. 포자가 만들어지는 자실층인 안(위)쪽의 표면은 매끄럽고 청록색이다. 바깥 면은 어릴 때는 백색에서 점차 청록색으로 변하면서 미세한 털로 덮여 있다. 자루의 길이는 0.5~1.5mm 정도로 매우 짧고 편심형으로 갓은 한쪽으로 치우쳐 자란다.

화경버섯 낙엽버섯과 Omphalotus japonicus

발생 여름~가을 **장소** 너도밤나무 · 고로쇠나무 · 서어나무 등의 활엽수의 고사목 **이용** 항종양 또는 항균 작용이 있는 것으로 알려져 있으나 생식으로 하면 메스꺼움, 구토증이 나타나는 독버섯이다 **독성** 준맹독성

　화경버섯은 너도밤나무 · 고로쇠나무 · 서어나무 등의 활엽수의 고사목에 다발로 겹쳐 발생한다.
　갓은 지름이 5~15cm 정도이고, 어릴 때는 원 모양으로 성장하면서 반원 모양 또는 콩팥 모양이 된다. 표면에 윤기가 있고 자갈색의 작은 인편이 붙어 있고 색은 어릴 때는 황갈색에서 점차 자갈색 또는 흑갈색으로 변한다.
　살(조직)은 연한 백색이다. 가장자리는 얇고 자루 쪽은 두껍다. 자루에서 내려져 붙은 주름살의 폭은 넓고 간격은 약간 촘촘하다. 자루의 길이는 1.5~2.5cm, 굵기 1.5~3cm 정도로 짧고 굵으며 갓의 측면에 붙는다. 기부를 절단하면 흑자색이다. 포자의 무늬는 백색이다.

애우산광대버섯 광대버섯과 Amanita farinosa

발생 여름~가을 **장소** 침엽수림, 활엽수림 내의 땅 위 **이용** 생식하면 위장을 자극하는 독버섯이다
독성 준맹독성

애우산광대버섯은 침엽수림, 활엽수림 내의 땅 위에 홀로 나거나 몇 개씩 무리를 이루어 난다.

갓은 지름이 3~3.5cm 정도이고, 어릴 때는 반원 모양으로 성장하면서 둥근 산 모양을 거쳐 평편하게 된다. 표면은 건조하고 회색의 가루로 덮여 있고 회갈색이다. 가장자리에는 방사상의 패인 선이 있다.

살(조직)은 백색이다. 자루에서 떨어져 붙은 주름살의 간격은 약간 촘촘하다. 자루의 길이는 4~7cm 정도로 속은 비어 있고 표면은 백색이다. 기부는 둥근 뿌리 모양으로 외피막에 싸여 있다. 포자의 무늬는 백색이다.

암회색광대버섯아재비 광대버섯과 Amanita pseudoporphyria

발생 여름 **장소** 활엽수림, 침엽수림 내의 땅 위 **이용** 암회색광대버섯아재비는 일부 지역에서는 식용을 하기도 하지만 생식하면 복통·설사·경련을 일으키고 항균 작용이 있어 약용 버섯으로 알려져 있으나 독버섯이다 **독성** 일반 독성

    암회색광대버섯아재비는 균근균으로 활엽수림, 침엽수림 내의 땅 위에 흩어져 나거나 무리를 지어 난다.

    갓은 지름이 3~3.5cm 정도이고, 어릴 때는 반원 모양으로 성장하면서 둥근 산 모양을 거쳐 평편하게 된다. 표면은 건조하고 회색의 가루로 덮여 있고 회갈색이다. 가장자리에는 방사상의 패인 선이 있다.

    살(조직)은 백색이다. 자루에서 떨어져 붙은 주름살의 간격은 약간 촘촘하다. 자루의 길이는 4~7cm 정도로 속은 비어 있고 표면은 백색이다. 기부는 둥근 뿌리 모양으로 외피막에 싸여 있다. 포자의 무늬는 백색이다.

파리버섯 광대버섯과 Amanita melleiceps

발생 여름~가을 **장소** 침엽수림, 활엽수림 내의 땅 위 **이용** 파리버섯을 생식하면 구토·설사·복통을 일으키는 독버섯이다 **독성** 예전에 살충제가 없던 시절에 파리를 잡을 때 밥에 섞어 놓으면 파리가 먹고 죽을 정도로 강한 맹독성(이보텐산-무시몰·ibotenic-muscimol)이 함유되어 있다

 파리버섯은 침엽수림, 활엽수림 내의 땅 위에 무리를 이루거나 몇 개씩 흩어져 발생한다.
 갓은 지름이 2.5~6cm 정도이고, 어릴 때는 긴 반원 모양으로 성장하면서 둥근 산 모양을 거쳐 편평하게 된다. 표면은 습할 때는 끈기가 있고 전면에 옅은 황색 가루 모양의 인편이 붙어 있다. 옅은 황갈색으로 방사상의 선명한 패인 선이 있다.
 살(조직)은 옅은 백황색이다. 자루에서 떨어져 붙은 주름살의 간격은 약간 촘촘하다. 자루의 길이는 3~6cm 정도로 위쪽으로 가늘다. 표면은 백색에서 옅은 황색이 되고 가루가 붙어 있다. 기부는 백색의 짧은 뿌리 모양이고 외피의 표면에 가루가 묻어 있는 얇은 막 형태로 기부에 붙어 있다. 포자의 무늬는 백색이다.

양파광대버섯 광대버섯과 Amanita abrupta

발생 여름 **장소** 혼합림 내의 땅 위 **이용** 맹독성을 가진 독버섯으로 중독을 일으키기 때문에 먹을 수 없다 **독성** 맹독성-아마톡신(amatoxin)

    양파광대버섯은 혼합림 내의 땅 위에 홀로 나거나 몇 개씩 흩어져 난다. 균근균이다.
    갓은 지름이 3~7cm 정도이고, 어릴 때는 공 모양으로 성장하면서 종 모양·반원 모양·둥근 산 모양을 거쳐 평편한 모양이 된다. 표면은 매끈하고 백색의 뾰족한 사마귀로 덮여 있다.
    살(조직)은 백색이다. 자루에서 떨어져 붙은 주름살의 날은 가루 모양이고 간격은 촘촘하다. 자루의 길이는 8~14cm 정도로 표면은 백색이고 속은 비어 있다. 기부는 양파 모양으로 둥글고 섬유 모양의 인편으로 덮여 있다. 포자의 무늬는 백색이다.

개나리광대버섯 광대버섯과 Amanita subjungquilea

발생 여름~가을　**장소** 침엽수림, 활엽수림 내의 땅 위　**이용** 한국과 일본에서 생식하여 사망하게 하는 맹독성 버섯이다　**독성** 맹독성-아마톡신(amatoxin)

　개나리광대버섯은 침엽수림, 활엽수림 내의 땅 위에 홀로 나거나 흩어져 난다.
　갓은 지름이 4.5~7cm 정도이고, 어릴 때는 달걀 모양으로 성장하면서 가운데가 오목한 둥근 산 모양을 거쳐 평편한 모양이 된다. 표면은 습할 때는 약간 끈적거리고 미세한 방사상의 섬유 무늬선이 있고 밝은 황색 또는 겨자색이고 가운데는 진하고 가장자리는 옅은 색이다.
　살(조직)은 백색이다. 자루에서 떨어져 붙은 주름살의 날은 가루 모양이고 간격은 촘촘하다. 자루의 길이는 5~11cm 정도로 백색의 바탕에 황색의 인편이 덮여 있다.
　기부는 둥근 뿌리 모양으로 백색의 섬유상의 인편으로 덮여 있다. 외피막은 백색의 막질로 주머니 모양이다. 포자의 무늬는 백색이다.

흰알광대버섯 광대버섯과 Amanita verna

발생 여름~가을 **장소** 침엽수림, 활엽수림 내의 땅 위 **이용** 흰알광대버섯은 죽음의 천사로 불릴 정도로 생식을 하면 맹독성이 강한 독버섯이다 **독성** 맹독성-아마톡신(amatoxin)

흰알광대버섯은 침엽수림, 활엽수림 내의 땅 위에 홀로 나거나 몇 개씩 나기도 한다.

갓은 지름이 5~8cm 정도이고, 어릴 때는 반원 모양으로 성장하면서 둥근 산 모양을 거쳐 가운데가 볼록하고 평편한 모양이 된다. 표면은 습할 때는 끈적거리고 백색이다.

살(조직)은 냄새가 고약한 백색이다. 자루 끝에 붙은 주름살의 간격은 촘촘하다. 자루의 길이는 7~12cm 정도로 위쪽은 가늘다. 표면은 매끄럽고 미세한 섬유상이다. 기부는 둥근 모양의 백색이다. 외피막은 백색의 막질로 주머니 모양이다. 턱받이는 백색의 막질로 윗면에 선이 있고 자루의 위쪽에 달려 있다.

독우산광대버섯 광대버섯과 Amanita virosa

발생 여름~가을 **장소** 침엽수림, 활엽수림 내의 땅 위 **이용** 독우산광대버섯은 죽음의 천사로 불릴 정도로 생식을 하면 맹독성이 강한 백색의 치명적인 독버섯이다 **독성** 맹독성-아마톡신(amatoxin)

독우산광대버섯은 침엽수림, 활엽수림 내의 땅 위에 홀로 나거나 몇 개씩 나기도 한다.

갓은 지름이 6~12cm 정도이고, 어릴 때는 반원 모양으로 성장하면서 원뿔 모양을 거쳐 가운데가 무디게 돌출하는 평편한 모양이 된다. 표면이 습할 때는 끈적거리고 백색이고 가운데는 옅은 홍색을 띨 때가 많다.

살(조직)은 냄새가 고약한 백색이다. 수산화칼륨 용액에 의해 황색으로 변한다. 자루에서 떨어져 붙은 주름살의 간격은 촘촘하다. 자루의 길이는 8~12cm 정도로 표면은 백색으로 섬유상의 인편이 물결 모양으로 덮여 있다. 기부는 둥근 모양으로 부풀고, 외피막은 백색의 큰 주머니의 모양이다. 턱받이는 백색의 막질이며 위쪽에 달려 있다. 포자의 무늬는 백색이다.

회흑색광대버섯 광대버섯과 Amanita fuliginea

발생 여름가을 **장소** 혼합림 내의 땅 위 **이용** 회흑색광대버섯은 식용할 수 없는 맹독성이 강한 독버섯이다 **독성** 맹독성

회흑색광대버섯버섯은 혼합림 내의 땅 위에 홀로 나거나 무리를 지어 난다.

갓은 지름이 5~7cm 정도이고, 어릴 때는 종 모양으로 성장하면서 둥근 산 모양을 거쳐 평편하게 된다. 가장자리가 위로 치켜올라간다. 표면은 섬유 모양으로 암회색 또는 회갈색의 얼룩이 있고 가운데는 진한 흑색이다.

살(조직)은 백색이다. 자루에서 떨어져 붙은 주름살의 간격은 촘촘하다. 자루의 길이는 8~13cm 정도로 표면은 갓과 같은 회흑색의 섬유상의 인편으로 덮여 있다. 기부는 외피막에 싸여 있고 백색의 주머니 모양이다. 턱받이는 회색의 막질이며 자루 위쪽에 달려 있다.

큰주머니대광대버섯 광대버섯과 Amanita volvata

발생 여름~가을 **장소** 각종 숲속 땅 위 **이용** 큰주머니대광대버섯은 한방에서는 관절약의 원료로 쓰고 있지만, 식용할 수 없는 독성이 강한 독버섯이다 **독성** 맹독성

큰주머니대광대버섯은 각종 숲속 땅 위에 홀로 나거나 흩어져 몇 개씩 난다.
 갓의 지름은 5~8cm 정도이고, 어릴 때는 종 모양으로 성장하면서 반원 모양 또는 둥근 산 모양을 거쳐 평편하게 된다. 표면은 백색에서 옅은 갈색기가 더해지는 바탕 위에 분홍 갈색의 가루 모양 또는 솜털 모양이 덮여 있다.
 살(조직)은 백색이다. 상처를 입으면 연한 홍색으로 변한다. 자루에서 떨어져 붙은 주름살의 간격은 촘촘하다. 자루의 길이는 6~14cm 정도로 아래쪽으로 굵다. 표면은 백색 바탕에 백색 또는 분홍 갈색의 인편으로 덮여 있다. 기부에는 백색 또는 분홍 갈색의 크고 두꺼운 막질의 외피막이 있다. 턱받이는 없다. 포자의 무늬는 백색이다.

긴골광대버섯아재비 광대버섯과 Amanita longistiriata

발생 여름~가을 **장소** 침엽수림·활엽수림·혼합림 내의 땅 위 **이용** 생식하면 구토·복통·설사를 일으키는 독버섯이다 **독성** 일반 독성

긴골광대버섯아재비는 침엽수림·활엽수림·혼합림 내의 땅 위에 홀로 나거나 소수로 무리를 지어 난다.

갓은 지름이 5~10cm 정도이고, 어릴 때는 달걀 모양으로 성장하면서 둥근 산 모양을 거쳐 가운데가 다소 오목하고 평편하게 된다. 표면은 매끄럽고 습할 때는 끈기가 있고 회갈색에서 회색으로 된다. 가장자리에 선명한 방사상의 패인 선이 있다.

살(조직)은 얇고 백색이다. 자루에서 떨어져 붙은 주름살의 간격은 약간 촘촘하다. 자루의 길이는 7~15cm 정도로 위쪽이 조금 가늘다. 표면은 매끄럽고 백색으로 인편이 있다. 기부에는 백색으로 된 주머니 모양의 외피막이 있다. 턱받이는 폭이 넓고 막질이다. 포자의 무늬는 백색이다.

뱀껍질광대버섯 광대버섯과 Amanita spissacea

발생 여름~가을 **장소** 침엽수림·활엽수림·혼합림 내의 땅 위 **이용** 생식하면 구토, 환각 등의 심한 중독 증상이 나타나며, 혼수 상태에 이를 수 있는 맹독 버섯이다 **독성** 맹독성

  뱀껍질광대버섯은 침엽수림·활엽수림·혼합림 내의 땅 위에 홀로 나거나 무리를 이루어 난다.
  갓은 크기가 4~12cm 정도이고, 어릴 때는 반원 모양으로 성장하면서 둥근 산 모양을 거쳐 가운데가 다소 오목하고 평편하게 된다. 표면은 회갈색 바탕에 흑갈색의 인편이 전면에 붙어 있다. 갓이 펴지면서 인편이 균열하여 얼룩덜룩한 모양이 된다.
  살(조직)은 얇고 백색이다. 자루에서 떨어져 붙은 주름살의 간격은 약간 촘촘하고 날은 가루 모양이다. 자루의 길이는 5~15cm 정도로 위쪽으로 가늘다. 기부는 둥근 뿌리 모양으로 부풀어 있고 2~5줄의 흑갈색의 인편이 고리 모양으로 붙어 있다. 턱받이는 자루 위쪽에 있고 회백색의 막질이다. 포자의 무늬는 백색이다.

광대버섯 광대버섯과 Amanita muscaria

발생 여름~가을 **장소** 침엽수림, 활엽수림 내의 땅 위 **이용** 생식하면 구토·신경 착란·환각·근육 경련 등 위장계와 신경계의 심각한 중독을 일으키는 맹독 버섯이다 **독성** 맹독성

    광대버섯은 침엽수림, 활엽수림 내의 땅 위 또는 자작나무 속 나무 밑에 발생한다. 1978년 이후 발생한 기록이 없어 멸종된 것으로 본다.
    갓은 지름이 6~15cm 정도이고, 어릴 때는 반원 모양으로 성장하면서 둥근 산 모양을 거쳐 평편하게 된다. 표면은 선홍색 또는 등황색이 된다. 표면에 외피막의 백색 파편이 산재해 있다.
    살(조직)은 얇고 백색이다. 자루에서 떨어져 붙은 주름살의 간격은 매우 촘촘하다. 자루의 길이는 10~24cm 정도로 백색이고 기부는 부풀어 있다. 외피막의 파편이 돌기가 되어 황색상으로 붙어 있다. 상부에 큰 백색 막질의 턱받이가 있다.

마귀광대버섯 광대버섯과 Amanita pantherina

발생 여름~가을 **장소** 침엽수림, 활엽수림 내의 땅 위 **이용** 강한 독성이 있는 독버섯이다 **독성** 이보텐산 무시몰(ibotenic-muscimol)

마귀광대버섯은 침엽수림, 활엽수림 내의 땅 위에 홀로 나거나 무리를 지어 난다.

갓은 크기가 5~10cm 정도이고, 어릴 때는 반원 모양으로 성장하면서 둥근 산 모양을 거쳐 가운데가 오목하고 평편하게 된다. 표면이 습할 때는 끈적거리고 어릴 때는 암갈색에서 오래되면 회갈색 또는 황갈색이 된다. 가장자리는 옅은 색이고 방사상의 선이 있다.

살(조직)은 백색이고 성숙하면 속은 비게 된다. 자루에서 떨어져 붙은 주름살의 간격은 매우 촘촘하고 날은 톱니 모양이다. 자루의 길이는 6~12cm 정도로 백색이고 아래쪽에 섬유 모양의 인편이 붙어 있다. 외피막은 3~5개의 고리 모양을 하고 둥근 기부가 붙어 있다. 턱받이는 백색의 막질이다.

큰우산광대버섯 (큰우산버섯) 광대버섯과 Amanita cheelii

발생 여름~가을 **장소** 활엽수림 내의 땅 위 **이용** 생식을 하면 위장 장애를 일으키는 독버섯이다
독성 일반 독성

큰우산광대버섯은 활엽수림 내의 땅 위에 홀로 난다.

갓은 크기가 6~10cm 정도이고, 어릴 때는 반원 모양으로 성장하면서 둥근 산 모양을 거쳐 평편하게 된다. 표면이 매끈하고 회갈색이다. 가장자리는 방사상의 패인 선이 있다.

살(조직)은 백색이다. 자루에서 떨어져 붙은 주름살의 간격은 촘촘하다. 자루의 길이는 11~20cm 정도로 원 모양이고 위쪽으로 가늘다. 회백색의 바탕에 회색의 가루 같은 인편이 얼룩지게 붙어 있다. 기부에는 백색의 긴 주머니 모양의 외피막이 있다. 턱받이는 없다. 포자의 무늬는 백색이다.

흰가시광대버섯 광대버섯과 Amanita vigineoides

발생 여름~가을 **장소** 활엽수림, 혼합림 내의 땅 위 **이용** 항균·항진균 작용이 있어 약용 버섯으로 분류하고 있으나 생식을 하면 위장계와 신경계에 중독을 일으키는 독버섯이다 **독성** 준맹독성

흰가시광대버섯은 활엽수림, 혼합림 내의 땅 위에 홀로 나거나 흩어져 난다.

갓은 지름이 9~20cm 정도이고, 어릴 때는 반원 모양으로 성장하면서 둥근 산 모양을 거쳐 평편하게 된다. 표면은 백색이고 고운 가루로 덮여 있고 가시 같은 인편이 전면에 붙어 있다. 가장자리에는 턱받이의 조각이 있다.

살(조직)은 백색이다. 마르면 강한 냄새가 난다. 자루에서 떨어져 붙은 주름살의 간격은 촘촘하다. 자루의 길이는 12~22cm 정도로 원 모양이고 위쪽으로 가늘다. 백색의 솜털 모양의 인편으로 덮여 있다. 기부의 외피막에는 사마귀의 머리 모양으로 붙어 있다. 턱받이는 백색이고 막질로 위쪽에 선이 있고 쉽게 떨어진다.

갈색고리갓버섯 주름버섯과 Lepiota cristata

발생 여름~가을 **장소** 숲속 · 정원 · 잔디밭 · 쓰레기장 등의 땅 위 **이용** 생식을 하면 위장계통의 중독을 일으키는 독버섯이다 **독성** 일반 독성

갈색고리갓버섯은 숲속 · 정원 · 잔디밭 · 쓰레기장 등의 땅 위에 무리를 이루어 난다.

갓은 지름이 2~4cm 정도이고, 어릴 때는 종 모양으로 성장하면서 가운데가 높은 평편한 모양이 된다. 표면은 연한 갈색에서 적갈색이 된다.

살(조직)은 백색이다. 불쾌한 냄새가 난다. 자루에서 떨어져 붙은 주름살의 간격은 촘촘하다. 자루의 길이는 3~5cm 정도로 백색 또는 연한 백황색이다. 턱받이의 위쪽은 매끈하고 아래쪽은 미세한 섬유 모양이다. 포자의 무늬는 백색이다.

노란대광대버섯 광대버섯과 Amanita flavipes

발생 여름~가을 **장소** 활엽수림 내의 땅 위 **이용** 생식을 금한다 **독성** 일반 독성

노란대광대버섯은 활엽수림 내의 땅 위에 흩어져 난다.

갓은 지름이 4~7cm 정도이고 어릴 때는 난형으로 성장하면서 낮은 둥근 산 모양으로 평편하게 된다. 표면은 황갈색이다. 표면에는 황색 또는 선홍색 분질의 인편이 산재한다.

살(조직)은 백색이다. 자루에서 떨어져 붙은 주름살의 간격은 촘촘하다. 자루의 길이는 6~11cm 정도로 백색 또는 담황색이다. 위쪽에 턱받이가 있다. 기부는 덩이 모양으로 부풀어 있고 분질, 선홍색의 대주머니 파편이 부착되어 있다.

땅비늘버섯 독청버섯과 Pholiota terrestris

발생 봄~가을 **장소** 숲속·길가·공원 풀밭 등의 땅 위 **이용** 식용이 가능한 버섯으로 간혹 생식하면 체질에 따라 구토·설사 등의 위장 장애를 일으킬 수 있다 **독성** 일반 독성

    땅비늘버섯은 숲속·길가·공원 풀밭 등의 땅 위에 다발로 난다.
    갓은 지름이 2~6cm 정도이고 어릴 때는 원뿔 모양 또는 반원 모양으로 성장하면서 점차 평편하게 된다. 표면은 건조하고 어릴 때는 회갈색으로 성숙하면서 황갈색이 된다. 갈색의 인편으로 덮여 있고 가장자리는 안으로 말려 있고 내피막의 조각이 붙어 있다.
    살(조직)은 연한 황색이다. 자루에서 바르게 붙은 주름살의 간격은 촘촘하다. 자루의 길이는 3~7cm 정도로 위아래의 굵기가 같다. 표면은 갓과 같은 색이고 옅은 갈색의 인편이 붙어 있다. 턱받이는 솜털 모양의 막질이다. 포자의 무늬는 녹슨 갈색이다.

비늘버섯 독청버섯과 Pholiota Pholiota squarrosa

발생 가을 **장소** 활엽수, 침엽수의 살아 있는 나무나 고사목의 줄기 밑동이나 그루터기, 땅에 묻힌 나무 **이용** 비늘버섯은 식용할 수 있으나 체질에 따라 위장 장애를 일으킨다. 특히 술과 함께 먹은 후 2~3일 뒤에 술을 마셔도 증상이 나타날 수 있기 때문에 술과 함께 먹지 않는 게 좋다 **독성** 일반 독성

비늘버섯은 활엽수, 침엽수의 살아 있는 나무나 고사목의 줄기의 밑동이나 그루터기, 땅에 묻힌 나무에 다발로 난다.

갓은 지름이 5~10cm 정도이고 어릴 때는 원뿔 모양으로 성장하면서 반원 모양을 거쳐 가운데가 높은 평편한 모양이 된다. 표면은 옅은 황갈색 또는 적갈색이다. 거칠게 갈라진 인편이 덮여 있다.

살(조직)은 옅은 황색이다. 자루에서 바르게 붙은 주름살의 간격은 촘촘하다. 자루의 길이는 5~12cm 정도로 아래쪽으로 가늘다. 표면은 옅은 황색으로 위쪽은 매끄럽고 아래쪽은 갈색의 인편이 붙어 있다. 턱받이는 얇은 막질이다. 포자의 무늬는 적갈색이다.

삿갓땀버섯 땀버섯과 Lnocybe asterospora

발생 여름~가을 **장소** 활엽수림, 침엽수림 내의 땅 위 **이용** 삿갓땀버섯을 생식하면 발한·침 흘림·근육 경련·혈압 저하 등의 중독을 일으키는 독버섯이다 **독성** 맹독성-무스카린

　삿갓땀버섯은 균근균으로 활엽수림, 침엽수림 내의 땅 위에 홀로 나거나 무리를 지어 난다.
　갓은 지름이 2~4cm 정도이고 어릴 때는 종 모양으로 성장하면서 원뿔 모양을 거쳐 가운데가 약간 오목하고 평편한 모양이 된다. 가장자리는 치켜올라간다. 표면은 건조하고 적갈색에서 회갈색이 된다. 표피가 방사상으로 갈라지면서 섬유 모양을 나타내고 살(조직)이 보인다.
　살(조직)은 회갈색이다. 자루 끝에 붙은 주름살의 간격은 약간 엉성하다. 자루의 길이는 2~4cm 정도로 기부는 둥근 모양이다. 표면은 매끈하고 윤기가 있고 세로로 선을 나타낸다. 속이 차 있다. 포자의 무늬는 적갈색이다.

솔땀버섯 <small>땀버섯과 Lnocybe rimosa</small>

발생 여름~가을 **장소** 숲속·길가·활엽수림 내의 땅 위 **이용** 솔땀버섯을 생식하면 땀을 많이 흘리고 호흡 곤란·맥박이 느려지는 증상을 일으키는 독버섯이다 **독성** 맹독성-무스카린

솔땀버섯은 숲속·길가·활엽수림 내의 땅 위에 홀로 나거나 무리를 이루어 난다. 갓은 지름이 2~6.5cm 정도이고 어릴 때는 원뿔 모양으로 성장하면서 점차 평편한 모양이 된다. 가장자리는 치켜올라간다. 표면은 황토색 또는 황갈색이다. 성숙하면 살(조직)이 보이고 오래되면 가장자리가 넓게 갈라진다.

살(조직)은 백색이다. 자루 끝에 붙은 주름살의 간격은 약간 촘촘하다. 자루의 길이는 4~8cm 정도로 위아래의 굵기가 같다. 기부는 약간 부풀어 있다. 표면은 백색에서 연한 황색이 된다. 미세한 섬유 모양이고 속은 차 있다. 포자의 무늬는 녹갈색이다.

밤자갈버섯(포도색자갈버섯) Hebeloma vinosophyllum

발생 봄~가을 **장소** 공원·길가·숲속의 땅 위 **이용** 밤자갈버섯을 생식하면 경련·설사 등을 일으키는 독버섯이다. **독성** 준맹독성

밤자갈버섯은 공원·길가·숲속의 땅 위에 홀로 나거나 소수의 무리로 난다.

갓은 크기가 1.5~4cm 정도이고 어릴 때는 둥근 산 모양으로 성장하면서 점차 평편한 모양이 된다. 표면은 매끄럽고 습할 때는 끈적거린다. 백색이다가 포자가 날릴 때 살색 또는 옅은 포도주색으로 변한다. 어릴 때는 가장자리 끝에 피막의 작은 조각이 있다.

살(조직)은 백색이다. 자루 끝에 붙은 주름살의 간격의 폭은 넓고 약간 촘촘하다. 자루의 길이는 2~4cm 정도로 원기둥 모양이고 위아래의 굵기가 같다. 기부는 약간 부풀어 있다. 표면은 백색 또는 적갈색기가 더해진 세로로 된 섬유 모양이다. 포자의 무늬는 적갈색이다.

갈황색미치광이버섯 독청버섯과 Gymnopilus junonius

발생 봄~가을 **장소** 활엽수, 침엽수의 살아 있는 나무의 썩은 부분이나 죽은 나무 **이용** 갈황색미치광이버섯은 신경 계통을 자극하여 환각·이상 흥분을 일으키는 독버섯이다 **독성** 준 맹독성

  갈황색미치광이버섯은 활엽수, 침엽수의 살아 있는 나무의 썩은 부분이나 죽은 나무에 다발로 난다.

  갓은 지름이 5~15cm 정도이고 어릴 때는 원 모양으로 성장하면서 반원 모양, 둥근 산 모양을 거쳐 점차 평편한 모양이 된다. 표면은 어릴 때는 매끄러우나 후에는 들러붙은 미세한 섬유 무늬를 나타낸다. 어릴 때는 황금색에서 오렌지 황색을 거쳐 오래되면 어두운 황갈색이 된다.

  살(조직)은 황토색이다. 맛은 쓰다. 자루에서 바르게 붙은 주름살의 간격은 촘촘하다. 자루의 길이는 5~15cm 정도로 기부 쪽으로 방추형이다. 표면은 갓보다 옅고 섬유 모양이다. 포자의 무늬는 녹슨 황색이다.

갈잎에밀종버섯(황갈색황토버섯) 독청버섯과 Galerina helvoliceps

발생 봄~가을 **장소** 침엽수림, 활엽수림 내의 죽은 나무 그루터기, 떨어진 나뭇가지, 부엽토 위 **이용** 갈잎에밀종버섯은 식용할 수 없는 독버섯이다 **독성** 준맹독성

 갈잎에밀종버섯은 침엽수림, 활엽수림 내의 죽은 나무의 그루터기, 떨어진 나뭇가지, 부엽토 위에 홀로 나거나 무리를 지어 난다.
 갓은 지름이 1.5~4cm 정도이고 어릴 때는 원뿔 모양으로 성장하면서 둥근 산 모양을 거쳐 점차 평편한 모양이 된다. 가운데는 젖꼭지 같은 돌기가 있다. 표면은 매끄럽고 습기가 있을 때는 가장자리에 줄 무늬선이 나타난다. 황토 갈색 또는 황갈색이다.
 살(조직)은 황토색이다. 자루에서 바르게 붙은 주름살의 간격은 약간 촘촘하다. 자루의 길이는 2~5cm 정도로 자루의 위쪽 부분에 탈락하기 쉬운 막질의 턱받이가 있다. 위쪽은 황색, 아래쪽은 갈색이고 표면 위에 미세한 섬유가 있다. 포자의 무늬는 적갈색이다.

굴털이아재비(젖버섯아재비) 무당버섯과 Lactarius subpiperatus

발생 여름~가을 **장소** 활엽수림, 침엽수림 내의 땅 위 **이용** 굴털이아재비를 생식하면 위장 장애를 일으키는 독버섯이다 **독성** 준맹독성

굴털이아재비는 활엽수림, 침엽수림 내의 땅 위에 홀로 나거나 무리를 지어 난다.

갓은 지름이 6~10cm 정도이고 어릴 때는 둥근 모양으로 성장하면서 깔때기 모양이 된다. 가장자리는 안으로 말려 있고 물결 모양이다. 표면은 건조하고 약간 골곡이 있고 백색에서 황색기가 더해진다.

살(조직)은 얇고 단단한 백색에서 크림색이다. 맛은 매우 맵다. 젖(유액)은 백색이다. 자루에서 내려져 붙은 주름살의 간격은 엉성하다. 자루의 길이는 3~6cm 정도로 아래쪽으로 가늘고 약간 주름진 백색의 분말이 있다. 속은 차 있다. 포자의 무늬는 백색이다.

노란꼭지외대버섯 (노란꼭지버섯) 외대버섯과 Lnocephalus murrayi

발생 여름~가을 **장소** 숲속의 땅 위 **이용** 노란꼭지외대버섯은 식용할 수 없는 독버섯이다 **독성** 준맹독성

노란꼭지외대버섯은 숲속의 땅 위에 홀로 나거나 무리를 지어 난다.

갓의 지름은 1~1.5cm 정도이고 어릴 때는 원뿔 모양으로 성장하면서 원뿔의 종 모양이 된다. 가운데에 연필심과 같은 돌기가 있다. 표면은 황색이다. 습할 때는 끈적거리고 가장자리에 줄 무늬선이 나타난다.

살(조직)은 황색이다. 자루에서 바르게 붙은 주름살의 폭은 넓고 간격은 엉성하다. 자루의 길이는 3~9cm 정도로 위아래의 굵기가 같다. 표면은 황색으로 세로로 된 섬유 모양으로 뒤틀려 있고 속은 비어 있다. 포자의 무늬는 옅은 홍색이다.

흰꼭지외대버섯 외대버섯과 Entoloma album Hiroe

발생 여름~가을 **장소** 숲속의 땅 위 **이용** 흰꼭지외대버섯을 생식하면 발한·느린 맥박 등을 일으키는 독버섯이다 **독성** 준맹독성

흰꼭지외대버섯은 숲속의 땅 위에 홀로 나거나 무리를 지어 난다.

갓은 지름이 1~6cm 정도이고 어릴 때는 원뿔 모양으로 성장하면서 원뿔의 종 모양이 된다. 가운데에 연필심과 같은 돌기가 있다. 표면은 백황색이다. 습할 때는 끈적거리고 가장자리에 줄 무늬선이 나타난다.

살(조직)은 백색이다. 맛과 냄새가 없다. 자루에서 바르게 붙은 주름살의 날은 거칠고 폭은 넓고 간격은 엉성하다. 자루의 길이는 3~10cm 정도로 위아래의 굵기가 같다. 표면은 백황색으로 세로로 된 섬유 모양으로 뒤틀려 있고 속은 비어 있다. 기부에는 백색의 균사가 있다. 포자의 무늬는 옅은 살구색이다.

붉은꼭지외대버섯 외대버섯과 Entoloma quadratum

발생 여름~가을 **장소** 숲속의 땅 위 **이용** 붉은꼭지외대버섯은 식용할 수 없는 독버섯이다 **독성** 일반 독성

　붉은꼭지외대버섯은 숲속의 땅 위에 홀로 나거나 무리를 지어 난다.
　갓은 지름이 1~5cm 정도이고 어릴 때는 원뿔 모양으로 성장하면서 종 모양이 된다. 가운데에 연필심과 같은 돌기가 있다. 표면은 주황색 또는 진한 살구색이다. 습할 때는 끈적거리고 가장자리에 줄 무늬선이 나타난다.
　살(조직)은 옅은 살구색이다. 맛과 향기가 있다. 자루에서 바르게 붙은 주름살의 폭은 넓고 간격은 성하다. 자루의 길이는 5~11cm 정도로 위아래의 굵기가 같다. 표면은 갓과 같은 색이고 미세한 섬유 모양이다. 기부에는 백색의 균사가 있다. 포자의 무늬는 연한 오렌지색이다.

삿갓외대버섯 외대버섯과 Entoloma rhodopolium

발생 여름~가을 **장소** 활엽수림, 혼합림 내의 부엽토 위 **이용** 삿갓외대버섯을 생식하면 독성을 함유하고 있어 심한 구토·복통·설사를 일으키고 사망하는 경우도 있는 맹독 버섯이다 **독성** 맹독성-무스카린·무스카리신·코린

   삿갓외대버섯은 활엽수림, 혼합림 내의 부엽토 위에 홀로 나거나 무리를 지어 난다.
   갓은 지름이 3~8cm 정도이고 어릴 때는 종 모양으로 성장하면서 둥근 산 모양을 거쳐 가운데가 오목하고 평편한 모양이 된다. 표면은 비단같이 광택을 띤다. 물기를 머금은 다갈색 또는 쥐색이다.
   살(조직)은 백색이다. 자루에서 바르게 붙은 주름살의 간격은 촘촘하다. 자루의 길이는 5~10cm 정도로 구부러져 있고 위아래가 굵거나 아래쪽으로 굵다. 표면은 백색이다. 포자의 무늬는 옅은 홍색이다.

주름우단버섯 우단버섯과 Paxillus involutus

발생 여름~가을 **장소** 침엽수림, 활엽수림 내의 땅 위 **이용** 주름우단버섯은 한방에서 관절약의 원료로 쓰고 있고, 유럽에서는 식용을 하고 있지만 생식하면 체질에 따라 용혈에 의한 신장 장애를 일으키는 독버섯이다 **독성** 준맹독성

주름우단버섯은 침엽수림, 활엽수림 내의 땅 위에 흩어져 나거나 무리를 지어 난다.

갓은 지름이 4~10cm 정도이고 어릴 때는 낮은 반원 모양으로 성장하면서 평편하게 된 후 깔때기의 모양이 된다. 가장자리는 안쪽으로 말려 있다. 표면은 어릴 때 황토 갈색에서 황갈색, 녹슨 갈색으로 되고 적갈색 또는 흑갈색의 얼룩이 생긴다. 부드러운 털로 덮여 있다.

살(조직)은 연한 황색이다. 상처가 나면 갈색으로 변한다. 자루에 내려붙은 주름살의 간격은 촘촘하고 꼬불꼬불하다. 자루의 길이는 3~8cm 정도로 위아래의 굵기가 같다. 표면은 황색이다. 포자의 무늬는 황갈색이다.

검은쓴맛그물버섯(검은망그물버섯) 그물버섯과 Retiboletus nigerrimus

발생 여름~가을 **장소** 활엽수림 내의 땅 위 **이용** 검은쓴맛그물버섯을 생식하면 신경계통을 자극하여 환각 등을 일으키는 독버섯이다 **독성** 준맹독성

검은쓴맛그물버섯은 활엽수림 내의 땅 위에 홀로 나거나 무리를 지어 난다.

갓은 지름이 5~12cm 정도이고 어릴 때는 반원 모양으로 성장하면서 평편하게 된다. 가장자리의 표면은 녹황색을 띤 흑색이고 미세한 털로 덮여 있다. 상처가 나면 흑색으로 변한다.

살(조직)은 두껍고 백색이다. 포자가 만들어지는 자실층인 관공은 녹회색이다. 구멍은 작고 약간 각형이고 주름살의 간격은 매우 촘촘하다. 자루의 길이는 4~12cm 정도로 아래쪽으로 굵다. 표면은 녹황색 바탕에 흑색의 융기가 뚜렷한 그물 무늬가 있다. 포자의 무늬는 베이지색이다.

흙무당버섯 무당버섯과 Russula senecis

발생 여름~가을 **장소** 활엽수림, 혼합림 내의 땅 위 **이용** 흙무당버섯을 생식하면 위장 장애를 일으키는 독버섯이다 **독성** 준맹독성

흙무당버섯버섯은 활엽수림, 혼합림 내의 땅 위에 무리를 지어 난다.

갓은 지름이 5~10cm 정도이고 어릴 때는 원 모양으로 성장하면서 반원 모양이다가 가운데가 오목하고 평편한 모양이 된다. 가장자리에는 뚜렷한 알갱이 모양의 주름진 선이 있다. 표면은 황토 갈색에서 탁한 황토색이 된다.

살(조직)은 백색이다. 맛은 맵다. 자루에서 떨어져 붙은 주름살의 간격은 매우 촘촘하다. 자루의 길이는 4~10cm 정도로 속은 비어 있다. 표면은 탁한 황색 바탕에 점이 있다. 포자의 무늬는 백색이다.

절구무당버섯아재비 무당버섯과 Russula subnigricnas

발생 여름~가을 **장소** 활엽수림 내의 땅 위 **이용** 절구무당버섯아재비를 생식하여 일본에서 사람이 사망할 정도로 독성이 강한 아마톡신을 1~3개(50g)를 함유하고 있는 독버섯이다 **독성** 맹독성-아마톡신

    절구무당버섯아재비는 활엽수림 내의 땅 위에 홀로 나거나 무리를 지어 난다.
    갓은 지름이 5~11cm 정도이고 어릴 때는 반원 모양으로 성장하면서 평편해지면서 깔때기의 모양이 된다. 가장자리와 가운데는 표피가 벗겨지지 않는다. 표면은 건조하고 벨벳 모양이며 회갈색에서 흑갈색이 된다.
    살(조직)은 두껍고 단단하고 백색이다. 상처가 나면 적색으로 변한다. 자루에서 바르게 붙은 주름살의 간격은 엉성하다. 자루의 길이는 3~6cm 정도로 아래쪽으로 가늘다. 속은 차 있다. 표면은 갓보다 연한 회갈색이고 희미한 주름이 있다. 포자의 무늬는 백색이다.

깔때기무당버섯 무당버섯과 Russula foetens

발생 여름~가을 **장소** 침엽수림, 활엽수림 내의 땅 위 **이용** 깔때기무당버섯을 생식하면 심한 위장 장애를 일으키는 독버섯이다 **독성** 준맹독성

깔때기무당버섯은 침엽수림, 활엽수림 내의 땅 위에 홀로 나거나 무리를 지어 난다.

갓은 지름이 5~12cm 정도이고 어릴 때는 원 모양으로 성장하면서 가운데가 오목하고 평편하게 된다. 가장자리는 방사상으로 알갱이선이 있다. 표면은 습할 때는 끈적거리고 어릴 때 적갈색을 나타내다가 탁한 황토 갈색이 된다.

살(조직)은 연한 황색이다. 맛은 쓰고 불쾌한 냄새가 난다. 자루 끝에 붙은 주름살의 간격은 촘촘하다. 자루의 길이는 6~8cm 정도로 원뿔 모양으로 위쪽으로 가늘다. 속은 비어 있다. 표면은 백색이고 얼룩이 생긴다. 포자의 무늬는 백황색이다.

점박이광대버섯 광대버섯과 Amanita ceciliae

발생 여름~가을 **장소** 활엽수림, 혼합림 내의 땅 위 **이용** 점박이광대버섯은 식용 버섯으로 알려져 있지만 생식하면 위장 장애를 일으킨다 **독성** 일반 독성

    점박이광대버섯버섯은 활엽수림, 혼합림 내의 땅 위에 홀로 나거나 몇 개가 모여서 난다.

    갓은 지름이 4~8cm 정도이고 어릴 때는 종 모양 또는 반원 모양으로 성장하면서 둥근 산 모양을 거쳐 평편한 모양이 된다. 가장자리에는 방사상의 패인 선이 있다. 표면은 습할 때는 끈적거리고 어릴 때 황갈색에서 암갈색이 된다.

    살(조직)은 백색이다. 자루에서 떨어져 붙은 주름살의 간격은 약간 촘촘하다. 자루의 길이는 8~14cm 정도로 표면은 회백색의 가루 모양이 인편으로 덮여 있다. 턱받이는 없다. 포자의 무늬는 백색이다.

콩버섯 콩꼬투리버섯과 Daldinia concentrica

발생 여름~가을 **장소** 활엽수의 고사목 나무 위 **이용** 콩버섯은 항균·신경 세포를 보호하는 작용이 있는 약용 버섯이다 **독성** 없다

콩버섯 버섯은 활엽수의 고사목 나무 위에 무리를 지어 난다.

갓은 지름이 1~4cm 정도이고 반원 모양 또는 혹 같은 모양이다. 표면은 매끄럽고 어릴 때 회갈색으로 성숙하면서 갈색 또는 적갈색에서 흑색이 된다. 포자가 있는 자낭각은 자좌 속에 매몰되어 있다가 오래되면 포자의 방출 구멍이 작은 점 모양으로 도드라진다.

살(조직)에서 좋은 향기가 난다. 표면 쪽은 목탄질, 그 외에는 질긴 가죽 같은 질감으로 마르면 쉽게 부서진다. 테의 무늬는 백색 또는 흑색이고 가장자리 쪽으로 자낭각이 묻혀 있다.

콩두건버섯 두건버섯과 Leotia lubrica

발생 여름~가을 **장소** 숲속의 땅 위 **이용** 콩두건버섯은 식용으로 적합하지 않고 생식을 금한다 **독성** 독성 여부는 알려진 것이 없다

    콩두건버섯은 숲속의 땅 위에 무리를 지어 난다. 머리 부분과 자루 부분으로 구분한다.
    머리는 1~1.2cm 정도로 가장자리가 안으로 말려 있고 불규칙한 둥근 모양이다. 포자가 만들어지는 자실층인 머리의 표면은 녹황색에서 녹갈색으로 변한다. 표면은 매끄럽고 강한 점성이 있다. 가운데가 오목하거나 골곡된 모양이 있다.
    살(조직)은 젤리 같은 질감이다. 자루의 길이는 2~5cm 정도로 원기둥 모양이고 표면은 연한 황색으로 미세한 가루 같은 인편으로 덮여 있다.

털작은입술잔버섯 술잔버섯과 Microstoma floccosum

발생 여름~가을 **장소** 활엽수의 죽은 나뭇가지 위 **이용** 털작은입술잔버섯은 식용으로 적합하지 않고 생식을 금한다 **독성** 독성 여부는 알려진 것이 없다

    털작은입술잔버섯은 활엽수의 죽은 나뭇가지 위에 무리를 지어 난다. 머리 부분과 자루 부분으로 구분한다.

    머리는 0.5~1cm, 높이는 1~1.5cm 정도로 어릴 때는 컵 입구가 열리지 않은 공 모양으로 성장하면서 점차 입구가 열리면서 양주잔의 모양이 된다. 포자가 만들어지는 자실층인 안(위)쪽의 표면은 매끄럽고 짙은 홍색 또는 주황색이다. 색은 바깥 면과 안쪽 면이 같다. 바깥 면의 가장자리에는 백색의 긴 털로 덮여 있다.

    살(조직)은 홍색이다. 자루의 길이는 2~5cm 정도로 원기둥 모양이고 표면은 연한 황색으로 미세한 가루 같은 인편으로 덮여 있다. 자루의 길이는 0.5~2cm 정도로 위아래의 굵기가 같다. 표면은 백색이고 긴 털로 덮여 있다.

접시버섯 털접시버섯과 Scutellinia scutellata

발생 늦은 봄~가을 **장소** 촉촉한 땅, 부엽토, 활엽수의 죽은 나뭇가지 위 **이용** 접시버섯은 식용으로 적합하지 않고 생식을 금한다 **독성** 독성 여부는 알려진 것이 없다

접시버섯은 촉촉한 땅, 부엽토, 활엽수의 죽은 나뭇가지 위에 무리를 지어 난다.

갓은 지름이 3~12mm 정도로 어릴 때는 얕은 컵 모양 또는 접시 모양으로 성장하면서 평편해진다. 포자가 만들어지는 자실층인 안(위)쪽의 표면은 매끄럽고 주홍색에서 주황색으로 변한다. 바깥 면과 안쪽 면의 색은 같고 갈색의 짧은 털로 덮여 있다. 자루가 없고 가장자리의 털은 1mm 정도이다.

다형콩꼬뚜리버섯 콩꼬뚜리버섯과 Xylaria polymorpha

발생 봄~가을 **장소** 활엽수의 죽은 나뭇가지 위 **이용** 다형콩꼬뚜리버섯은 약용 버섯으로 항진균 작용이 있는 것으로 밝혀졌고, 식용으로 적합하지 않아 생식을 금한다 **독성** 독성 여부는 알려진 것이 없다

　다형콩꼬뚜리버섯은 활엽수의 죽은 나뭇가지 위에 무리를 지어 난다. 목재의 백색 부패를 일으킨다.
　자실체는 높이가 3~7cm, 굵기는 1~3cm 정도로 불규칙한 곤봉 모양 또는 짧은 방망이 모양이다. 간혹 끝이 뾰쪽하거나 평편한 모양도 있다. 표면은 어릴 때 위쪽은 갈색이고 아래쪽은 흑색이다. 전면이 가루로 덮여 있다. 자낭이 형성되는 시기가 되면 전체가 흑색으로 변한다.
　살(조직)은 백색이다. 표면은 흑색으로 미세한 털로 덮여 있고 자루는 짧고 질기다. 포자의 무늬는 갈색이다.

톱니겨우살이버섯 소나무비늘버섯과 Coltricia cinnamomea

발생 여름~가을 **장소** 혼합림 내의 이끼가 많은 땅, 길가, 절개지 땅 위 **이용** 톱니겨우살이버섯은 식용으로 적합하지 않아 생식을 금한다 **독성** 독성 여부는 알려진 것이 없다

톱니겨우살이버섯은 혼합림 내의 이끼가 많은 땅, 길가, 절개지 땅 위에 발생한다. 갓은 지름이 1~4cm 정도이고 얇은 깔때기의 모양이고 가운데는 배꼽 모양으로 오목하다. 가장자리는 톱니 모양이다. 표면은 비단같이 광택이 있다. 색은 녹슨 갈색·적갈색·황갈색 등이 있다. 둥근 테 무늬가 있고 방사상의 섬 무늬가 있다.

살(조직)은 가죽 같은 질감으로 부서지기 쉽고 적갈색이다. 자실층인 갓의 아랫면은 관공으로 되어 있고 구멍은 다각형으로 작고 간격은 1mm 사이에 2~3개로 촘촘하다. 자루의 길이는 1~4cm 정도로 아래쪽으로 가늘다. 표면은 암갈색의 벨벳 모양이고 기부는 둥글게 부풀어 있다. 포자의 무늬는 황갈색이다.

삼색도장버섯 구멍장이버섯과 Daedaleopsis tricolor

발생 여름~가을 **장소** 활엽수의 죽은 나뭇가지 **이용** 삼색도장버섯은 식용할 수 있고, 항종양·항균 작용이 있는 것으로 밝혀져 약용 버섯으로 가치가 높다 **독성** 없다

    삼색도장버섯은 활엽수의 죽은 나뭇가지에 발생한다. 목재의 부패를 일으킨다.
    갓의 지름은 2~8cm 정도이고 반원 모양 또는 조개껍질 모양으로 여러 개체가 겹쳐서 난다. 표면에는 털이 없고 주름져 있다. 색은 회갈색·갈색·흑갈색 등이 테 무늬를 만들고 가장자리는 날카롭다.
    살(조직)은 가죽의 질감이고 회백색이다. 자실층인 갓의 아랫면은 주름살로 되어 있고 간격은 1mm 정도로 약간 촘촘하다. 포자의 무늬는 백색이다.

도장버섯 구멍장이버섯과 Daedaleopsis confraposa

발생 여름~가을 **장소** 활엽수(버드나무, 오리나무)의 죽은 나뭇가지 **이용** 도장버섯은 식용으로 적합하지 않아 생식을 금한다 **독성** 독성 여부는 알려진 것이 없다

도장버섯은 활엽수(버드나무, 오리나무)의 죽은 나뭇가지에서 발생한다. 목재의 백색 부패를 일으킨다.

갓은 지름이 4~10cm 정도이고 반원 모양 또는 부채 모양이다. 간혹 갓이 겹쳐서 나기도 한다. 방사상의 주름과 패인 테두리가 있고 가장자리는 백색이고 날카롭다. 표면은 어릴 때는 백색에서 녹색과 갈색이 탈락하고 황토색 또는 갈색이 된다.

살(조직)은 코르크질로 질기다. 자실층인 갓의 아랫면은 관공 형태를 띠다가 성장하면서 방사상의 미로 모양이 된다. 자루는 없고 구멍의 밀도는 약간 촘촘하다. 포자의 무늬는 백색이다.

소나무잔나비버섯 <small>잔나비버섯과 Fomitopsis pinicola</small>

발생 연 중 내낸 **장소** 침엽수, 활엽수의 그루터기, 죽은 나뭇가지, 살아 있는 나무의 상처 부위 **이용** 소나무잔나비버섯은 식용할 수 있고, 항종양·항산화·항염증·혈당 강하·지방 감소 작용이 있는 것으로 밝혀져 약용 버섯으로 가치가 높다 **독성** 없다

    소나무잔나비버섯은 침엽수, 활엽수의 그루터기, 죽은 나뭇가지, 살아 있는 나무의 상처 부위 등에서 발생한다.

    갓은 지름이 6~30cm, 두께는 5~15cm 정도이고 어릴 때는 백색의 혹 모양으로 시작해서 점차 반원 모양·둥근 산 모양·말굽 모양의 갓이 되고 테 무늬가 있다. 표면은 어릴 때는 백색에서 황갈색을 거쳐 오래되면 회갈색 또는 회흑색이 된다. 가장자리는 백색이다.

    살(조직)은 목질로 황갈색이다. 맛은 쓰다. 자실층인 갓 아랫면은 관공으로 되어 있다. 구멍은 원형으로 자루는 매우 촘촘하다. 포자의 무늬는 연한 백황색이다.

장미잔나비버섯 <small>잔나비버섯과 Fomitopsis rosea</small>

발생 여름~가을 **장소** 활엽수의 고사목 **이용** 장미잔나비버섯은 식용으로 적합하지 않아 생식을 금한다 **독성** 독성이 알려진 것이 없다

장미잔나비버섯은 활엽수의 고사목에서 발생한다. 목재의 백색 부패를 일으킨다.

자실체의 지름은 1~5cm, 두께는 1~2cm 정도로 표면은 자홍색 또는 자갈색으로 희미한 환문이 있다.

살(조직)은 견고한 코르크질이다. 자실체의 관공은 다층으로 구멍의 밀도는 1mm에 3~5개로 촘촘하다. 백홍색 또는 연자주색이다. 포자의 무늬는 백색이다.

벽돌빛뿌리버섯 장미버섯과 Heterobasidion insulaeis

발생 초여름~가을 **장소** 침엽수의 그루터기 또는 죽은 나뭇가지, 나무 토막 **이용** 벽돌빛뿌리버섯은 식용으로 적합하지 않아 생식을 금한다 **독성** 독성이 알려진 것이 없다

벽돌빛뿌리버섯은 침엽수의 그루터기 또는 죽은 나뭇가지, 나무 토막에 겹쳐서 발생한다. 목재의 백색 부패를 일으킨다.

갓은 크기가 2.5~8cm 정도이고 어릴 때는 흰 덩어리 모양으로 시작해 점차 갓을 형성하고 반원 모양 또는 불규칙한 조개껍질 모양이 된다. 가장자리는 밋밋하고 백색 또는 황색이다. 표면은 거칠고 벽돌 같은 적황색이고 방사상으로 주름져 있고 테무늬가 있다.

살(조직)은 가죽질 또는 목질이고 백색 또는 황갈색이다. 맛은 쓰다. 자실층인 갓 아랫면은 관공으로 되어 있다. 구멍은 원 모양이고 미세하다.

조개껍질버섯 구멍장이버섯과 Lenzites betulina

발생 여름~가을 **장소** 활엽수, 침엽수의 죽은 나무, 그루터기 위 **이용** 조개껍질버섯은 식용할 수 있고, 한방에서 관절약의 미량 원료이고, 항종양·항균·항진균·항산화 작용이 있는 것으로 밝혀져 약용 버섯으로 가치가 높다 **독성** 없다

조개껍질버섯은 활엽수, 침엽수의 죽은 나무, 그루터기 위에서 발생한다. 목재의 백색 부패를 일으킨다.

갓의 지름은 2~10cm 정도이고 어릴 때는 반원 모양 또는 조개껍질 모양이다. 테무늬가 있다. 표면의 색은 황회색·회적색·갈색·암갈색 등이 있다.

살(조직)은 가죽질이고 백색이다. 맛은 쓰다. 자실층인 갓 아랫면은 주름살의 간격은 엉성하다. 포자의 무늬는 백색이다.

간버섯 (주걱간버섯) 구멍장이버섯과 Pycnoporus cinnabarinus

발생 봄~가을 **장소** 활엽수의 죽은 나뭇가지 **이용** 간버섯은 식용할 수 있고, 한방에서 관절염·기관지염에 쓰고 있고, 항균 작용이 있는 것으로 밝혀져 약용 버섯으로 가치가 높다 **독성** 없다

간버섯은 활엽수의 죽은 나뭇가지에 중첩으로 발생한다. 목재의 백색 부패를 일으킨다.

갓은 지름이 1~10cm 정도이고 어릴 때는 반원 모양 또는 부채 모양이다. 테 무늬가 있다. 가장자리는 얇고 날카롭다. 표면은 거칠고 아주 짧은 털이 있거나 없다. 표면은 밝은 적색에서 탁한 적색을 띠다가 탁한 갈색이 된다.

살(조직)은 질긴 가죽 같은 질감이고 갓의 색과 같다. 맛은 쓰다. 자실층인 갓의 아랫면은 관공으로 되어 있고 주름살의 밀도는 촘촘하다. 포자의 무늬는 백색이다.

해면버섯 잔나비버섯과 Phaeolus schweinitzll

발생 초여름~가을 **장소** 침엽수의 그루터기 또는 살아 있는 나무의 상처 부위나 뿌리 **이용** 해면버섯은 식용할 수 있고, 향균·향진균 작용이 있는 것으로 밝혀져 약용 버섯으로 가치가 높다 **독성** 없다

 해면버섯은 침엽수의 그루터기 또는 살아 있는 나무의 상처 부위나 뿌리에서 발생한다. 목재의 갈색 부패를 일으킨다. 하나의 기부에서 여러 장의 갓이 겹쳐 발생한다.

 갓의 지름은 7~15cm 정도이고 어릴 때는 반원 모양 또는 부채 모양이다. 벨벳 같은 테 무늬가 있다. 가장자리는 성장할 때 오렌지색을 띤다. 표면은 어릴 때 황갈색에서 적갈색을 거쳐 암갈색이 된다.

 살(조직)은 유연한 질긴 코르크 질감으로 암갈색이다. 자실층인 갓 아랫면은 관공으로 되어 있고 주름살의 밀도는 약간 촘촘하다. 자루가 없거나 불투명한 원기둥이다.

테옷솔버섯 구멍장이버섯과 Trichaptum biforme

발생 연 중 내내 **장소** 활엽수의 죽은 나무, 나뭇가지 위 **이용** 테옷솔버섯은 식용으로 적합하지 않아 생식을 금한다 **독성** 독성이 알려진 것이 없다

테옷솔버섯은 활엽수의 죽은 나무, 나뭇가지 위에서 발생한다. 목재의 백색 부패를 일으킨다.

갓은 지름이 1~6cm 정도이고 어릴 때는 반원 모양 또는 선반 모양으로 기주에 접한 부분이 좁은 부채 모양 또는 혀 모양이다. 가장자리는 날카롭다. 표면이 건조할 때는 털로 덮여 있고 짙은 색의 테 무늬가 있다. 회백색에서 연한 회갈색으로 된다.

살(조직)은 얇고 질긴 가죽 질감으로 백색이다. 자실층인 갓 아랫면은 관공으로 되어 있고 성장하면서 관공의 벽이 무너져 얇은 톱니 모양의 돌기가 된다. 주름살의 밀도는 약간 촘촘하다.

청자색모피버섯 유색고약버섯과 Terana caerulea

발생 봄~가을 **장소** 활엽수의 죽은 나무, 나뭇가지 위 **이용** 청자색모피버섯은 식용으로 적합하지 않아 생식을 금한다 **독성** 독성이 알려진 것이 없다

청자색모피버섯은 배착생 버섯으로 활엽수의 죽은 나무, 나뭇가지 위에 발생한다. 처음에는 작은 원 모양으로 다른 개체와 서로 합쳐지면서 넓게 퍼져 나간다. 가장자리는 어릴 때는 백색으로 성장하면서 아름다운 색을 띤다. 포자가 만들어지는 자실층인 표면은 청자색에서 양청자색으로 변한다.

살(조직)은 밀랍질로 양청자색이다. 마르면 페인트칠이 마른 것처럼 된다. 포자의 무늬는 백황색이다.

아교버섯 아교버섯과 Merulius tremellosus

발생 여름~가을 **장소** 침엽수, 활엽수의 썩은 나무 위 **이용** 아교버섯은 식용으로 적합하지 않아 생식을 금한다. 항종양·항균·항진균 작용이 있는 것으로 밝혀져 약용 버섯으로 가치가 높다 **독성** 약간 독성

아교버섯은 반배착생으로 침엽수, 활엽수의 썩은 나무 위에 겹쳐서 나거나 무리를 지어 난다. 목재의 백색 부패를 일으킨다.

갓의 지름은 2~8cm 정도이고 어릴 때는 선반 모양으로 줄지어 나거나 여러 층으로 겹쳐서 난다. 가장자리는 물결 모양이다. 표면은 백색에서 백황색이고 털로 덮여 있다.

살(조직)은 반투명한 젤라틴질로 신선할 때는 아교질이지만 마르면 단단해지고 백색이다. 자실층인 갓의 아랫면은 불규칙하게 주름져 있어 독특한 무늬를 나타낸다. 포자의 무늬는 백색이다.

덧부치버섯(덧붙이버섯) 덧붙이버섯과 Asterophora lycoperdoides

발생 여름~가을　**장소** 무당버섯과 늙은 버섯(절구버섯·애기무당버섯·흑갈색 무당버섯) 위　**이용** 덧부치버섯은 식용으로 적합하지 않아 생식을 금한다　**독성** 독성이 알려진 것이 없다

덧부치버섯은 무당버섯과 늙은 버섯(절구버섯, 애기무당버섯, 흑갈색 무당버섯) 위에 기생하여 무리를 이룬다.

갓의 지름은 0.5~2.2cm 정도이고 어릴 때는 반원 모양으로 성장하면서 약간 평편해져 둥근 산 모양이 된다. 표면은 백색이다가 성숙하면 갓 가운데가 진흙 같은 갈색의 가루덩이로 변한다.

살(조직)은 점차 후박포자로 변성된다. 자루에서 바르게 붙은 주름살의 폭은 넓고 밀도는 약간 엉성하다. 자루의 길이는 0.5~3cm 정도로 섬유 모양이고 표면은 백색이서 점차 갈색으로 변한다. 포자의 무늬는 백색이다.

솔미치광이버섯(미치광이버섯) 독청버섯과 Gymnopilus liquiritiae

발생 6월 **장소** 침엽수의 썩은 나무 위 **이용** 솔미치광이버섯은 식용할 수 없고 생식으로 먹으면 환각 증세를 일으키는 독버섯이다 **독성** 준맹독성

  솔미치광이버섯은 침엽수의 썩은 나무 위에 홀로 나거나 무리를 지어 난다.
  갓의 지름은 1.5~4cm 정도이고 어릴 때는 원뿔의 종 모양으로 성장하면서 둥근 산 모양을 거쳐 평편하게 된다. 가장자리는 약간 줄 무늬선이 나타난다. 표면이 매끄럽고 어릴 때는 적갈색으로 성숙하면서 황색기가 더해진 적갈색이 된다.
  살(조직)은 갓보다 옅은 색이다. 맛은 쓰다. 자루에서 바르게 붙은 주름살의 간격은 촘촘하다. 자루의 길이는 2~5cm 정도로 위쪽으로 가늘다. 표면은 녹슨 갈색의 섬유 모양이고 속은 비어 있다. 포자의 무늬는 적갈색이다.

잿빛가루광대버섯 광대버섯과 Amanita griseofarinosa

발생 여름~가을 **장소** 활엽수림 내의 땅 위 **이용** 잿빛가루광대버섯은 식용할 수 없고 생식으로 먹으면 위장계와 신경계에 중독을 일으키는 독버섯이다 **독성** 준맹독성

    잿빛가루광대버섯은 활엽수림 내의 땅 위에 홀로 나거나 몇 개씩 흩어져 난다.
    갓의 지름은 3~8cm 정도이고 어릴 때는 공 모양에서 반원 모양이 되고 성장하면서 둥근 산 모양을 거쳐 편평하게 된다. 표면은 옅은 회색 바탕에 회색의 가루 모양이나 솜털 모양의 외피막 조각이 덮여 있다.
    살(조직)은 백색이다. 상처가 나도 변하지 않는다. 자루에서 떨어져 붙은 주름살의 간격은 촘촘하다. 자루의 길이는 7~12cm 정도로 기부는 부풀고 뿌리 모양이다. 표면은 회색의 가루 모양 또는 솜털 모양의 인편으로 덮여 있고 속은 차 있다. 포자의 무늬는 백색이다.

흰주름버섯 주름버섯과 Agaricus arvensis

발생 7월 초~9월 중순 **장소** 여러 종류의 숲속 **이용** 흰주름버섯은 식용할 수 있는 식용 버섯이고, 한방에서 관절약의 원료로 이용되는 약용 버섯이다 **독성** 없다

흰주름버섯은 여러 종류의 숲속에 홀로 나거나 흩어져 난다.

갓은 지름이 5~14cm 정도이고 어릴 때는 달걀 모양으로 성장하면서 둥근 산 모양을 거쳐 평편하게 된다. 가장자리에는 턱받이의 조각이 붙어 있다. 표면은 납작한 작은 인편으로 덮여 있고 크림색에서 황색으로 된다.

살(조직)은 백색으로 오래되면 황색이 된다. 자루에서 떨어져 붙은 주름살의 간격은 촘촘하다. 자루의 길이는 5~15cm 정도로 기부는 부풀어 있고 속은 비어 있다. 턱받이는 백색의 막질이다. 포자의 무늬는 암갈색이다.

적갈색애주름버섯 애주름버섯과 Mycena haemattopus

발생 여름~가을 **장소** 활엽수의 썩은 고목이나 그루터기 **이용** 적갈색애주름은 식용할 수 있지만 이용 가치는 없다 **독성** 없다

적갈색애주름버섯은 활엽수의 썩은 고목이나 그루터기에 무리를 지어 난다.

갓은 지름이 1~3cm 정도이고 어릴 때는 종 모양으로 성장하면서 둥근 산 모양이 된다. 가운데는 원만한 곡선을 이루거나 약간 돌출되어 있고 가장자리는 톱니 모양이다. 표면은 적갈색 또는 연한 적자색이다.

살(조직)은 적갈색이다. 자루에서 바르게 붙은 주름살의 간격은 약간 촘촘하다. 자루의 길이는 3~10cm 정도로 갓과 같은 색이다. 상처를 내면 진한 핏빛의 액체가 나온다.

꽃잎버짐버섯(꽃잎주름버짐버섯, 곰우단버섯) 은행잎버섯과 Pseudomerulius curtisii

발생 여름~가을 **장소** 침엽수의 고사목 **이용** 꽃잎버짐버섯은 식용할 수 없고 생식으로 먹으면 위장 장애를 일으키는 독버섯이다 **독성** 일반 독성

    꽃잎버짐버섯은 침엽수의 고사목에 중첩되어 발생한다. 목재에 갈색의 부패를 일으킨다.

    갓은 크기가 2~6cm 정도이고 중첩되어 발생하고 어릴 때는 반원 모양·부채 모양·심장 모양과 흡사하다. 가장자리는 아래쪽으로 살짝 말려 있다. 표면은 매끈하거나 약간 펠트(felt)처럼 부드러운 천과 같고 겨자색이 가미된 황색이다.

    살(조직)은 연한 황색이다. 주름살의 간격은 약간 촘촘하다. 방사상으로 배열하며 주름맥이 압축되어 불규칙하게 여러 번 갈라져 물결 모양이다. 포자의 무늬는 녹황색이다.

냄새무당버섯 (무당버섯) 무당버섯과 Russula emetica

발생 여름~가을 **장소** 침엽수림, 활엽수림 내의 땅 위 **이용** 냄새무당버섯은 식용할 수 없고 생식으로 먹으면 구토·복통·심한 설사 등을 일으키는 독버섯이다 **독성** 준맹독성

냄새무당버섯은 침엽수림, 활엽수림 내의 땅 위에 흩어져 나거나 무리를 지어 난다.

갓은 크기가 3~10cm 정도이고 어릴 때는 반원 모양으로 성장하면서 평편해지면서 가운데가 오목한 깔때기의 모양이 된다. 가장자리에 선이 나타난다. 표면은 습할 때는 끈적거리고 선홍색에서 분홍색이 된다.

살(조직)은 부서지기 쉽고 백색이다. 맛은 맵다. 자루에서 바르게 붙은 주름살의 간격은 엉성하다. 자루의 길이는 2.5~7cm 정도로 주름 모양의 세로 선이 있고 속은 비어 있고 부서지기 쉬운 백색이다. 균환을 형성하기도 한다.

이끼살이버섯 <small>애주름버섯과 Xeromphalina campanella</small>

발생 여름~가을 **장소** 침엽수의 이끼 낀 그루터기, 죽은 나뭇가지의 위 **이용** 이끼살이버섯은 식용할 수 있는 식용 버섯이고, 항종양 작용이 있는 약용버섯이다 **독성** 없다

이끼살이버섯은 침엽수의 이끼 낀 그루터기, 죽은 나뭇가지의 위에 큰 무리를 지어 난다.

갓은 지름이 0.2~2.5cm 정도이고 어릴 때는 종 모양으로 성장하면서 가운데가 오목한 둥근 산 모양을 거쳐 오목하고 평편한 모양이 된다. 표면은 매끄럽고 습할 때는 방사상의 줄 무늬선이 있다. 밝은 황색에서 황갈색이 된다.

살(조직)은 얇고 황갈색이다. 자루에서 내려붙은 주름살의 간격은 엉성하다. 자루의 길이는 1~3cm 정도로 아래쪽으로 가늘다. 위쪽은 황색이고 아래쪽은 갈색이다. 포자의 무늬는 백황색이다.

먼지버섯 먼지버섯과 Astraeus hygrometricus

발생 봄~초겨울 **장소** 숲속, 등산로 주변, 길가의 비탈진 땅 등 주로 경사진 땅 **이용** 먼지버섯은 식용에는 적합하지 않지만, 한방에서 외상 출혈·기관지염에 이용되는 약용 버섯이다 **독성** 없다

  먼지버섯은 숲속, 등산로 주변, 길가의 비탈진 땅 등 주로 경사진 땅에 무리를 지어 난다.
  갓은 지름이 2~3cm 정도이고 어릴 때는 평편한 종 모양으로 땅 속에 묻혀 있다가 성숙하면서 공 모양이 된다. 내피 속에는 백색에서부터 갈색으로 성숙한 포자는 구멍을 통해 내보낸다. 외피의 별 모양은 습할 때는 열리고 건조할 때는 닫힌다.

붉은바구니버섯 말뚝버섯과 Chathrus ruber

발생 여름~가을 **장소** 활엽수림 내의 땅 위 **이용** 붉은바구니버섯은 식용으로 적합하지 않아 생식을 금한다 **독성** 독성이 알려진 것이 없다

붉은바구니버섯은 활엽수림 내의 땅 위에서 발생한다.

갓의 크기가 2cm 정도로 축구공처럼 둥글다. 표면은 거북이의 등 모양처럼 갈라진 무늬가 있다. 성장하면 표피가 열려 5~6개의 팔이 나와 분지에서 9개 정도의 바구니의 형태가 된다. 표면은 선홍색이고 안쪽 면에 가로주름에 암갈색의 크레바스를 생성하여 악취를 풍긴다. 성숙하면서 바구니는 갈라져 위쪽으로 말린다.

주름찻잔버섯 주름버섯과 Cyathus striatus

발생 여름~늦은 가을 **장소** 썩은 나뭇가지, 부엽토, 썩은 낙엽 위 **이용** 주름찻잔버섯은 식용할 수 있는 식용 버섯이고, 한방에서는 위통과 소화 불량에 이용되고 있고, 종양 억제·향균 작용이 있는 것으로 밝혀진 약용 버섯이다 **독성** 없다

주름찻잔버섯은 썩은 나뭇가지, 부엽토, 썩은 낙엽 위에 무리를 지어 난다.

갓은 지름이 0.6~0.8cm, 높이는 0.8~1.3cm 정도이고 어릴 때는 거꾸로 된 컵 모양이다. 바깥 면은 거친 털이 무성하게 덮여 있고 황갈색 또는 어두운 갈색이고 안쪽 면은 회색 또는 회갈색이고 윤기가 있으며 뚜렷한 홈선이 있다.

소피자에는 포자가 있고 단단한 껍질로 싸여 있고 내부의 자실층에서 포자를 만든다.

공버섯 (진주버섯) 방귀버섯과 Sphaerobolus stellatus

발생 여름~가을 **장소** 썩은 나무나 짚, 분뇨 위 **이용** 공버섯은 식용으로 적합하지 않아 생식을 금한다 **독성** 독성이 알려진 것이 없다

공버섯은 썩은 나무나 짚, 분뇨 위에서 발생한다.

포자가 만들어지는 자실체는 지름이 1~2cm 정도로 어릴 때는 둥글게 성장하면서 외피가 갈라져 속에 들어 있는 투명 백색인 구형의 기본체가 생긴다. 별 모양으로 된 후 몇 시간이 지나면 안쪽 껍질이 갑자기 부푼 힘으로 기본체가 1~5m까지 튄다.

황토색어리알버섯 어리알버섯과 Scleroderma citrinum

발생 여름~가을 **장소** 산림 내의 모래 땅·황무지·정원 **이용** 황토색어리알버섯은 식용할 수 없고 생식으로 먹으면 구토·복통·심한 설사 등을 일으키는 독버섯이다 **독성** 준맹독성

황토색어리알버섯은 산림 내의 모래 땅, 황무지, 정원에서 발생한다.

자실체의 지름은 2~3cm 정도로 유구형이다. 표피는 단층으로 황토색이다. 상처를 주거나 절단하면 담홍색으로 변한다. 표면은 어릴 때는 백색에서 자주색을 거쳐 성숙하여 흑색이 된다. 찢어진 꼭대기 구멍을 통해 포자를 내보낸다. 대가 없고 기부에 근상균사속이 있다.

긴송곳버섯(긴이빨송곳버섯) 아교버섯과 Radulodon copelandii

발생 봄~늦가을 **장소** 활엽수, 침엽수의 죽은 나무 위 **이용** 긴송곳버섯은 식용으로 적합하지 않아 생식을 금한다 **독성** 독성이 알려진 것이 없다

긴송곳버섯은 배착생으로 활엽수, 침엽수의 죽은 나무 위에 무리를 지어 난다.

자실층은 길이가 0.3~1.2cm 정도로 침 모양의 돌기가 고드름 모양으로 촘촘하게 붙어 있다. 가장자리는 기주와 밀착되어 있고 밋밋하다. 백색에서 크림색을 거쳐 연한 갈색이 된다. 건조하면 진한 갈색으로 변한다.

살(조직)은 얇고 유연한 가죽질이고 백색이다. 건조하면 연골질이 된다. 포자의 무늬는 백색이다.

부채버섯 애주름버섯과 Panellus stypticus

발생 여름~초겨울 **장소** 활엽수의 그루터기나 죽은 나뭇가지 **이용** 부채버섯은 한방에서는 상처를 치료하는 약용 버섯이지만 식용할 수 없고 생식으로 먹으면 위장 장애를 일으키는 독버섯이다 **독성** 준맹독성

    부채버섯버섯은 활엽수의 그루터기나 죽은 나뭇가지에 겹쳐서 난다. 목재의 부패를 촉진한다.

    자실층은 길이가 1~2cm 정도로 다수 겹친 콩팥 모양 또는 부채 모양이다. 가장자리에는 방사상의 홈선이 있다. 아래쪽으로 말려 있다가 물결 모양이 된다. 표면은 연한 황갈색 또는 연한 황토색이고 미세한 털로 덮여 있다.

    살(조직)은 연한 백황색이다. 맛은 맵고 향이 난다. 자루에 내려붙은 주름살의 폭은 좁고 간격은 촘촘하다. 자루의 길이는 0.5~2cm 정도로 매우 짧고 갓 옆에 붙어 있고 표면은 갓과 같은 색이고 미세한 털로 덮여 있다. 포자의 무늬는 백색이다.

가시갓버섯 주름버섯과 Echinoderma asperum

발생 여름~가을 **장소** 숲속의 낙엽이 두터운 부엽토, 쓰레기장, 길가, 정원 **이용** 가시갓버섯은 혈전용해·항치매 작용이 있어 약용 버섯이고, 식용 버섯으로 알려져 왔으나 생식으로 먹으면 위장 장애를 일으키는 독버섯이다 **독성** 준맹독성

    가시갓버섯은 숲속의 낙엽이 두터운 부엽토·쓰레기장·길가·정원 등에 홀로 나거나 무리를 지어 난다. 낙엽을 분해한다.

    갓은 크기가 7~10cm로 어릴 때는 원뿔 모양으로 성장하면서 둥근 산 모양을 거쳐 가운데가 높은 평편한 모양이 된다. 표면은 옅은 갈색에서 적갈색이 된다. 그 위에 탈락하기 쉬운 암갈색의 곧추선 돌기가 덮여 있다.

    살(조직)은 백색이다. 자루에 떨어져 붙은 주름살의 간격은 매우 촘촘하다. 자루의 길이는 8~10cm 정도로 위쪽은 백색, 아래쪽은 옅은 갈색이다. 속은 차 있거나 비어 있고 아래쪽으로 굵다. 턱받이는 막질이며 가장자리는 갈색이다.

검은마른가지버섯 (검은쓴맛그물버섯) 낙엽버섯과 Tetrapyrgos nigripes

발생 여름~가을 **장소** 혼합림 내의 부러진 나뭇가지 또는 죽은 식물 **이용** 검은마른가지버섯은 식용으로 적합하지 않아 생식을 금한다 **독성** 독성이 알려진 것이 없다

검은마른가지버섯은 혼합림 내의 부러진 나뭇가지 또는 죽은 식물에서 발생한다.
 갓은 지름이 3~15mm 정도로 어릴 때는 평반구형이어서 성장하면서 가운데가 오목하고 평편한 모양이 된다. 표면은 백색이고 연락맥이 있고 방사상의 선이 있고 미분상이다. 주름살은 완전 붙은 형에 성기다. 자루의 길이는 1~2cm 정도로 위쪽은 백색, 아래 쪽은 청홍색이고 표면에 백색의 분말이 있다. 포자의 무늬는 백색이다.

고추젖버섯 무당버섯과 Lactarius acris

발생 여름~가을 **장소** 활엽수림, 혼합림 내의 땅 위 **이용** 고추젖버섯은 식용할 수 없고, 생식으로 먹으면 위장 장애를 일으키는 독버섯이다 **독성** 준맹독성

고추젖버섯은 활엽수림, 혼합림 내의 땅 위에 무리를 지어 난다.

갓의 지름은 2~5cm로 어릴 때는 반원 모양으로 성장하면서 평편하게 펴지면서 가운데가 조금 오므라드는 깔때기의 모양이 된다. 표면은 습할 때는 잿빛이 나는 누런 밤색이고 미세한 분말로 덮여 있다.

살(조직)은 백색이다. 맛은 맵고 냄새가 강하다. 상처가 나면 분홍색으로 변한다. 자루에 바르게 붙은 주름살의 간격은 조금 촘촘하다. 자루의 길이는 2.5~6cm 정도로 위아래의 굵기가 같다. 표면은 갓보다 연하고 가루 모양이고 편심생도 있다.

광비늘주름버섯 (노란대주름버섯) 주름버섯과 Agaricus moelleri

발생 여름~가을 **장소** 풀밭, 공원, 숲속의 땅 위 **이용** 광비늘주름버섯은 식용할 수 없고, 생식으로 먹으면 복통·설사 등의 위장 장애를 일으키는 독버섯이다 **독성** 준맹독성

광비늘주름버섯은 풀밭, 공원, 숲속의 땅 위에 홀로 나거나 무리를 지어 난다.

갓은 지름이 4~10cm로 어릴 때는 반원 모양으로 성장하면서 둥근 산 모양을 거쳐 평편하게 된다. 가장자리에 턱받이 잔여물이 있다. 표면은 백색 바탕에 흑색의 섬유상 인편이 붙어 있다.

살(조직)은 얇고 백색이다. 상처가 나면 황색으로 변한다. 자루에 떨어져 붙은 주름살의 간격은 촘촘하다. 자루의 길이는 6~12cm 정도로 원통 모양이고 속은 비어 있다. 표면은 백색에서 연한 황색으로 변한다. 기부는 부풀어 있고 턱받이는 크고 백색의 막질이다.

담갈색송이 송이과 Tricholoma ustaie

발생 늦여름~늦가을 **장소** 활엽수림 내의 땅 위 **이용** 담갈색송이는 식용할 수 없고, 생식으로 먹으면 소화 불량을 일으켜 복통과 설사를 일으키는 독버섯이다 **독성** 준맹독성

  담갈색송이는 활엽수림 내의 땅 위에 무리를 지어 난다.
  갓은 지름이 3~8cm로 어릴 때는 원뿔 모양으로 성장하면서 둥근 산 모양으로 거쳐 가운데가 볼록하고 평편한 모양이 된다. 가장자리는 어릴 때는 안쪽으로 말려 있다. 표면은 습기가 있을 때는 끈적거리고 매끄럽고 적갈색 또는 밤껍질색이다.
  살(조직)은 백색이다. 상처가 나면 갈색으로 변한다. 자루에서 홈이 패여 붙은 주름살의 간격은 매우 촘촘하다. 자루의 길이는 4~9cm 정도로 가운데가 부풀고 속은 차 있거나 비어 있다. 표면은 갓보다 연한 색으로 섬유 무늬가 있다. 포자의 무늬는 연한 크림색이다.

독깔때기버섯 송이과 Clitpcybe acromelalga

발생 가을 **장소** 잡목림, 대나무밭, 조릿대밭 내의 땅 위 **이용** 독깔때기버섯은 식용할 수 없고, 생식으로 먹으면 4~5일 이 지나면 손과 발 끝에 심한 통증 등을 일으키는 독버섯이다 **독성** 맹독성

독깔때기버섯은 잡목림 · 대나무밭 · 조릿대밭 내의 땅 위에 다발로 나거나 무리를 지어 난다. , 대나무밭, 조릿대밭 내의 땅 위에 다발로 나거나 무리를 이루어 난다. 갓은 크기가 5~10cm로 어릴 때는 가운데가 오목한 평편한 모양이다가 성장하면서 깔때기의 모양이 된다. 가장자리는 안쪽으로 말려 있다. 표면은 오렌지 갈색에서 누런 적갈색이 된다.

살(조직)은 연한 황갈색이다. 자루에서 내려져 붙은 주름살의 간격은 매우 촘촘하다. 자루의 길이는 3~5cm 정도로 갈라지기 쉽고 속은 비어 있다. 표면은 갓과 같은 색이다.

땅송이 송이과 Tricholoma terreum

발생 늦여름~늦가을 **장소** 침엽수림, 활엽수림 내의 땅 위 **이용** 땅송이는 식용할 수 있는 식용 버섯이지만 유사한 종이 많아 식별에 주의해야 한다 **독성** 없다

땅송이는 침엽수림, 활엽수림 내의 땅 위에 무리를 지어 난다.

갓의 지름은 3~8cm로 어릴 때는 원뿔형의 종 모양으로 성장하면서 둥근 산 모양을 거쳐 점차 가운데가 조금 볼록하고 평편하게 된다. 표면은 건조하고 회색 또는 회갈색이다. 가운데는 거의 흑색이고 섬유 모양 또는 솜털 모양의 인편으로 덮여 있다.

살(조직)은 얇고 연한 백색이다. 밀가루 냄새가 난다. 자루에 붙은 주름살의 간격은 약간 촘촘하다. 자루의 길이는 4~8cm 정도로 위아래의 굵기가 같고 속은 차 있다. 표면은 백색 또는 회색이고 위쪽에는 흰 가루가 붙어 있고, 아래쪽에는 솜털 같은 섬유가 있다. 포자의 무늬는 백색이다.

마귀곰보버섯 주발버섯과 Gyromitra esculenta

발생 봄 **장소** 활엽수의 그루터기 주변 땅 위 **이용** 마귀곰보버섯은 식용할 수 없고, 생식으로 먹으면 구토·경련 등을 일으켜 사망할 수 있는 독버섯이다 **독성** 맹독성-지로미트린

    마귀곰보버섯은 활엽수의 그루터기 주변 땅 위에 홀로 나거나 무리를 지어 난다. 머리 부분과 자루 부분으로 구분한다.

    불규칙한 주름이 있다. 포자가 만들어지는 자실층인 위쪽의 표면은 황토 갈색에서 적갈색이 되고 오래되면 흑갈색이 된다.

    살(조직)은 쉽게 부서진다. 맛과 냄새는 없다. 자루의 길이는 1.5~4cm 정도로 짧고 속은 비어 있다. 표면은 백색 또는 크림색으로 미세한 인편으로 덮여 있다. 심하게 불규칙하게 주름져 있다.

붉은사슴뿔버섯 침버섯과 Podostroma comudamae

발생 여름~가을 **장소** 활엽수의 썩은 나무 위 **이용** 붉은사슴뿔버섯은 식용할 수 없고, 생식으로 먹으면 설사·발열·의식 장애 등을 일으키고, 일본에서는 사망한 사례가 있는 독버섯이다 **독성** 맹독성

붉은사슴뿔버섯은 활엽수의 썩은 나무 위에 홀로 나거나 무리를 지어 난다.

높이는 3~10cm 정도로 어릴 때는 1개의 뿔 같은 모양이지만 성장하면서 분지하여 사슴 뿔 모양 또는 닭볏 모양으로 된다. 표면은 매끄럽고 적색 또는 주황색이다. 자낭각은 뿔의 절반 위쪽 껍질층에 조밀하게 매몰되어 있다.

살(조직)은 단단한 육질의 백색이다.

새털젖버섯 무당버섯과 Lactarius vellereus

발생 여름~가을 **장소** 활엽수림, 침엽수림, 혼합림 내의 땅 위 **이용** 새털젖버섯은 식용할 수 없고, 생식으로 먹으면 위장 장애를 일으키는 독버섯이다 **독성** 준맹독성

　새털젖버섯은 활엽수림 · 침엽수림 · 혼합림 내의 땅 위에 홀로 나거나 소수로 무리를 지어 난다.
　갓은 지름이 8~25cm 어릴 때는 낮은 산 모양으로 성장하면서 평편한 모양을 거쳐 깔때기의 모양으로 된다. 가장자리는 안쪽으로 감긴다. 표면은 백색에서 황토색으로 된다. 가는 털로 덮여 있다.
　살(조직)은 두껍고 백색이다. 맛은 맵다. 자루 끝에 붙은 주름살의 간격은 약간 엉성하다. 자루의 길이는 1.5~8cm 정도로 백색에서 황색으로 되고 표면은 갓과 같이 벨벳 같은 가는 털로 덮여 있다. 포자의 무늬는 연한 백황색이다.

솜갓버섯 (방패갓버섯) 주름버섯과 Lepiota clypeolaria

발생 여름~가을 **장소** 숲속의 땅 위 **이용** 솜갓버섯은 식용할 수 없고, 생식하면 위장 장애를 일으키는 독버섯이다 **독성** 일반 독성

솜갓버섯은 숲속의 땅 위에 홀로 나거나 흩어져 난다.

갓은 지름이 4~7cm 어릴 때는 원뿔 모양으로 성장하면서 둥근 산 모양을 거쳐 가운데는 볼록하고 평편한 모양으로 된다. 표면은 황토색에서 황갈색으로 된다. 가운데는 진한 색이다. 양탄자 같은 벨트 모양이다가 표피가 쪼개져 작은 입자의 인편이 된다.

살(조직)은 백색이다. 자루에서 떨어져 붙은 주름살의 폭은 넓고 간격은 촘촘하다. 자루의 길이는 5~10cm 정도로 턱받이의 윗부분은 백색의 비단 모양이고 속은 비어 있다. 포자의 무늬는 크림 황색이다.

아교뿔버섯(싸리아교뿔버섯) 붉은목이과 Calocera viscosa

발생 여름~가을 **장소** 침엽수의 썩은 나무, 낙엽 위 **이용** 아교뿔버섯은 식용할 수 없고, 생식으로 먹으면 환각을 일으키는 독버섯이다 **독성** 준맹독성

아교뿔버섯은 침엽수의 썩은 나무, 낙엽 위에 홀로 나거나 다발로 난다.

포자가 만들어지는 자실체의 높이는 3~5cm 정도로 전체가 선명한 등황색을 띠고 산호 모양이다. 기부에는 몇 갈래로 돋아난 가지는 다시 2~3회 분지하고 그 끝은 짧은 원뿔 모양이다.

살(조직)은 반투명한 젤라틴질을 가진 연골이다. 건조하면 단단해진다. 기부에는 백색의 균사속이 있다.

암적색분말광대버섯(암적색광대버섯) 광대버섯과 Amanita rufoferruginea

발생 여름~가을 **장소** 침엽수림, 혼합림 내의 땅 위 **이용** 암적색분말광대버섯은 식용할 수 없고, 생식으로 먹으면 위장 장애를 일으키는 독버섯이다 **독성** 준맹독성

암적색분말광대버섯은 침엽수림, 혼합림 내의 땅 위에 홀로 나거나 무리를 이루어 난다.

갓은 지름이 4.5~9cm 어릴 때는 반원 모양으로 성장하면서 둥근 산 모양을 거쳐 평편하게 된 후 가운데가 오목한 깔때기의 모양으로 된다. 가장자리에는 방사상의 패인 선이 있다. 표면은 연한 오렌지색이다. 바탕에 같은 색의 가루로 덮여 있고 손으로 만지면 묻는다.

살(조직)은 백색이다. 상처가 나면 적갈색으로 변한다. 자루에서 떨어져 붙은 주름살의 폭은 넓고 간격은 촘촘하다. 자루의 길이는 9~12cm 정도로 갓과 같은 색이고 속은 비어 있다. 기부는 둥근 뿌리 모양으로 부풀어 있다. 포자의 무늬는 백색이다.

일본연지그물버섯 그물버섯과 Heimioporus japonicus

발생 여름~가을 **장소** 혼합림 내의 땅 위 **이용** 일본연지그물버섯은 식용할 수 없고, 생식하면 위장 장애를 일으키는 독버섯이다 **독성** 일반 독성

일본연지그물버섯은 혼합림 내의 땅 위에 홀로 나거나 무리를 지어 난다.

갓은 크기가 4.5~9cm로 어릴 때는 반원 모양으로 성장하면서 둥근 산 모양이 된다. 표면은 매끄럽고 습할 때는 약간 끈적거린다. 분홍 적색이다.

살(조직)은 연한 황색이다. 상처가 나도 변색되지 않는다. 자루에서 올려붙은 모양에서 떨어진 주름살의 간격은 촘촘하다. 자루의 길이는 6~13cm 정도로 아래쪽으로 굵어진다. 표면은 갓과 같은 색이고 거칠고 미세한 점들로 덮여 있다. 기부에는 백황색의 균사가 있다. 포자의 무늬는 황록색이다.

자주주발버섯 주발버섯과 Peziza badia

발생 여름~가을 **장소** 숲속의 땅, 모래가 섞인 부엽토 위 **이용** 자주주발버섯은 식용할 수 없고, 생식하면 위장 장애를 일으키는 독버섯이다 **독성** 준맹독성

자주주발버섯은 숲속의 땅, 모래가 섞인 부엽토 위에 홀로 나거나 무리를 이루어 난다.

포자가 만들어지는 자실층인 자낭반은 지름이 3~7cm 정도로 어릴 때는 주발 모양 또는 접시 모양으로 성장하면서 물결 모양으로 굴곡된 모양이 된다.

자실층 안(위)쪽의 표면은 매끄럽고 자주색 또는 녹갈색이고 바깥 면은 적갈색이고 가장자리 쪽으로 비듬 같은 인편이 붙어 있다.

청환각버섯 독청버섯과 Psilocybe argentipes

발생 여름~가을　**장소** 유기질이 많은 땅 위　**이용** 청환각버섯은 식용할 수 없고, 생식하면 손발 떨림·마비·환각 증세를 일으키는 독버섯이다　**독성** 준맹독성−실로시빈(psilocybin), 사일로신(psilocin)

　청환각버섯은 유기질이 많은 땅 위에 무리를 지어 나거나 다발로 발생한다.
　갓의 크기는 1~5cm로 어릴 때는 원뿔 종 모양으로 성장하면서 가운데가 불록한 둥근 산 모양이 된다. 표면이 매끄럽고 윤기가 있고 습할 때는 암갈색에서 황갈색이 되지만 건조할 때는 옅은 황갈색에서 회갈색이 된다.
　살(조직)은 연한 황갈색이다. 자루에 바르게 붙은 모양에서 떨어진 주름살의 폭은 넓고 간격은 약간 촘촘하다. 자루의 길이는 6~8cm 정도로 아래쪽으로 약간 굵어진다. 표면은 갓과 같은 색이고 기부에는 백황색의 균사가 자루 중간까지 붙어 있다.

침투미치광이버섯 독청버섯과 Gymnopilus penetrans

발생 봄~가을 **장소** 활엽수, 침엽수의 썩은 나무 위 **이용** 침투미치광이버섯은 식용으로 적합하지 않아 생식을 금한다 **독성** 독성이 알려진 것이 없다

침투미치광이버섯은 활엽수, 침엽수의 썩은 나무 위에 흩어져 나거나 무리를 지어 난다.

갓의 크기는 3~7cm로 어릴 때는 반원 모양으로 성장하면서 둥근 산 모양으르 거쳐 평편하게 된다. 가장자리는 날카롭고 골곡이 있다. 표면이 매끄럽고 오렌지 황색에서 황갈색이 된다.

살(조직)은 연한 적황색이다. 자루에 바르게 붙은 모양에서 떨어진 주름살의 폭은 좁고 간격은 약간 촘촘하다. 자루의 길이는 3~7cm 정도로 위아래의 굵기가 같다. 표면은 옅은 적황색이고 세로로 된 섬유 모양이다. 포자의 무늬는 황토 황색이다.

흑자색쓴맛그물버섯 그물버섯과 Tylopilus nigropurpureus

발생 여름~가을 **장소** 침엽수림, 혼합림 내의 땅 위 **이용** 흑자색쓴맛그물버섯은 식용할 수 없고, 생식하면 신경계를 자극해서 환각 증세를 일으키는 독버섯이다 **독성** 맹독성

  흑자색쓴맛그물버섯은 침엽수림, 혼합림 내의 땅 위에 홀로 나거나 무리를 지어 난다.
  갓의 크기는 3~8cm로 어릴 때는 반원 모양으로 성장하면서 둥근 산 모양을 거쳐 평편하게 된다. 표면은 어릴 때 벨벳 같은 질감으로 흑자색에서 회흑색이 된다. 상처를 내면 적색을 거쳐 흑색으로 변한다.
  살(조직)은 단단한 회백색이다. 자루에 홈이 패어 붙은 모양에서 떨어진 모양의 주름살의 간격은 약간 촘촘하다. 자루의 길이는 3~7cm 정도로 위아래의 굵기가 같다. 표면은 갓과 같은 색이고 전면에 융기된 선명한 그물 무늬로 덮여 있다. 포자의 무늬는 자갈색이다.

제7장
자료가 없는 버섯

가는대애주름버섯

가는유충동충버섯

가송이

갈색융단그물버섯 *Tylopilus atronicotianus*

갈색털고무버섯

갈색털꾀꼬리버섯

감씨버섯

개미동충하초

검정대겨울우산버섯

게빌톱버섯

고깔꽃버섯

광릉자부방망이버섯

구릿빛그물버섯

귀두속버섯 hypomyces sp.

깔때기꾀꼬리버섯

꼬마방귀버섯

끈적벚꽃버섯

남보라외대버섯

넓적녹청접시버섯

노란국수버섯

답싸리버섯

댕구알버섯

동백균핵접시버섯

목련균핵접시버섯

민꼭지외대버섯

민마른뿌리버섯(민긴뿌리버섯)

배불뚝갈때기버섯

병꽃시루뻔버섯

보라쓴맛그물버섯

붉은꽃버섯

붉은뱀버섯(끝검은뱀버섯)

붉은애기버섯(점박이애기버섯)

붉은주머니광대버섯

새송이버섯

색찌끼버섯

서리송이

석류밤그물버섯

소녀애주름버섯

소혀버섯

솔방울털버섯

수레바퀴애주름버섯

애광대버섯

연자색끈적버섯

이끼패랭이버섯

일본갈색낭피버섯

적갈색끈적버섯

점질버섯(점질대애주름버섯)

조개무당버섯

좀은행잎버섯(좀우단버섯)

주걱귀버섯

주름버섯아재비

주름안장버섯

주발안장버섯

주황개떡버섯

죽황

중국광대버섯

차양끈적버섯

찹쌀떡버섯

천사버섯(새끼애름버섯)

촉수콩꼬투리버섯 Xylaria tentaculata

토란버섯 lmaia gigantea   팥배꽃버섯 hygrocybe punicea

평평귀버섯   푸른떡손등버섯(푸른손등버섯)

푸른점버섯균   푸른주름무당버섯

풀귀버섯 | 하늘색깔때기버섯

혓하늘목이 | 홀트껄껄이그물버섯

황갈색깔때기버섯 | 황금맥수염버섯(침유색고약)

황금아교고약버섯(황금고약버섯)

황토적색개딱지버섯

흰삿갓깔때기버섯

흰송이아재비

부록

🍄 버섯의 주요 특징

우리 땅에서 자생하는 담자균류는 유전자적 공통에 의해 20여 개의 목目으로 나뉜다. 생물 분류 방식에 따라 수십 개의 과科와 수백 개의 속屬, 아래로 수천 개의 종種으로 세분화되어 있어 건강에 도움을 주는 식용 또는 약용으로 먹을 수 있는 버섯이 있는가 하면 치명적인 독버섯이 있기 때문에 기초 상식으로 알아야 한다.

버섯을 구분하는 특징 중 하나는 버섯의 자루 꼭대기에 있는 주름살의 모양·간격·색 등과 연계시켜 구별하는 방법을 익히는 것이 중요하다.

귀신그물버섯

붉은그물버섯

붉은비단그물버섯

자주둘레그물버섯

그물버섯목에는 그물버섯과에 속한 종이 가장 많고, 자실층이 관공으로 되어 있어 구별할 수 있다. 무당버섯목에서는 무당버섯속과 젖버섯속 버섯이 가장 많고 깔때기 모양과 자루 속이 옥수숫대속과 비슷하고 적(유액)을 분비하고 갯솜 모양이다. 구멍장이버섯과에 속한 버섯은 자실층이 관공 형태를 띠고 단단한 목질이 많고 포자는 백색이 대부분이다. 주름버섯목에 속한 버섯은 주름살색을 위주로 한다.

콩나물애주름버섯　　　　　　　　　　　깔때기버섯

송이　　　　　　　　　　　　　　땅찌만가닥버섯

　송이버섯과(科)에는 크기와 모양도 다양한 여러 속(屬)의 버섯이 있다. 송이과 버섯은 갓 표면이 매끈하거나 섬유 모양이고, 무색의 포자가 대부분이고, 주름살색 변화는 거의 없다. 색으로 구분할 수 있는 식용 버섯이 많다.

| 뽕나무버섯 | 뽕나무버섯부치 | 팽이 |

뽕나무버섯과科의 버섯은 나무에서 발생한다. 모든 속에서 주름살의 색 변화는 거의 일어나지 않거나 변화의 폭이 좁다. 식용 버섯으로 뽕나무버섯 등이 있고, 인공 재배를 하는 팽이버섯이 있다.

검은외대버섯 　　　　　노란꼭지외대버섯

방패외대버섯 　　　　　외대버섯

외대버섯과科의 대표적인 속屬으로는 외대버섯속이며 가장 많은 종 수가 많기 때문에 구별하기가 쉽지 않지만, 주름살이 분홍색으로 변해 가는 특징이 있어 구별이 가능하다. 외대덧버섯은 전골 요리로 먹는다.

갈색고리갓버섯　　　　　　　　　　양송이

점질대애주름버섯　　　　　　　　　진갈색주름버섯

주름버섯과科에는 여러 속屬이 분포하고 있다. 갓 표면은 섬유 모양이고, 인편이 있고, 탈락하기 쉬운 턱받이가 있고, 주름살은 백색에서 분홍색을 거쳐 자갈색으로 변하는 특징이 있다. 식용 버섯으로 양송이 등이 있다.

느티만가닥버섯

땅찌만가닥버섯

연기색만가닥버섯

잿빛만가닥버섯

만가닥버섯과(科)에 속(屬)하는 버섯은 이름 그대로 가닥 수가 많은 다발 형태로 발생한다. 포자는 무색 또는 백색이고, 주름살의 색 변화는 거의 없지만, 상처를 내면 변하는 종도 있다. 대부분 땅에서 발생하고 맛이 좋은 식용 버섯이 많다.

끈적긴뿌리버섯

끈적벚꽃버섯

| 끈적비단그물버섯 | 풍선끈적버섯 |

끈적버섯과科에는 2개의 속屬이 있다. 갓이 자루에서 분리될 때 생기는 거미집 모양의 불분명한 턱받이가 있다. 푸른색·보라색·갈색 계통의 종이 많다. 맛이 좋은 식용 버섯 또는 치명적인 독버섯도 없다. 식용 버섯으로는 풍선끈적버섯이 있다.

| 난버섯 | 노란난버섯 | 빨간난버섯 |

난버섯과科의 버섯은 땅 속에 묻힌 썩은 나무에서 발생하고, 갓 표면에 인편이 없는 것이 대부분이다. 잔주름이 많고, 주름살은 백색에서 분홍색으로 변해 간다. 식용 버섯이 많으나 독버섯은 없다.

애기낙엽버섯 / 앵두낙엽버섯

표고 / 화경버섯

낙엽버섯과科에는 여러 속屬이 분포되어 있다. 주로 낙엽을 분해하는 역할을 한다. 주름살 색의 변화는 없고, 포자의 무늬가 백색 또는 크림색이고, 크기가 작고 살(조직)이 얇다. 표고처럼 식용 버섯이 있는가 하면, 맹독성이 강한 화경버섯도 있다.

가마애주름버섯 / 받침애주름버섯

　　　　세로줄애주름버섯　　　　　　　　　적갈색애주름버섯

　애주름버섯과(科)의 버섯은 나무에서 발생하고 크기가 작은 버섯이 주류를 이룬다. 갓은 작고 원통형 또는 종 모양을 하고, 연약한 긴 자루를 가지고 있다. 갓 표면에 긴 줄 무늬가 있고, 포자의 무늬는 백색이고, 주름살의 색 변화는 거의 없다.

　족제비눈물버섯　　　　　큰눈물버섯　　　　　회갈색눈물버섯

　눈물버섯과(科)의 버섯은 약간의 차이는 있으나 주름살색이 자갈색 또는 흑갈색으로 변해 간다. 대부분 식용이 가능하지만 알코올과 함께 먹으면 중독되는 독소인 '코프린'한 종도 있기 때문에 먹지 않는다.

긴뿌리광대버섯　　　　　　　　달걀버섯

독우산광대버섯　　　　　　　　마귀광대버섯

　　광대버섯과科에는 식용할 수 있는 달걀버섯 등이 있지만, 독우산광대버섯 등은 치명적인 맹독성이 가장 많기 때문에 잘 구별하여야 한다. 갓의 표면에 외피막의 조각이 인편鱗片으로 붙어 있다. 주름살은 백색이고, 턱받이가 있는 것이 많다.

🍄 버섯 용어 해설

- **각피** 영지·말굽버섯 같은 버섯의 외부에 덮여 있는 단단한 껍질층
- **갈색 부패** 목질 내의 셀룰로오스(섬유소)를 분해하여 리그산이 남아 갈색을 띠게 하는 균류
- **갓** 각종 버섯의 머리 부분 또는 머리 부분 윗면
- **고리(턱받이)** 자루의 부속물로 어릴 때는 버섯의 가장자리와 연결되고, 성장하면 자루의 윗부분이나 가운데 부분에 원반 모양 또는 거미집 모양으로 남아 있는 것
- **고사목** 죽은 나무의 둥치·나뭇가지·줄기·그루터기에 버섯이 생기는 것
- **관공** 버섯의 자실층이 주름살 대신 관 모양의 구멍으로 되어 있는 것
- **군생** 다른 버섯 위에 버섯이 발생하는 것
- **균사속** 균사가 모여서 땅 속이나 목재 등 기주 속에서 끈 모양으로 뻗어 나가는 것
- **균사체** 균사들이 모여서 나타난 덩어리
- **균핵** 균사가 엉켜서 딱딱한 덩어리를 이루는 것
- **기부** 대의 아래 끝 부분, 밑동이라고 함
- **기주** 균류가 기생하는 대상인 식물이나 동물
- **내피** 말불버섯류에서 외부를 감싸고 있는 이중막 중의 안쪽 막
- **단생** 버섯이 1개체씩 나 있는 상태
- **담자균류** 담자기에서 포자가 생성하는 균류
- **대** 버섯의 줄기에 해당하는 부분으로 갓이나 머리 부분을 지탱해 준다
- **대주머니** 유균을 담고 있던 외피막이 버섯이 성장함에 따라 찢어져 대기부에 형성된 막질의 주머니
- **동충하초** 주로 곤충에 기생하는 자안균 버섯, 일부는 종자 등에도 난다
- **둥근 산 모양** RKT의 표면 모양이 둥근 산처럼 볼록한 모양
- **머리** 동충하초의 자실체 중에서 자낭각이 분포하는 상부에 팽대해 있는 부분이나 자낭균류 중에서 대의 위쪽에 자실층을 가지고 있는 부분
- **목질** 자실체의 조직이 나무처럼 단단한 것

- **무성기부** 포자가 형성되지 않는 기부 쪽
- **밑동** 대의 아래 끝 부분
- **방사상** 2중막이 있는 포자에 있어서 외피의 꼭대기가 중단되어 편평하고 절두상이 된 작은 구멍상의 부분
- **배착생** 자실체에서 갓이 형성되지 않고 기주에 완전히 들러붙어 자라는 것
- **백색부후균** 목질의 리그산을 분해하여 셀룰로오스(섬유소)가 남아 백색을 띠게 하는 균류
- **비(非)아밀로이드** 버섯의 포자, 균사 등이 멜쩌 시약에 의한 정색 반응에서 요오드에 의한 청색 — 흑청색 반응이 나타나지 않고 무색 — 담황색으로 나타나는 것
- **살(조직)** 버섯의 자실체를 구성하고 있는 세포의 조합
- **섬유상** 갓이나 대의 표면에 미세한 섬유나 미세한 긴 털이 섬유 모양으로 배열된 것이나 섬유 모양의 무늬가 있는 것
- **소피자** 찻잔 버섯류의 컵 모양 자실체 속에 생기는 바둑돌 모양의 기관으로 포자가 들어 있다.
- **아밀로이드** 버섯의 포자, 균사 등이 멜쩌 시약에 포함된 오오드에 의해서 청색 또는 남색으로 변하는 청색 반응
- **외피** 말불버섯류 중에서 외부를 감싸고 있는 외피막 중의 바깥쪽 막
- **유성생식** 배우자 간의 접합에 의해 생식하는 것
- **인편** 갓이나 자루 표변에 있는 비늘의 조각
- **자낭** 자낭균류의 유성 생식에 의해서 자낭포자를 형성하는 기관
- **자낭각** 작은 플라스크형의 자낭과로 위쪽에 외부로 뚫린 공구가 있으며 내부에 자실층이 형성된다
- **자낭균류** 자낭에서 포자를 형성하는 균류
- **자루** 버섯의 줄기에 해당하는 부분으로 갓이나 머리 부분을 지탱해 주는 부분
- **자실체** 버섯. 버섯균의 영양균사가 생장한 후 분화하여 생식기관인 버섯을 형성한 것
- **자실층** 포자가 형성되는 담자기나 자낭이 있는 최상층을 말한다
- **자좌** 균사덩어리로 이루어진 조직으로 다수의 자낭각이 표면 또는 내부에 형성한다
- **주름살** 주름버섯류 중에서 갓의 하면에 부채살 모양으로 주름이 잡힌 부분
- **중생** 버섯이 여러 개가 겹쳐서 연결되어 나 있는 상태

- **편평형** 말굽버섯 등과 같이 넓적하고 평평한 모양
- **턱받이** 갓과 대가 생장하면서 대에 내피막의 일부가 남아서 고리를 형성한 것
- **총생** 버섯이 다양한 형태로 자라는 모양, 단생·군생·중생·산생하는 모습을 통틀어 이르는 말
- **측생** 균모의 옆 가장자리에 자루가 붙어 있는 것
- **테 무늬** 갓의 표면에 동심형상으로 테 모양의 무늬가 나타는 것
- **편심생** 균모의 중앙이 아닌 점에 자루가 붙어 있는 것
- **해면질** 조직이 코르크형으로 된 것
- **KOH 용액** 수산화칼륨 10% 이하의 Potassium Hydroxide(KOH) 용액, 버섯의 조직이나 포자의 색의 변화를 통해 식용 버섯·약용 버섯·독버섯을 식별한다.

찾아보기

ㄱ

가는대애주름버섯 494
가는유충동충버섯 494
가는유충동충하초 156
가는털컵버섯 292
가랑잎꽃애기버섯 317
가루주발버섯 318
가마애주름버섯 293
가송이 494
가시갓버섯 474
가시말불버섯 202
가지무당버섯 216
가지색그물버섯 181
가지색끈적버섯아재비 256
간버섯 454
갈변흰우당버섯 394
갈색고리갓버섯 422
갈색꽃구름버섯 107
갈색날긴(날민)뿌리버섯 230
갈색먹물버섯 239, 243
갈색밋밋한비늘버섯 132
갈색융단그물버섯 494
갈색주발버섯 211, 217
갈색털고무버섯 494
갈색털꾀꼬리버섯 494
갈잎에밀종버섯 430

갈황색미치광이버섯 429
감씨버섯 495
갓그물버섯 257
개나리광대버섯 411
개미동충하초 495
개암버섯 234
거친껄껄이그물버섯 184
검은마른가지버섯 475
검은비늘버섯 242
검은빵팥버섯 319
검은쓴맛그물버섯 437
검은외대버섯 320
검정대겨울우산버섯 495
게빌톱버섯 495
겨나팔버섯 313
고깔갈색먹물버섯 258
고깔꽃버섯 495
고동색광대버섯 212
고무버섯 236
고슴도치버섯 321
고추젖버섯 476
곰보버섯 115
곰우단버섯 108
공버섯 470
광대버섯 418
광릉자부방망이버섯 495
광비늘주름버섯 477
광양주름버섯 322
구름송편버섯 91
구릿빛그물버섯 496
구릿빛무당버섯 213
구멍빗장버섯 323

굴털이아재비 431
굽은애기버섯 159
귀느타리 324
귀두속버섯 496
귀신그물버섯 185
균핵꼬리버섯 325
균핵동충하초 155
그늘버섯 259
그물버섯아재비 260
그믈코버섯 326
금빛비늘버섯 240
금빛소나무비늘버섯 92
금빛송이 261
기계충버섯 93
기와무당버섯 262
기와버섯 187
긴골광대버섯아재비 416
긴꼬리자갈버섯 327
긴대말불버섯 328
긴대밤그물버섯 214
긴대안장버섯 133
긴뿌리광대버섯 329
긴송곳버섯 472
긴안장버섯 330
긴자루술잔고무버섯 331
까치버섯 198
깔때기꾀꼬리버섯 496
깔때기무당버섯 440
깔때기버섯 94
껄껄이그물버섯 215, 332
꼬리버섯 333
꼬마두엄먹물버섯 334

꼬마방귀버섯 496
꼬마배꽃젖버섯 335
꼬마안장버섯 336
꼬마주름버섯 263
꼬막버섯 287
꽃귀버섯 237
꽃버섯 142
꽃송이버섯 112
꽃잎버짐버섯 464
꽃접시버섯 337
꽃흰목이 82
꾀꼬리버섯 117
끈적긴(민)뿌리버섯 231
끈적벚꽃버섯 496
끈적비단그물버섯 264

 ㄴ

나팔버섯 194
난버섯 232
남보라외대버섯 496
냄새무당버섯 465
넓은갓젖버섯 218
넓적녹청접시버섯 497
노란개암버섯 95
노란구름벚꽃버섯 219
노란국수버섯 497
노란길민그물버섯 265
노란꼭지외대버섯 432
노란달걀버섯 161
노란대광대버섯 423
노란말뚝버섯 316

노란망태버섯 119
노란송곳버섯 294
노란젖버섯 233
노란종버섯 338
노란주걱혀버섯 339
노란주발목이 340
노란턱돌버섯 143
노랑끈적버섯 254
노랑무당버섯 341
노랑싸리버섯 404
노루궁뎅이버섯 77
노루털귀버섯 308, 342
노린재동충하초 152
녹변나팔버섯 195
녹색쓴맛그물버섯 295
느타리버섯 73
느티만가닥버섯 96
능이 114

 ㄷ

다람쥐눈물버섯 266
다발방패버섯 246
다색벚꽃버섯 267
다형빵팥버섯 343
다형콩꼬뚜리버섯 446
다형콩꼬투리버섯 247
단발머리땀버섯 312
단풍사마귀버섯 344
달걀버섯 160
담갈색무당버섯 345
담갈색송이 478

답싸리버섯 497
당귀야자버섯 346
당귀젖버섯 238, 248
댕구알버섯 497
덧부치버섯 459
도장버섯 449
독깔때기버섯 479
독송이 268
독우산광대버섯 413
독청버섯아재비 171
동백균핵접시버섯 497
동심바늘버섯 347
동충하초 151
두엄먹물버섯 163
들주발버섯 269
등갈색미로버섯 97
등색가시비녀버섯 249
땅비늘버섯 424
땅송이 480
땅찌만가닥버섯 125

 ㅁ

마귀곰보버섯 481
마귀광대버섯 419
말굽버섯 70
말뚝버섯 235
말불버섯 252
말징버섯 199
맛광대버섯 270
맛솔방울버섯 149
망그물버섯 271

망태버섯 118
먹물버섯 168
먼지버섯 467
목련균핵접시버섯 497
목련무당버섯 272
목이 80
못버섯 175
무늬노루털버섯 134
물두건버섯 348
미역흰목이 84
민꼭지외대버섯 498
민마른뿌리버섯 498
밀버섯 158
밀졸각버섯 273

바늘땀버섯 395
받침애주름버섯 296
밤꽃그물버섯 220
밤자갈버섯 428
방패외대버섯 309
배불뚝깔때기버섯 498
배젖버섯 135
백강균 153
백조각시버섯 349
백황색광대버섯 350
뱀껍질광대버섯 417
버터철쭉버섯 274
벌동충하초 154
벌레송편버섯 351
벽돌빛뿌리버섯 452

변형술잔녹청균 405
볏싸리버섯 123
볏짚버섯 170
병꽃시루뻔버섯 498
보라쓴맛그물버섯 498
복령 147
부채버섯 473
붉은꼭지외대버섯 434
붉은꽃버섯 498
붉은꾀꼬리버섯 275
붉은대그물버섯 182
붉은덕다리버섯 89, 109
붉은말뚝버섯 297
붉은머리뱀버섯 352
붉은바구니버섯 468
붉은뱀버섯 499
붉은비단그물버섯 177
붉은사슴뿔버섯 482
붉은싸리버섯 402
붉은애기버섯 499
붉은애주름버섯 353
붉은점박이광대버섯 162
붉은주머니광대버섯 499
붉은창싸리버섯 124
비늘버섯 425
비단그물버섯 179
비단외대버섯 354
빨간난버섯 203
뽕나무버섯 74
뽕나무버섯부치 75
뿔나팔버섯 193

산느타리버섯 98
산호침버섯 90
삼색도장버섯 448
삿갓땀버섯 426
삿갓외대버섯 435
상황버섯 68
새둥지버섯 315
새송이버섯 499
새잣버섯 99
새주둥이버섯 276
새털젖버섯 483
색시졸각버섯 128
색찌끼버섯 499
서리송이 499
석류밤그물버섯 500
석이 150
선녀낙엽버섯 136
세로줄애주름버섯 355
세발버섯 356
소나무잔나비버섯 450
소녀애주름버섯 500
소혀버섯 500
손바닥붉은목이 357
솔땀버섯 427
솔미치광이버섯 460
솔방울털버섯 500
솔버섯 277
솜갓버섯 484
송곳니기계층버섯 100
송이버섯 111

수레바퀴애주름버섯 500
수원그물버섯 278
수원까마귀버섯 358
수원무당버섯 359
술병방귀버섯 360
술잔버섯 361
습지등불버섯 362
시루송편버섯 101
실비듬주름버섯 204
싸리버섯 120

아교버섯 458
아교뿔버섯 485
아교좀목이 83, 250
아까시흰구멍버섯 102
안장버섯 205
알버섯 148
알보리수버섯 363
암적색분말광대버섯 486
암회색광대버섯아재비 408
애광대버섯 500
애기꾀꼬리버섯 255
애기낙엽버섯 137
애기무당버섯 396
애기젖버섯 221
애기찹쌀떡버섯 138
애우산광대버섯 407
앵두낙엽버섯 279
얇은갓젖버섯 364
양산버섯 365

양송이버섯 113
양털방패버섯 206
양파광대버섯 397, 410
여우꽃각시버섯 366
연기색만가닥버섯 253
연기싸리버섯 207
연보라무당버섯 367, 398
연자색끈적버섯 501
연지버섯 368
열매콩꼬투리버섯 369
영지버섯 69
오디균핵접시버섯 370
오렌지대접시버섯 371
오목패랭이버섯 372
외대(덧)버섯 174
외대덧버섯 144
우산광대버섯 208
운지버섯 71
으뜸껄껄이그물버섯 222
으뜸끈적버섯 223
은빛쓴맛그물버섯 209
이끼살이버섯 466
이끼오렌지버섯 310
이끼패랭이버섯 501
일본갈색낭피버섯 501
일본연지그물버섯 487
잎새버섯 289

자주국수버섯 196
자주둘레그물버섯 224

자주방망이버섯아재비 145
자주색줄낙엽버섯 298
자주싸리국수버섯 122
자주졸각버섯 127
자주주발버섯 488
작은맛솔방울버섯 225
잔나비걸상버섯 72
잔디말똥버섯 373
장미무당버섯 226
장미잔나비버섯 451
잿빛가루광대버섯 461
잿빛만가닥버섯 126
적갈색끈적버섯 501
적갈색애주름버섯 463
적색신그물버섯 280
절구무당버섯 399
절구무당버섯아재비 439
점박이광대버섯 441
점질버섯 501
접시껄껄이그물버섯 183
접시버섯 299, 445
젖버섯 190
젖버섯아재비 191
젖비단그물버섯 178
젖은송곳버섯 374
조각무당버섯 281
조개껍질버섯 453
조개무당버섯 501
조개버섯 375
족제비눈물버섯 169
졸각버섯 129
좀나무싸리버섯 78, 121

부록 523

좀노란밤그물버섯 376
좀노랑창싸리버섯 282
좀말불버섯 201
좀목이 86
좀벌집구멍장이버섯 300
좀은행잎버섯 502
좀주름찻잔버섯 139
종지털컵버섯 377
주걱간버섯 103
주걱귀버섯 502
주름고약버섯 251
주름버섯 165
주름버섯아재비 502
주름볏싸리버섯 227
주름안장버섯 502
주름우단버섯 436
주름찻잔버섯 469
주발안장버섯 502
주홍꼬리버섯 378
주황갓그물버섯 379
주황개떡버섯 502
죽황 503
줄버섯 307
중국광대버섯 503
진갈색주름버섯 166
진흙버섯 173
짧은대꽃잎버섯 305

차양끈적버섯 503
참낭피버섯 167

참부채버섯 87
찹쌀떡버섯 503
천가닥애주름버섯 380
천사버섯 503
청머루무당버섯 189
청자색모피버섯 457
청환각버섯 489
촉수콩꼬투리버섯 503
치마버섯 110
침버섯 200
침투미치광이버섯 490

코털버섯 301
콩나물애주름버섯 88
콩두건버섯 443
콩버섯 442
큰갓버섯 164
큰낙엽버섯 104
큰비단그물버섯 146
큰우산광대버섯 420
큰주머니대광대버섯 415

턱받이광대버섯 401
턱수염버섯 197
털가죽버섯 105
털귀신그물버섯 228
털목이 81
털밤그물버섯 186

털작은입술잔버섯 444
테두리방귀버섯 140
테옷솔버섯 456
토란버섯 504
톱니겨우살이버섯 447
통발진달래버섯 381

파리버섯 409
팥배꽃버섯 504
팽이버섯 79
평원비단그물버섯 180
평평귀버섯 504
포도쓴맛그물버섯 382
표고버섯 76
푸른떡손등버섯 504
푸른점버섯균 504
푸른주름무당버섯 188, 504
풀귀버섯 505
풍선끈적버섯 244
풍선끈적버섯아재비 172
피젖버섯 210

하늘색갈때기버섯 130, 505
하얀선녀버섯 383
한입버섯 106
할미송이 283
해그물버섯 141
해면버섯 455

향기젖버섯 **384**
혈색무당버섯 **385**
혓하늘목이 **505**
홀트껄껄이그물버섯 **505**
홍옥애주름버섯 **386**
화경버섯 **406**
화병꽃버섯 **302**
황갈색깔때기버섯 **505**
황금넓적콩나물버섯 **306**
황금맥수염버섯 **505**
황금비단그물버섯 **229, 284**
황금싸리버섯 **403**
황금아교고약버섯 **506**
황금흰목이 **85**
황록청균 **387**
황소낙엽버섯 **388**
황소비단그물버섯 **245**
황소아교뿔버섯 **389**
황토색어리알버섯 **471**
황토적색개딱지버섯 **506**
회갈색눈물버섯 **285**
회색나팔꾀꼬리버섯 **192**
회흑색광대버섯 **414**
흑자색쓴맛그물버섯 **491**
흙무당버섯 **438**
흰가시광대버섯 **421**
흰거스러미광대버섯 **303**
흰굴뚝버섯 **116**
흰꼬마외대버섯 **390**
흰꼭지땀버섯 **304**
흰꼭지외대버섯 **433**
흰둘레그물버섯 **176, 286**

흰붓버섯 **391**
흰샷갓깔때기버섯 **506**
흰송이아재비 **506**
흰알광대버섯 **412**
흰애주름버섯 **311**
흰오뚜기광대버섯 **400**
흰주름만가닥버섯 **288**
흰주름버섯 **462**
흰찐빵버섯 **314**
흰털깔때기버섯 **392**

참고 문헌

- 최호필, 『버섯대도감』, 아카데미북, 2015
- 『한국의 버섯』, 농촌진흥청 농업과학기술원, 동방미디어, 2004
- 솔뫼, 『버섯작은사전』 250, 그린 홈, 2015
- 허필욱, 『버섯도감』, 지식서관, 2015
- 투리구얼, 『한국의 버섯 554 대백과사전』, 행복을 만드는 세상, 2014
- 정종운, 『버섯·약초 건강법』, 백암, 2006
- 성환길 외 2인, 『건강약초』, 푸른행복, 2008
- 박건영, 『한국인의 음식, 54가지』, 연합뉴스, 2007
- 해동약초연구회, 『한국의 버섯』, 아이템북스, 2014
- 이지열, 『원색 한국버섯도감』, 1993
- 석순자·김양섭 외, 『독버섯도감』, 2011
- 한국균학회, 『한국의 버섯 목록』, 2013
- 김삼순·김양섭, 『한국산 버섯도감』, 유풍출판사, 1990
- 박완희·이호득, 『원색 한국 약용 버섯 도감』, 교학사, 1999
- 이태수, 『식용·약용·독버섯과 한국 버섯 목록』, 한택식물원, 2016
- 구재필, 『자연산 식용 버섯』, 한국야생버섯연구회, 2015
- 성재모, 『한국의 동충하초』, 1996, 교학사
- 『과학 동아』, 버섯 이야기 참조
- 『くちべてわかるきのこ』

인터넷 사이트

- 『버섯도감』 http://blog.naver.com/phil0321
- 『버섯도감』 http://cafe.naver.com/wnfhrfl
- 『한국산 버섯』 http://mushroom.ndsl.kr/
- 『한국버섯』 http://koreamushroom.kr/

내 몸에 맞는 약용 버섯 설명서
버섯대사전

초판 1쇄 2017년 9월 15일 인쇄
초판 1쇄 2017년 9월 20일 발행

글 정구영
사진 구재필
감수 유승원
주간 유종무
디자인 새봄처럼

펴낸곳 아이템북스
펴낸이 박효완

등록번호 제 23387호
등록필 2001년 8월 7일
주소 서울특별시 마포구 서교동 444-15
전화 02-332-4337
팩스 02-3141-4347

☞ 저자와 협의하여 인지를 생략합니다.
☞ 이 책의 글과 사진, 디자인은 저작권의 보호를 받고 있습니다. 무단 전제를 금합니다.
☞ 책값은 표지 뒷면에 있습니다.